中国农业标准经典收藏系列

最新中国农业行业标准

第十二辑

水产分册

农业标准编辑部 编

中 国 农 业 出 版 社

编　委　会

主　编：刘　伟

副主编：冀　刚　杨桂华

编　委（按姓名笔画排序）：

刘　伟　李文宾　杨桂华

杨晓改　廖　宁　冀　刚

出 版 说 明

　　近年来，农业标准编辑部陆续出版了《中国农业标准经典收藏系列·最新中国农业行业标准》，将 2004—2014 年由我社出版的 3 300 多项标准汇编成册，共出版了 11 辑，得到了广大读者的一致好评。无论从阅读方式还是从参考使用上，都给读者带来了很大方便。为了加大农业标准的宣贯力度，扩大标准汇编本的影响，满足和方便读者的需要，我们在总结以往出版经验的基础上策划了《最新中国农业行业标准·第十二辑》。

　　本次汇编对 2015 年出版的 339 项农业标准进行了专业细分与组合，根据专业不同分为种植业、畜牧兽医、植保、农机、综合和水产 6 个分册。

　　本书收录了水产养殖、水产品、水产设施设备、疫病诊断、水生生物增殖放流、配合饲料、表观消化率测定等方面的水产行业标准和农业行业标准 38 项。并在书后附有 2015 年发布的 7 个标准公告供参考。

　　特别声明：

　　1. 汇编本着尊重原著的原则，除明显差错外，对标准中所涉及的有关量、符号、单位和编写体例均未做统一改动。

　　2. 从印制工艺的角度考虑，原标准中的彩色部分在此只给出黑白图片。

　　3. 本辑所收录的个别标准，由于专业交叉特性，故同时归于不同分册当中。

　　本书可供农业生产人员、标准管理干部和科研人员使用，也可供有关农业院校师生参考。

农业标准编辑部

2016 年 10 月

目　录

附录

ICS 67.120.30
B 50

SC

中华人民共和国水产行业标准

SC/T 1123—2015

翘 嘴 鲌

Topmouth culter

2015-02-09 发布
2015-05-01 实施

中华人民共和国农业部 发布

前　言

本标准按照 GB/T 1.1—2009 给出的规则起草。

请注意本文件的某些内容可能涉及专利,本文件的发布机构不承担识别这些专利的责任。

本标准由农业部渔业渔政管理局提出。

本标准由全国水产标准化技术委员会淡水养殖分技术委员会(SAC/TC 156/SC 1)归口。

本标准起草单位:华中农业大学、中国水产科学研究院长江水产研究所。

本标准主要起草人:谢从新、覃剑晖、马徐发、张燕、祁鹏志、樊启学。

翘 嘴 鲌

1 范围

本标准给出了翘嘴鲌(*Culter alburnus* Basilewsky，1855)的主要形态构造特征、生长和繁殖特性、细胞遗传学特性、生化遗传学特征和检测方法。

本标准适用于翘嘴鲌的种质检测和鉴定。

2 规范性引用文件

下列文件对于本文件的应用是必不可少的。凡是注日期的引用文件，仅注日期的版本适用于本文件。凡是不注日期的引用文件，其最新版本(包括所有的修改单)适用于本文件。

GB/T 18654.1 养殖鱼类种质检验 第1部分:检验规则

GB/T 18654.2 养殖鱼类种质检验 第2部分:抽样方法

GB/T 18654.3 养殖鱼类种质检验 第3部分:性状测定

GB/T 18654.4 养殖鱼类种质检验 第4部分:年龄与生长的测定

GB/T 18654.6 养殖鱼类种质检验 第6部分:繁殖性能的测定

GB/T 18654.12 养殖鱼类种质检验 第12部分:染色体组型分析

GB/T 18654.13 养殖鱼类种质检验 第13部分:同工酶电泳分析

3 学名与分类

3.1 学名

翘嘴鲌(*Culter alburnus* Basilewsky，1855)。

3.2 分类位置

硬骨鱼纲(Osteichthyes)、鲤形目(Cypriniformes)、鲤科(Cyprinidae)、鲌亚科(Cultrinae)、鲌属(*Culter*)。

4 主要形态构造特征

4.1 外部形态

4.1.1 外形

体长，侧扁，腹部在腹鳍基至肛门具腹棱，尾柄较长。头侧扁，头背平直，头长一般小于体高。口上位，口裂几乎与体轴垂直，下颌厚而上翘，突出于上颌之前，为头的最前端。鳃孔宽大，向前伸至眼后缘的下方;鳃盖膜连于峡部。背鳍位于腹鳍基部的后上方，末根不分枝鳍条为粗大、光滑的硬刺，背鳍起点距吻端较距尾鳍基为近或相等。臀鳍起点至腹鳍基较至尾鳍基近。胸鳍较短，尖形，末端不达腹鳍起点。腹鳍位于背鳍前下方，其长短于胸鳍。尾鳍深叉形，末端尖形。体背略呈青灰色，体侧银白色，各鳍灰黑色。

翘嘴鲌外形见图1。

图 1 翘嘴鲌的外部形态

4.1.2 可数性状

4.1.2.1 背鳍式

D. iii - 7。

4.1.2.2 臀鳍式

A. iii - 21~27。

4.1.2.3 下咽齿

3行,齿式为:2·4·4/5·4·2或2·4·4/5·3·2,齿端呈钩状。

4.1.2.4 侧线鳞鳞式

$73\frac{16\sim19}{6\sim7-V}93$。

4.1.2.5 第一鳃弓外侧鳃耙数

23枚~30枚。

4.1.3 可量性状

体长150 mm~430 mm的翘嘴鲌的可量性状实测比例值见表1。

表 1 翘嘴鲌可量性状比例值

体长/体高	体长/头长	体长/尾柄长	头长/吻长	头长/眼径	头长/眼间距
4.0~5.1	3.8~4.6	5.3~6.3	3.4~4.1	3.5~5.1	4.2~5.2

4.2 内部构造

4.2.1 鳔

鳔3室,中室最大,后室细长而尖。

4.2.2 脊椎骨

41枚~43枚。

4.2.3 腹膜

银白色。

5 生长和繁殖特性

5.1 生长

中国南方和北方大型自然水体翘嘴鲌自然种群不同年龄鱼的体长和体重退算值见表2。

表 2　翘嘴鲌各年龄退算体长和退算体重

年龄,龄	1	2	3	4	5	6	7
中国南方大型自然水体							
退算体长,mm	106～233	206～369	313～486	427～556	563～663	591～803	672～884
退算体重,g	56～136	257～467	815～1 033	1 460～2 533	2 010～3 728	2 087～4 174	3 980～4 734
中国北方大型自然水体							
退算体长,mm	100～120	148～201	228～290	324～371	355～445	416～512	
退算体重,g	6～27	34～89	130～157	288～467	495～825	753～1 425	

5.2　繁殖

5.2.1　性成熟年龄

长江中游雄鱼 2 龄,雌鱼 3 龄;兴凯湖雌雄均 5 龄。

5.2.2　繁殖季节

繁殖期为 6 月～8 月。繁殖期水温 18℃～28℃。

5.2.3　产卵类型

性腺每年成熟 1 次,分批产卵。

不同水域的翘嘴鲌种群分为产漂流性卵和产黏性卵两种产卵类型。

漂流性卵,受精卵吸水膨胀后,卵径为 4.42 mm～5.58 mm。卵粒光洁、透亮,随水漂流发育。

黏性卵,受精卵吸水膨胀后,卵径为 1.2 mm 左右。具黏性,黏附在基质上发育。

5.2.4　怀卵量

长江中游翘嘴鲌繁殖力见表 3。

表 3　长江中游翘嘴鲌繁殖力

年龄组	繁殖力,$\times 10^5$ 粒	平均值±标准差,$\times 10^5$ 粒
2+	0.95～1.74	1.35±0.26
3+	1.45～3.43	2.21±0.44
4+	2.83～4.09	3.41±0.37
5+	3.80～4.86	4.35±0.42

兴凯湖翘嘴鲌体长 61.2 cm～81.5 cm 的个体繁殖力为 3.5×10^5 粒～7.9×10^5 粒。

6　细胞遗传学特性

染色体数:$2n=48$,染色体臂数(NF):90。核型公式 16 m+26 sm+6 st。

染色体核型见图 2。

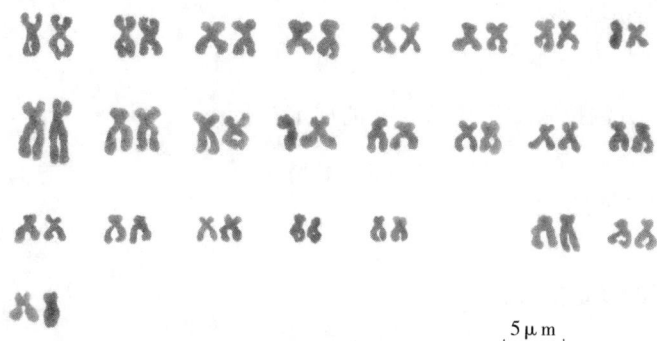

5 μm

图 2　翘嘴鲌染色体核型图

7 生化遗传学特征

肌肉组织乳酸脱氢酶(LDH)同工酶酶谱见图3,酶带扫描图见图4。

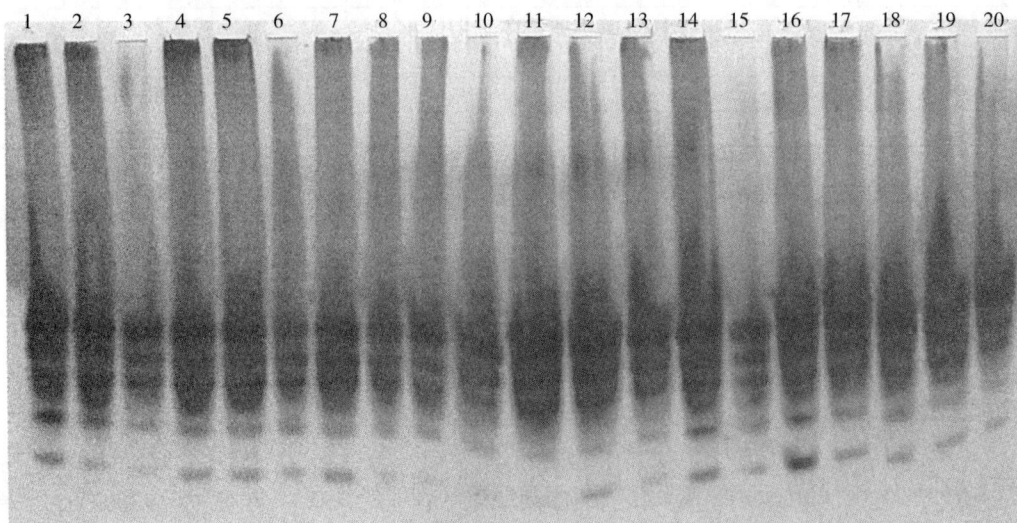

图3 翘嘴鲌肌肉组织乳酸脱氢酶(LDH)同工酶电泳酶谱

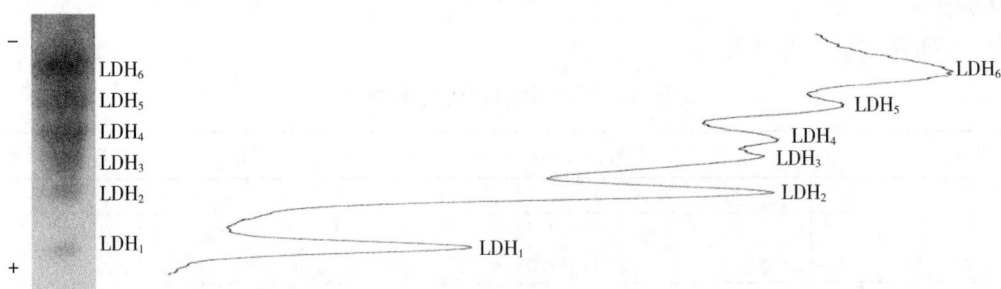

图4 翘嘴鲌肌肉组织乳酸脱氢酶(LDH)酶带扫描图

8 检测方法

8.1 抽样

按 GB/T 18654.2 的规定执行。

8.2 性状测定

按 GB/T 18654.3 的规定执行。

8.3 年龄鉴定

采用鳞片鉴定年龄。方法按 GB/T 18654.4 的规定执行。

8.4 繁殖力测定

按 GB/T 18654.6 的规定执行。

8.5 染色体检测

按 GB/T 18654.12 的规定执行。

8.6 同工酶检测

取肌肉组织 2 g。除电泳分离外,其余步骤按 GB/T 18654.13 的规定执行。

采用垂直电泳,聚丙烯酰胺凝胶浓度为 7.5%,凝胶缓冲液 Tris-HCl (pH 8.9),电极缓冲液为

Tris-甘氨酸(pH 8.3)。在 250 V 电压下电泳 3 h。电泳结束后,放入同工酶染色液中,于 37℃ 恒温染色。

9 判定规则

按 GB/T 18654.1 的规定执行。

ICS 67.120.30

B 50

SC

中华人民共和国水产行业标准

SC/T 1124—2015

黄颡鱼 亲鱼和苗种

Yellow catfish—Brood, fry and fingerling

2015-02-09 发布

2015-05-01 实施

中华人民共和国农业部 发布

前　言

本标准按照 GB/T 1.1—2009 给出的规则起草。

请注意本文件的某些内容可能涉及专利,本文件的发布机构不承担识别这些专利的责任。

本标准由农业部渔业渔政管理局提出。

本标准由全国水产标准化技术委员会淡水养殖分技术委员会(SAC/TC 156/SC 1)归口。

本标准起草单位:华中农业大学、湖北大明水产科技股份公司。

本标准主要起草人:谢从新、马徐发、雷传松、霍斌。

黄颡鱼 亲鱼和苗种

1 范围

本标准给出了黄颡鱼[*Pelteobagrus fulvidraco* (Richardson)]亲鱼和苗种规格、质量要求、检验方法、检验规则与运输要求。

本标准适用于黄颡鱼亲鱼和苗种的质量检验和评定。

2 规范性引用文件

下列文件对于本文件的应用是必不可少的。凡是注日期的引用文件,仅注日期的版本适用于本文件。凡是不注日期的引用文件,其最新版本(包括所有的修改单)适用于本文件。

GB/T 18654.2 养殖鱼类种质检验 第2部分:抽样方法

GB/T 18654.3 养殖鱼类种质检验 第3部分:性状测定

NY 5071 无公害食品 渔用药物使用准则

NY 5361 无公害食品 淡水养殖产地环境条件

SC 1070 黄颡鱼

3 亲鱼

3.1 来源

3.1.1 捕自自然水域的亲鱼或苗种经人工培育而成。

3.1.2 由省级及省级以上黄颡鱼原(良)种场培育的亲本。

3.2 质量要求

3.2.1 种质

应符合 SC 1070 的规定。

3.2.2 年龄

允许用于人工繁殖的最小年龄,雌鱼和雄鱼均为2龄;允许用于人工繁殖的最大年龄,雌鱼和雄鱼均为5龄。

3.2.3 外观

体形、体色正常,体表光滑,体质健壮,肥满度较好,无疾病、伤残和畸形。

3.2.4 体长和体重

适用繁殖的雌鱼体长为12 cm以上,体重为75 g以上;雄鱼体长为20 cm以上,体重为125 g以上。

3.2.5 繁殖期特征

雌鱼腹部膨大柔软,有弹性,卵巢轮廓明显,生殖乳突圆润,红肿,微向外突;雄鱼生殖乳突长约0.5cm,游离端红色,锥管状,外突显著。

3.2.6 病害

亲鱼无小瓜虫病、肠道败血症(红头病)、黏孢子虫病、水霉病、腹水病、烂鳃病等传染性疾病。

4 苗种

4.1 来源

4.1.1 鱼苗

由符合第 3 章规定的亲鱼繁殖的鱼苗。

4.1.2 鱼种

由符合 4.1.1 规定的鱼苗培育的鱼种。

4.2 鱼苗质量要求

4.2.1 外观

卵黄苗:95%以上的鱼苗卵黄囊巨大,除头背部和眼睛呈黑色外,其余部分透明;鱼苗在池底聚集成团,不停抖动。

开口苗:95%以上的鱼苗卵黄囊消失 1/2,鱼群分散贴池壁。

平游苗:95%以上的鱼苗卵黄囊基本消失、鳔充气、能平游,且鱼体呈灰黑色,有光泽,集群游动,规格整齐。

4.2.2 可数指标

畸形率小于 2%,伤残率小于 2%。

4.2.3 鱼苗规格

卵黄苗:全长 6 mm～8 mm;开口苗:全长 8 mm～10 mm;平游苗:全长超过 10 mm。各种规格(全长)的鱼苗体重符合表 1 的规定。

表 1　黄颡鱼鱼苗规格

日龄,d	全长,mm	体重,mg	日龄,d	全长,mm	体重,mg
2	7.07±0.28	3.3±0.6	12	13.22±0.84	25.70±3.41
3	7.17±0.32	3.7±0.5	13	14.15±0.96	37.47±8.64
4	7.89±0.29	3.8±0.7	14	15.64±0.85	41.93±5.60
5	9.49±0.43	5.7±1.0	15	16.98±0.81	46.35±4.49
6	10.53±0.51	10.0±0.0	16	18.00±0.92	63.13±5.57
7	10.21±0.79	11.60±0.74	17	18.00±0.48	49.40±1.39
10	12.28±0.80	16.17±2.85	18	19.58±0.46	85.18±10.04
11	12.01±0.84	21.08±1.65	20	20.59±0.88	82.04±36.58

4.3 鱼种质量要求

4.3.1 外观

体背部黑色,腹部黄色,透明,躯干部和尾部体侧具 3 道～4 道黑色横斑,肉眼观察体色鲜亮;规格整齐,体表光滑有黏液,体质健壮、游动活泼。

4.3.2 可数指标

畸形率小于 2%,伤残率小于 3%。

4.3.3 全长和体重

各种规格(全长)鱼种的体重符合表 2 的规定。

表 2　黄颡鱼鱼种规格

全长组 mm	体重 g	单位重量尾数 尾/1 000 g	全长组 mm	体重 g	单位重量尾数 尾/1 000 g
21	0.14±0.02	6 250～8 333	27	0.26±0.01	3 704～4 000
23	0.15±0.02	5 882～7 692	29	0.29±0.03	3 125～3 846
25	0.20±0.03	4 348～5 882	31	0.38±0.04	2 380～2 941

表 2（续）

全长组 mm	体重 g	单位重量尾数 尾/1 000 g	全长组 mm	体重 g	单位重量尾数 尾/1 000 g
33	0.41±0.04	2 222~2 703	67	3.46±0.52	251~341
35	0.48±0.02	2 011~2 180	69	3.97±0.51	223~289
37	0.60±0.04	1 564~1 784	71	4.18±0.23	227~253
39	0.66±0.04	1 431~1 620	73	4.48±0.61	197~258
41	0.78±0.05	1 210~1 370	75	4.67±0.78	184~257
43	0.90±0.09	1 002~1 238	77	5.59±0.87	155~212
45	1.05±0.13	850~1 080	79	6.35±0.72	141~178
47	1.01±0.16	857~1 167	81	6.60±1.06	131~181
49	1.36±0.24	626~892	85	7.03±1.17	120~173
51	1.60±0.13	579~682	87	7.58±1.08	116~153
53	1.90±0.21	472~593	89	8.63±0.74	107~127
55	2.10±0.48	388~616	91	9.44±1.05	95~119
57	2.10±0.27	423~545	93	8.99±1.48	96~133
59	2.24±0.16	415~481	95	9.87±1.17	91~115
61	2.68±0.18	351~400	97	10.77±1.49	82~108
63	2.89±0.47	298~414	99	12.25±1.20	74~91
65	3.26±0.49	267~361			

注：黄颡鱼苗种全长与体重的关系式见编制说明。

4.3.4 病害

苗种无车轮虫病、斜管虫病、肠炎病、肠道败血症（红头病）、黏孢子虫病、出血性水肿病、小瓜虫病（白点病）、水霉病、烂鳃病等传染性疾病以及钩介幼虫病。

4.3.5 禁用药物

不得检出 NY 5071 规定的禁用药物。

5 苗种计数方法

5.1 抽样法

将每计量批次苗种全部均匀装袋后，随机抽取 3 袋~5 袋，对每个袋中样品逐个计数求出平均每袋苗种数量，进而求得本计量批次苗种的总数量。

5.2 打样法

用漏水器打样，抽取 1 单位容器的苗种统计尾数，重复抽样 3 次，计算单位容器内的平均数，确定为容器标准盛苗数量。统计 1 个放流批次所含的单位容器数量，并计算本批次的苗种总数量。

6 检验方法

6.1 亲鱼

6.1.1 来源查证

查阅亲鱼培育档案和繁殖生产记录。

6.1.2 种质

按 SC 1070 的规定执行。

6.1.3 年龄

6.1.3.1 鉴定材料准备

采用复合神经棘鉴定年龄。解剖黄颡鱼,取出位于头后的韦伯氏器及其后 3 枚~4 枚分离椎体,在沸水中煮 3 min~5 min,除去肌肉等附着组织,风干后在 30%的 H_2O_2 溶液中浸泡 24 h~36 h,再用清水冲洗,阴干备用。

6.1.3.2 年轮标志

在解剖镜透射光下,复合神经棘上可见亮的宽带和暗的窄带相间平行排列的轮纹,1 个内侧宽带和 1 个外侧窄带组成 1 个年轮。

6.1.3.3 年龄鉴定

在解剖镜下,根据复合神经棘上的年轮数鉴定年龄,1 个年轮代表 1 龄。

6.1.4 外观

肉眼观察体形、体色、性别特征和健康状况。

6.1.5 体长和体重

按 GB/T 18654.3 的规定进行。

6.1.6 繁殖期特征

肉眼观察体形、生殖乳突形状、颜色、性腺发育状况和健康状况。

6.1.7 病害

按鱼病常规诊断的方法检验,参见附录 A。

6.1.8 禁用药物

不得检出 NY 5071 规定的禁用药物。

6.2 苗种

6.2.1 外观

把样品放入便于观察的白色容器中肉眼观察。

6.2.2 全长和体重

随机取 100 尾,滤去水分后称重,求体重范围和平均数。

6.2.3 畸形率和伤残率

把样品放入便于观察的白色容器中,肉眼观察计数。

6.2.4 病害

按鱼病常规诊断的方法检验,参见附录 A。

6.2.5 禁用药物

不得检出 NY 5071 规定的禁用药物。

7 检验规则

7.1 亲鱼

7.1.1 检验分类

7.1.1.1 出场检验

亲鱼销售交货或人工繁殖时逐尾进行检验。项目包括外观、病害、年龄、体长和体重,繁殖期还包括繁殖期特征检验。

7.1.1.2 型式检验

型式检验项目为本标准第 3 章规定的全部项目,在非繁殖期可免检亲鱼的繁殖期特征。有下列情况之一时应进行型式检验:

    a) 更换亲鱼或亲鱼数量变动较大时;

    b) 养殖环境发生变化,可能影响到亲鱼质量时;

 c) 正常生产满 2 年时;

 d) 出场检验与上次型式检验有较大差异时;

 e) 国家质量监督机构或行业主管部门提出要求时。

7.1.2 组批规则

一个销售批或同一催产批作为一个检验批。

7.1.3 抽样方法

出场检验的样品数为一个检验批,应全数进行检验;型式检验的抽样方法按 GB/T 18654.2 的规定执行。

7.2 苗种

7.2.1 检验分类

7.2.1.1 出场检验

苗种在销售交货或出场时进行检验。检验项目为外观、病害、可数指标和可量指标。

7.2.1.2 型式检验

型式检验项目为本标准第 4 章规定的全部内容。有下列情况之一时应进行型式检验:

 a) 新建养殖场培育的苗种;

 b) 养殖条件发生变化,可能影响到苗种质量时;

 c) 正常生产满 1 年时;

 d) 出场检验与上次型式检验有较大差异时;

 e) 国家质量监督机构或行业主管部门提出型式检验要求时。

7.2.2 组批检验

以同一培育池苗种作为一个检验批。

7.2.3 抽样方法

每批苗种随机取样应在 100 尾以上,观察外观,伤残率,畸形率,苗种可量指标、可数指标,每批取样应在 50 尾以上,重复 2 次,取平均值。

7.2.4 判定规则

经检验,如病害项和安全指标项不合格,则判定该批苗种为不合格,不得复检。其他项不合格,应对原检验批取样进行复检,以复检结果为准。

8 运输要求

8.1 亲鱼

8.1.1 运输时间

运输时间宜在早春或秋后,水温宜在 10℃左右。

8.1.2 水质要求

运输用水符合 NY 5361 的要求。

8.1.3 运输前的准备

8.1.3.1 捕捞工具和运输容器应进行消毒处理。

8.1.3.2 运输前亲鱼应停食 1 d～2 d。

8.1.4 运输方式

8.1.4.1 帆布运输

帆布桶高 1.2 m 左右,矩形或圆形均可,容积 1.2 m³～1.5 m³。在帆布桶内壁可衬一层塑料布,避免运输中帆布擦伤鱼体。桶内装水约为容积的 2/3 即可。亲鱼装运量应根据鱼体大小、水温高低、运输时间长短等条件而定,一般密度为 50 kg/m³～80 kg/m³。运载工具可选择 3 t～5 t 的载货汽车,车上应配备氧气瓶,整个运输途中应进行充氧。适用于短途运输。

8.1.4.2 橡皮袋充氧密封运输

每只橡皮袋可载亲鱼 15 kg～20 kg,鱼水比 1:1,充氧前先压出袋内空气,充氧至塑料袋膨胀松软为度,密封即可运输,运输时间可达 8 h～10 h。

8.1.4.3 活水车运输

采用运输商品鱼的活鱼车运输。亲鱼装运量应根据鱼体大小、水温高低、运输时间长短等条件而定,一般为 150 kg/m³～200 kg/m³。车上应配备氧气瓶,整个运输途中应进行充氧。适于一次运输大量亲鱼,运输时间 10 h～12 h。

8.1.4.4 塑料袋充氧密封运输

采用加厚双层塑料袋,鱼和水共占塑料袋体积的 1/2 左右。适于长途运输。

8.2 苗种

8.2.1 运输前准备

8.2.1.1 运输前要有周密计划,捕捞工具和运输容器应进行消毒处理。

8.2.1.2 开始吃食的鱼苗。在起运前最好先喂一次蛋黄,约 50 万尾鱼苗喂 1 个蛋黄,喂后过 2 h～3 h 再换清水起运。

8.2.1.3 鱼种运输前应停食 1 d。

8.2.1.4 鱼苗和鱼种运输前应分别进行密集锻炼和拉网锻炼 1 次～2 次。

8.2.2 水温要求

装运和下塘时均应测量水温,运输容器和培育池的水温温差不应超过 ±2℃。

8.2.3 水质要求

运输用水符合 NY 5361 的要求,溶解氧浓度不低于 5 mg/L,此外,可在运输用水中加入一定量的食盐,使水的盐度达 1.5。除密封充氧运输外,其他运输方式途中如需要换水时,每次换水量一般不超过 1/2,最多不超过 2/3。

8.2.4 运输方式

鱼苗通常采用塑料袋充氧运输,鱼种可采用成鱼运输方式。

附　录　A
（资料性附录）
黄颡鱼常见病害及诊断方法

黄颡鱼常见病害及诊断方法见表 A.1。

表 A.1　黄颡鱼常见病害及诊断方法

病名	病原体	症　状	流行季节	诊　断
肠炎病	点状产气单胞杆菌	病鱼腹部膨大,肛门红肿,轻压腹部则肛门有黄色黏液流出,病鱼离群独游,活动迟缓,食欲减退	主要为害成鱼和亲鱼,流行于 6 月～9 月。苗种主要在 5 月～6 月发病	根据症状可做出初步的诊断。必要时送有资质的实验室进一步确诊
红头病	迟缓爱德华氏菌	头顶部溃烂,红肿,穿孔,鳃充血,鳍条基部充血,离群独游或较长时间头朝上、尾朝下垂直悬于水中,且来回转动	病鱼主要为 3 cm～5 cm 鱼种,发病水温 18℃～30℃,25℃～28℃ 为暴发期	
出血性水肿病	细菌（疑是嗜水气单胞菌,未确认）	病鱼体表泛黄,黏液增多;咽部皮肤破损、充血,呈圆形孔洞,腹部膨大,肛门红肿、外翻,头部充血,背鳍肿大,胸鳍与腹鳍基部充血,鳍条溃烂	流行高峰多发生在水温为 25℃～30℃ 时	
烂鳃病	柱状纤维黏细菌	病鱼鳃盖内表皮充血发炎,鳃丝黏液增多,肿胀,末端腐烂,缺损,鳍的边缘色泽变淡,甚至软骨外露	鱼种和成鱼均可发病,4 月～6 月为发病高峰	根据症状可做出初步的诊断。必要时送有资质的实验室进一步确诊
水霉病	水霉或绵霉	感染部位形成灰白色棉絮状覆盖物。病变部位初期呈圆形,后期则呈不规则的斑块,严重时皮肤破损肌肉裸露。病鱼食欲不振,虚弱无力	主要流行于冬、春季。各种规格的黄颡鱼均可发病	根据症状可做出初步的诊断。必要时送有资质的实验室进一步确诊
车轮虫和斜管虫病	车轮虫、小车轮虫和鲤斜管虫	病鱼表现为体表成纯白色或淡蓝色的黏液层,病鱼离群独游。头朝下尾朝上倒栽于水面或侧卧于水下	流行于 5 月～8 月,主要为害鱼苗、鱼种	显微镜检查体表、鳃丝黏液,可见车轮虫和小车轮虫或鲤斜管虫
小瓜虫病（白点病）	多子小瓜虫	病鱼胸、背、尾鳍和体表皮肤均有白点状分布,病情严重时体表似覆盖一层白色薄膜,鱼体游动迟钝,食欲不振,体质消瘦	水温为 15℃～25℃。多在初冬、春末和梅雨季节发生。主要为害鱼苗,鱼种阶段	显微镜检查体表、鳃丝黏液,严重时肉眼可见白色小点
黏孢子虫病	鲤碘泡虫、单极虫和中华尾孢虫等（皮肤病）;球孢虫、异形碘泡虫、巨间碘泡虫、变异黏体虫等（鳃病）;多种黏孢子虫（脏器病）	皮肤病:体表布有许多大小不规则的小白点,身体失去平衡,鱼体日渐消瘦而死亡;鳃病:呼吸困难,常常外鳃盖骨张开,游动无力,浮于水面,最后因窒息而死亡;脏器病:病鱼体色发黑,游动无力,常在池塘的水体中上层活动,病鱼食欲减退,在患病的后期,则基本停食,病鱼最后因消瘦而死亡	由黏孢子虫引起的皮肤病、鳃病及脏器病,在全国都有流行。每年的 5 月～6 月对黄颡鱼的为害较大。黄颡鱼在饲养的初期发生此病而导致大量死亡的情况也时有发生	显微镜检查体表、鳃丝黏液,严重时肉眼可见
钩介幼虫病	蚌类的钩介幼虫	寄生在鱼的口腔、鳃、鳍条等部位,病鱼出现"红头白嘴"现象	鱼种和成鱼均可发病,春夏季为发病高峰	显微镜检查,寄生部位可见钩介幼虫

ICS 67.120.30
B 50

SC

中华人民共和国水产行业标准

SC/T 2068—2015

凡纳滨对虾 亲虾和苗种

Whiteleg shrimp—Parent and larva

2015-02-09 发布
2015-05-01 实施

中华人民共和国农业部 发布

前　言

本标准按 GB/T 1.1—2009 给出的规则起草。

请注意本文件的某些内容可能涉及专利。本文件的发布机构不承担识别这些专利的责任。

本标准由农业部渔业局提出。

本标准由全国水产标准化技术委员会海水养殖分技术委员会(SAC/TC 156/SC 2)归口。

本标准起草单位:中国水产科学研究院珠江水产研究所。

本标准主要起草人:郑光明、朱新平、赵建、史燕、潘德博、陈昆慈、张丹丹、马丽莎、尹怡、洪孝友。

凡纳滨对虾　亲虾和苗种

1　范围

本标准给出了凡纳滨对虾(*Litopenaeus vannamei* Boone)亲虾和苗种的来源、质量要求、检验方法、检验规则和运输要求。

本标准适用于凡纳滨对虾亲虾和苗种的质量评定。

2　规范性引用文件

下列文件对于本文件的应用是必不可少的。凡是注日期的引用文件,仅注日期的版本适用于本文件。凡是不注日期的引用文件,其最新版本(包括所有的修改单)适用于本文件。

GB 11607　渔业水质标准

GB/T 15101.1　中国对虾　亲虾

GB/T 18654.2　养殖鱼类种质检验　第2部分:抽样方法

GB/T 21311　动物源性食品中硝基呋喃类药物代谢物残留量检测方法　高效液相色谱/串联质谱法

NY 5070　无公害食品　水产品中渔药残留限量

SC/T 1102　虾类性状测定

SC 2055　凡纳滨对虾

SN/T 1151.1　对虾Taura综合征病毒(TSV)逆转录聚合酶链式反应(RT-PCR)诊断方法

SN/T 1151.2　对虾白斑病毒(WSV)聚合酶链式反应(PCR)检测方法

SN/T 1151.4　对虾黄头病检疫技术规范

3　亲虾

3.1　来源

3.1.1　由原产地引进,并经检验合格的原种亲虾。

3.1.2　由省级以上良种场生产的亲虾。

3.2　质量要求

3.2.1　种质

种质应符合SC 2055的规定。

3.2.2　外观

体型、体色正常,呈淡青色或浅青灰色,体质健壮,无病症,无伤残和畸变。

3.2.3　活力

反应灵敏,游动正常,静止时正向匍匐水底。

3.2.4　体长

雌虾≥160 mm,雄虾≥150 mm。

3.2.5　体重

雌虾≥40 g,雄虾≥36 g。

3.2.6　亲虾日龄

人工养殖不小于12月龄。

3.2.7　繁殖期特征

雄亲虾纳精囊饱满微凸,内有乳白色精荚;雌亲虾卵巢发育良好,轮廓清晰,呈橘红色或灰绿色或墨绿色,前叶伸至胃区。

3.2.8 检疫

不得携带白斑病毒、桃拉病毒和黄头病毒。

4 苗种

4.1 苗种来源

由符合第3章规定的亲虾人工繁殖的苗种或由原产地引进并经检验检疫合格的苗种。

4.2 苗种质量

4.2.1 外观

肉眼观察苗种活力强,主动摄食,个体大小均匀,体色透明,体表干净。

4.2.2 规格

全长≥0.8 cm,规格合格率≥90%。

4.2.3 可数指标

见表1。

表 1 可数指标

单位为百分率

畸形率	伤残率	死亡率
≤5	≤1	≤0.2

4.2.4 检疫

不得携带白斑病毒和桃拉病毒。

4.2.5 质量安全要求

药物残留量检测应符合 NY 5070 的要求。

5 检验方法

5.1 亲虾

5.1.1 来源查证

查阅亲虾档案和亲虾繁殖的生产记录。

5.1.2 种质检验

按 SC 2055 的规定执行。

5.1.3 外观检验

肉眼观察亲虾体形、体色、性征及健康状况。

5.1.4 体长

按 SC/T 1102 的规定执行。

5.1.5 体重

按 SC/T 1102 的规定执行。

5.1.6 检疫

 a) 白斑病毒按 SN/T 1151.2 的规定或按 GB/T 15101.1 的规定执行;

 b) 桃拉病毒按 SN/T 1151.1 的规定执行;

 c) 黄头病毒按 SN/T 1151.4 的规定执行。

5.2 苗种

5.2.1 来源查证
查阅虾苗生产档案和培育记录。

5.2.2 外观、可数指标
把样品置于便于观察的容器内,肉眼逐项观察计数。

5.2.3 可量指标
按 SC/T 1102 的规定执行。

5.2.4 检疫、检测
a) 白斑病毒按 SN/T 1151.2 的规定或按 GB/T 15101.1 的规定执行;
b) 桃拉病毒按 SN/T 1151.1 的规定执行;
c) 硝基呋喃类代谢物残留按 GB/T 21311 的规定执行,其他按 NY 5070 的规定执行。

6 检验规则

6.1 亲虾

6.1.1 组批规则
一个销售批或同一繁殖批作为一个检验批。

6.1.2 抽样方法
按 GB/T 18654.2 的规定执行。

6.1.3 判定规则
所检亲虾应符合第 3 章的要求,经检验,有不合格亲虾的即判定该批不合格。

6.2 苗种

6.2.1 组批规则
以同一培育池、同一规格或一次交货的苗种作为一个检验批,销售前按批检验。

6.2.2 抽样方法
检验内容不同,其抽样方法不同。
a) 规格合格率检验:每批苗种随机取样应在 100 尾以上,以 3 次的算术平均值为其结果,以百分率计算。
b) 死亡率、畸形率、伤残率检验:从苗池的表、中、底三层各随机取样 1 次,每次抽检数量不少于 2 000 尾,直接观察检验,以 3 次的算术平均值为其结果,以百分率计算。
c) 白斑病毒、桃拉病毒的检疫:从苗池随机取样 3 次,每次抽检数量为 100 尾～200 尾。
d) 药残检验:每个样品抽样量不低于 100 g。

6.2.3 判定规则
所检苗种应符合第 4 章的要求。经检验,如病毒项检疫不合格,则判定该批苗种不合格,不得复检;其他有不合格项,应对原检验批取样进行复检,以复检结果为准。经复检,如仍有不合格项,则判定该批苗种为不合格。

7 运输要求

7.1 亲虾
使用双层塑料薄膜袋充氧密封包装,外套泡沫箱。塑料薄膜袋的规格宜为 0.45 m×0.18 m×0.18 m,每袋装海水 2 L～3 L,包装用水应符合 GB 11607 的要求,经消毒处理,盐度与虾池水一致,水温应逐级降温,每次不低于 2℃,降温至 16℃时装袋,在塑料薄膜袋与泡沫箱间放 1 L～2 L 的冰袋,使水温保持 16℃～20℃。进口雌亲虾 4 尾/袋,雄亲虾 5 尾/袋,应在 48 h 内到达目的地;省级以上良种场培育的雌亲虾 8 尾/袋,雄亲虾 10 尾/袋,应在 24 h 内到达目的地。

7.2 苗种

使用双层塑料薄膜袋充氧密封包装。塑料薄膜袋的规格宜为 0.45 m×0.18 m×0.18 m,每袋装海水 2 L~3 L,虾苗 5 000 尾~8 000 尾,充氧。包装用水应符合 GB 11607 的要求,经消毒处理,盐度与育苗池水一致,水温适当降低,应在 24 h 内到达目的地。

ICS 65.150
B 51

SC

中华人民共和国水产行业标准

SC/T 2072—2015

马氏珠母贝 亲贝和苗种

Marten's pearl oyster—Broodstock and seedling

2015-02-09 发布　　　　　　　　　　　　　　　　2015-05-01 实施

中华人民共和国农业部 发布

SC/T 2072—2015

前　言

本标准按照 GB/T 1.1—2009 给出的规则起草。

请注意本文件的某些内容可能涉及专利。本文件的发布机构不承担识别这些专利的责任。

本标准由农业部渔业渔政管理局提出。

本标准由全国水产标准化技术委员会海水养殖分技术委员会(SAC/TC 156/SC 2)归口。

本标准起草单位:中国水产科学研究院南海水产研究所。

本标准主要起草人:李有宁、吴开畅、杨贤庆、陈明强、张殿昌、马海霞、郭华阳、魏涯、杨少玲。

马氏珠母贝　亲贝和苗种

1　范围

本标准规定了马氏珠母贝（*Pinctada fucata martensii* Gould）亲贝和苗种的质量要求、检验方法、检验规则及运输要求。

本标准适用于马氏珠母贝亲贝和苗种的质量评定。

2　规范性引用文件

下列文件对于本文件的应用是必不可少的。凡是注日期的引用文件，仅注日期的版本适用于本文件。凡是不注日期的引用文件，其最新版本（包括所有的修改单）适用于本文件。

GB 11607　渔业水质标准

NY 5052　无公害食品　海水养殖用水水质

3　术语和定义

下列术语和定义适用于本文件。

3.1

壳长　shell length

由壳的前端至后端的最大距离。

3.2

壳高　shell height

由壳顶至腹缘的最大距离。

3.3

壳宽　shell width

左右两壳面的最大距离。

3.4

体重　live weight

成贝个体的湿重量。

3.5

规格合格率　certified size rate

达到规格的个体占总数的百分比。

3.6

畸形率　rate of deformed individuals

畸形个体占苗种总数的百分比。

3.7

伤残率　rate of wound and broken individuals

苗种伤残个体数占总数的百分比。

4　亲贝

4.1　亲贝来源

4.1.1 来源于捕自自然海区的野生亲贝。

4.1.2 采用原(良)种场提供的亲贝。

4.2 质量要求

4.2.1 规格

壳长≥6 cm,壳高≥7 cm,壳宽≥2.5 cm,体重≥50 g。

4.2.2 年龄

宜用2.5年龄～4.0年龄。

4.2.3 外观

亲贝宜选择个体大、体型端正无损、活力强、对外界反应灵敏,壳表面外缘鳞片生长旺盛、壳体没有被才女虫穿凿钻孔病变。

4.2.4 内观

壳内面的珍珠层质光亮艳丽,呈银白色略带彩虹或黄色,外套膜无萎缩。

4.2.5 性腺成熟

雌贝生殖腺呈黄色或浅黄色,表面光滑,富弹性。雄贝生殖腺呈乳白色或橘红色,流出的精液呈乳白色鲜奶状。

4.3 生殖细胞

卵子大小均匀一致,圆形或梨形,柄短,卵黄颗粒分布均匀,卵膜薄而光滑,直径为48 μm左右;精子在海水中游动活跃。

5 苗种

5.1 苗种来源

符合第4章规定的亲贝所繁殖培育的苗种。

5.2 质量要求

5.2.1 苗种规格

分为出池苗、小规格苗种、中规格苗种和大规格苗种,见表1。

表1 苗种规格

出池苗规格		养殖苗种		
	出池苗规格	小规格苗种	中规格苗种	大规格苗种
壳长 L,mm	0.8≤L<4.2	4.2≤L<10.2	10.2≤L<15.1	L≥20.3
壳高 H,mm	0.7≤H<3.4	3.4≤H<9.2	9.2≤H<13.6	H≥18.3

5.2.2 外观

大小均匀,鳞片生长鲜明、旺盛,足丝附着力强,无附着污物。

5.2.3 可数指标

苗种规格合格率、畸形率、伤残率及死亡率应符合表2的要求。

表2 苗种规格合格率、畸形率、伤残率及死亡率

苗种规格	出池苗规格	养殖苗种		
		小规格苗种	中规格苗种	大规格苗种
规格合格率,%	≥95	≥95	≥90	≥90
畸形率,%	≤3	≤3	≤5	≤5
伤残率,%	≤3	≤3	≤5	≤5
苗种死亡率,%	≤5			

6 检验方法

6.1 亲贝

6.1.1 来源查证

查阅亲本培育档案和繁殖生产记录。

6.1.2 外观

肉眼观察亲贝外观。

6.1.3 年龄

根据养殖档案记录确定年龄或从贝壳表面的周年生长有间隔环状鳞片的轮廓,判定生长年龄。

6.1.4 可量性状

随机抽取 20 只～30 只亲贝作为样品,除去附着生物擦洗干净,以游标卡尺测量壳长、壳高、壳宽,用天平称个体湿重量。

6.1.5 生殖细胞

用显微镜观察卵子形状和精子活力。

6.2 苗种

6.2.1 外观

肉眼观察苗种外观、比较,符合质量要求。

6.2.2 规格合格率

用抽样计数法得出规格合格率。

6.2.3 畸形率和伤残率

在抽样计数时,将抽取出池苗、养殖苗种规格的几个样品分别充分混合均匀,从中随机抽取不同规格的苗种 200 只～300 只,查计畸形、伤残及死亡数量,统计畸形率、伤残率及死亡率。

7 检验规则

7.1 亲贝

7.1.1 亲贝销售时或繁殖前应进行检验。

7.1.2 按照质量要求和检验方法对抽取的样品逐项检验,其中一项不符合要求则判定为不合格亲贝。

7.2 苗种

7.2.1 苗种出售前必须通过检验。

7.2.2 组批规则:出池苗以同一批培育池的苗种为一批;不同规格的养殖苗种以一次出售为一批。

7.2.3 判定规则:按照质量要求和检验方法的规定逐项检验,其中一项达不到规定要求,判定本批苗种为不合格。若对计数结果有争议,可由购销双方协商,按本标准规定的检验方法和规则重新抽样复检,并以复检结果为准。

8 苗种计数

8.1 数量计数

8.1.1 出池苗

在一个培育池内的不同位置各抽取一串附苗器,分别从附苗器的上中下位置轻取 1 片～2 片计算样品苗种平均数,换算出每片附苗器上的苗种数量,推算出整个培育池附苗器的出池苗数量。

8.1.2 养殖苗

从相同的养殖笼具中随机抽取一个笼具作为一个样品进行计数,然后按同批次同规格的养殖苗种,每组分别重复抽取 4 个～5 个样品进行计数,求出苗种平均数,再按贝笼数推算不同规格的苗种总数量。

8.2 重量计数

8.2.1 出池苗

从一个培育池中收集出池苗并清洗除去杂质,用过滤网袋滤去水分,放在电子天平上称总重量,然后在上中下位置随机抽取 2 g～5 g 分别称重,并进行个体计数求出平均数,据此推算出池苗的数量。

8.2.2 养殖苗

把同一规格的养殖苗种从同一种养殖笼具中全部取出,清除出附着物,洗净后称总重量,然后随机抽取 4 个～5 个样品进行称重和计数。每个样品的苗种称取 50 g(每个样品的苗种重量应≥50 g),计算所取样品的平均重量的苗种数量,再按总重量计算同一规格的苗种总数量。

9 运输要求

9.1 亲贝运输

9.1.1 方法

采用干露或带水运输亲贝。干运可用车船,采用露空遮光、防雨淋、保温、湿润方法运输。水运可用活水车、活水船,充氧运输。用水水质应符合 GB 11607 或 NY 5052 的要求。注意亲贝长时间运输时,不应选择性腺发育处于成熟期,以免途中排精放卵造成体质虚弱而引起死亡。

9.1.2 运输时间

干运时气温在 22℃～25℃,途中防风干、日晒,运输时间 12 h 以内;水运时温度不高于 26℃,运输时间 12 h 以内,时间加长,中途必须换水,充氧。

9.2 苗种运输

9.2.1 出池苗运输

用双层聚乙烯薄膜袋装入 1/4 海水,然后充氧打包装,装入泡沫包装箱中,包装箱加冰袋或用封口袋装入冰块(冰袋及冰块用旧报纸裹包),再用胶带封箱。温度 23℃～25℃,运输时间 12 h 以内,途中防止日晒。

9.2.2 养殖苗运输

采用干运和水运方法运输。干运法:苗种露空运输,温度 22℃～25℃,运输时间在 10 h 以内。可用保温车运输,防日晒和雨淋及防风干,车厢内辅有一层吸足海水的布料或海草、海绵,并用这些材料盖在苗种的上面保持湿度。途中常用海水喷淋,但避免积水浸泡苗种。水运法:苗种浸在海水中运输,水温 23℃～26℃,运输时间在 12 h 以内。可用活水车充氧运输,防日晒,保持温度。用水水质应符合 GB 11607 或 NY 5052 的要求。

_____

ICS 65.150
B 51

SC

中华人民共和国水产行业标准

SC/T 2079—2015

毛蚶 亲贝和苗种

Ark shell—Broodstock and seedling

2015-02-09 发布

2015-05-01 实施

中华人民共和国农业部 发布

前　言

本标准按照 GB/T 1.1—2009 给出的规则起草。

请注意本标准的某些内容可能涉及专利。本标准的发布机构不承担识别这些专利的责任。

本标准由农业部渔业渔政管理局提出。

本标准由全国水产标准化技术委员会海水养殖分技术委员会(SAC/TC 156/SC 2)归口。

本标准起草单位:大连海洋大学、盘锦光合蟹业有限公司、辽宁省水产技术推广总站。

本标准主要起草人:常亚青、宋坚、李晓东、刘学光、赵冲。

毛蚶 亲贝和苗种

1 范围

本标准规定了毛蚶(*Scapharca subcrenata*)亲贝和苗种的来源、规格、质量要求、检验方法、检验规则、计数方法和运输要求。

本标准适用于毛蚶养殖中的亲贝和苗种的质量评定。

2 规范性引用文件

下列文件对于本文件的应用是必不可少的。凡是注日期的引用文件,仅注日期的版本适用于本文件。凡是不注日期的引用文件,其最新版本(包括所有的修改单)适用于本文件。

GB 11607 渔业水质标准

GB/T 18407.4 农产品质量安全 无公害水产品产地环境要求

NY 5070 无公害食品 水产品中渔药残留限量

SC 2080 毛蚶

3 术语和定义

下列术语和定义适用于本文件。

3.1

壳长 shell length

由壳前端至后端的最大距离。

3.2

规格合格率 rate of qualified individuals for specifications

达到规格的苗种数量占苗种总数的百分比。

3.3

畸形率 abnormal rate

苗种壳不规则的个体占苗种总数的百分比。

3.4

伤残空壳率 the percentage of deformity and empty shell

壳残缺和破碎以及空壳苗种数占苗种总数的百分比。

4 亲贝

4.1 来源

应来源于自然海区或原、良种场提供的个体。产地环境应符合 GB/T 18407.4 的规定。

4.2 种质

应符合 SC 2080 的规定。

4.3 年龄

3 龄以上。

4.4 感官要求

贝壳无损伤,表面干净,对外界刺激反应灵敏,足外端颜色鲜红、鸡冠状褶皱明显;个体均匀,无畸形;性腺饱满、色泽鲜艳,雌性呈橘红色,雄性为乳白色,并延伸到足的基部。

4.5 亲贝规格

壳长不小于 3 cm。

4.6 生殖细胞

卵呈圆形,形状规则,卵黄均匀,卵径 55 μm～65 μm;精子在海水中游动活跃。

5 苗种

5.1 感官要求

苗种活力强,在水中壳开、闭正常,色泽鲜明,大小均匀,壳表无附着物。

5.2 苗种规格

苗种规格分类应符合表 1 的要求。

表 1 苗种规格   单位为毫米

苗种规格	小规格苗种	中规格苗种	大规格苗种
壳长(L)	5≤L<10	10≤L<15	L≥15

5.3 质量要求

各种规格苗种的规格合格率、畸形率和伤残空壳率应符合表 2 的要求。

表 2 苗种规格合格率、伤残空壳率和畸形率要求   单位为百分率

类别	小规格苗种	中规格苗种	大规格苗种
规格合格率	≥95		
畸形率和伤残空壳率总和	≤5	≤3	

5.4 安全要求

药物残留限量符合 NY 5070 的要求。

6 检验方法

6.1 亲贝

6.1.1 感官检验

将亲贝放入白瓷盘中,在充足自然光线下用肉眼观察。

6.1.2 可量性状

随机抽取 100 个～200 个用游标卡尺逐个测量壳长。

6.1.3 生殖细胞

精、卵排放后,随机取样用显微镜观察卵粒形状及精子活力,并用目镜测微尺测量卵径。

6.2 苗种

6.2.1 感官检验

在自然光和强光下,把苗种放置带水容器内,观察开闭壳情况、色泽及附着物。

6.2.2 规格合格率检验

随机抽取 200 个～300 个正常苗种,用游标卡尺逐个测量壳长,计算规格合格率。

6.2.3 畸形率和伤残空壳率检验

随机抽取 200 个～500 个苗种,统计苗种伤残、空壳个体数量,计算畸形率和伤残空壳率。

6.2.4 质量安全检测

检测方法按 NY 5070 的规定执行。

7 检验规则

7.1 亲贝

7.1.1 亲贝销售交货时应进行检验。

7.1.2 按照质量要求和检验方法对抽取的样品逐项检测,其中一项不符合要求则判定为不合格亲贝。

7.2 苗种

7.2.1 苗种销售交货时必须通过检验。

7.2.2 组批规则

一个销售批作为一个检验批,以密度相近的中间培育笼具为一组。随机抽样数量不少于200个。

7.2.3 判定规则

按照质量要求和检验方法的规定逐项检验,其中一项达不到规定要求,判定本批苗种不合格。若对检验结果有争议,可由供销双方协商,按本标准规定的检验方法和规则对原检验批重新加倍取样进行复检,并以复检结果为准。

8 苗种计数方法

8.1 数量计数

每组中随机抽取一个中间培育笼具作为一个样品,计数。重复抽样4个~6个,计算样品的苗种平均数,再按笼具数推算本组、批苗种总数。

8.2 重量计数

将一组、批苗种全部去掉杂质后称总重,然后随机抽取3个~4个样品,称重、计数。每个样品重量范围:小规格苗种应在50 g~100 g,中规格应在100 g~300 g,大规格苗种应在300 g~1 000 g。计算所取样品的平均单位重量苗种数,再推算本组、批苗种总数。

9 运输要求

9.1 亲贝运输

采用干运法,运输温度以5℃~15℃为宜,运输过程中应防日晒、雨淋和风干,运输时间以48 h内为宜。

9.2 苗种运输

运输宜在早晨或傍晚进行,运输温度应在10℃以下,运输时间不宜超过48 h,同时中途定期泼洒海水,保持湿润,洒淋海水应符合GB 11607的要求,运输过程中防晒、防雨。

ICS 67.120.30
X 20

SC

中华人民共和国水产行业标准

SC/T 3049—2015

刺参及其制品中海参多糖的测定
高效液相色谱法

Determination of sea cucumber polysaccharides in *Apostichopus japonicus* and
interrelated products—
High performance liquid chromatography

2015-02-09 发布   2015-05-01 实施

中华人民共和国农业部 发布

前　言

本标准按照 GB/T 1.1—2009 给出的规则起草。

本标准由农业部渔业渔政管理局提出。

本标准由全国水产标准化技术委员会水产品加工分技术委员会(SAC/TC 156/SC 3)归口。

本标准起草单位：中国海洋大学、大连獐子岛渔业集团股份有限公司、山东东方海洋科技股份有限公司、中国水产科学院黄海水产研究所。

本标准主要起草人：薛长湖、薛勇、刘小芳、常耀光、黄万成、刘云涛、王联珠。

刺参及其制品中海参多糖的测定　高效液相色谱法

1　范围

本标准规定了刺参（*Apostichopus japonicus*）及以刺参为原料加工而成的干刺参、即食刺参、胶囊、浆液等深加工品中海参多糖含量的高效液相色谱测定方法。

本标准适用于刺参（*Apostichopus japonicus*）及以刺参为原料加工而成的干刺参、即食刺参、胶囊、浆液等深加工品中海参多糖含量的测定。

2　规范性引用文件

下列文件对于本文件的应用是必不可少的。凡是注日期的引用文件，仅注日期的版本适用于本文件。凡是不注日期的引用文件，其最新版本（包括所有的修改单）适用于本文件。

GB/T 6682　分析实验室用水规格和试验方法

SC/T 3016　水产品抽样方法

3　术语和定义

下列术语和定义适用于本文件。

3.1

海参多糖　sea cucumber polysaccharides

由海参岩藻聚糖硫酸酯和海参硫酸软骨素组成。海参岩藻聚糖硫酸酯是一类由L-岩藻糖聚合形成的直链硫酸化多糖；海参硫酸软骨素是一类具有岩藻糖支链取代的硫酸化多糖，主要由D-乙酰氨基半乳糖、D-葡萄糖醛酸和L-岩藻糖构成。

4　原理

样品经酶解、乙酸钾沉淀、酸解后制备得到海参硫酸软骨素水解液，水解液中岩藻糖与1-苯基-3-甲基-5-吡唑啉酮（PMP）进行衍生反应，XDB-C_{18}色谱柱分离，经配有紫外检测器的高效液相色谱仪测定岩藻糖衍生物的含量，内标法定量，以岩藻糖含量为基准计算出样品中海参多糖的含量。

5　试剂

除另有说明外，所用试剂均为分析纯试剂。

5.1　试验用水应符合GB/T 6682一级水的要求。

5.2　标准物质：L-岩藻糖（Fuc），纯度≥99%。

5.3　内标物：乳糖（Lac），纯度≥99%。

5.4　甲醇：色谱纯。

5.5　乙腈：色谱纯。

5.6　三氯甲烷。

5.7　冰乙酸。

5.8　盐酸。

5.9　三氟乙酸。

5.10　木瓜蛋白酶：食品级。

5.11 乙酸钠。

5.12 乙二胺四乙酸。

5.13 半胱氨酸盐酸盐。

5.14 乙酸钾。

5.15 氢氧化钠。

5.16 磷酸二氢钾。

5.17 1-苯基-3-甲基-5-吡唑啉酮(PMP)。

5.18 0.1 mol/L乙酸钠缓冲液:准确称取8.20 g无水乙酸钠,用水溶解并定容至1 000 mL,用冰乙酸调节pH至5.9～6.1。

5.19 4 mol/L三氟乙酸溶液:准确移取30 mL三氟乙酸,用水稀释至100 mL。

5.20 0.3 mol/L氢氧化钠溶液:准确称取1.20 g氢氧化钠,用水溶解并稀释至100 mL。

5.21 0.3 mol/L盐酸溶液:准确移取2.5 mL盐酸,用水稀释至100 mL。

5.22 0.5 mol/L 1-苯基-3-甲基-5-吡唑啉酮-甲醇溶液:准确称取174 mg重结晶的1-苯基-3-甲基-5-吡唑啉酮,用2 mL甲醇溶解。

5.23 岩藻糖标准储备液:准确称取经真空干燥至恒重的L-岩藻糖(5.2)164 mg,用水溶解并稀释至100 mL。该溶液浓度为10 mmol/L,4℃密封避光存放,有效期15 d。

5.24 岩藻糖标准工作液:准确移取适量岩藻糖标准储备液(5.23),用水稀释成浓度为0.10 mmol/L、0.25 mmol/L、0.50 mmol/L、0.75 mmol/L、1.00 mmol/L、1.25 mmol/L的岩藻糖系列标准工作液,当天配制。

5.25 内标工作液:准确称取经真空干燥至恒重的乳糖(5.3)68 mg,用水溶解并稀释至100 mL。该溶液浓度为2 mmol/L,4℃密封避光存放,有效期15 d。

5.26 0.05 mol/L磷酸盐缓冲液:准确称取6.80 g磷酸二氢钾,用水溶解并稀释至1 000 mL,用0.3 mol/L氢氧化钠溶液(5.20)调节pH至6.8～7.0。使用前,用0.45 μm微孔滤膜过滤。

5.27 磷酸盐—乙腈溶液1:取乙腈150 mL,用0.05 mol/L磷酸盐缓冲液(5.26)稀释至1 000 mL。

5.28 磷酸盐—乙腈溶液2:取乙腈400 mL,用0.05 mol/L磷酸盐缓冲液(5.26)稀释至1 000 mL。

6 仪器和设备

6.1 高效液相色谱仪:配紫外检测器。

6.2 天平:感量0.01 g。

6.3 分析天平:感量0.000 1 g。

6.4 离心机:15 000 r/min。

6.5 电热恒温鼓风干燥箱。

6.6 超声波清洗仪。

6.7 涡旋混合器。

6.8 恒温水浴锅。

6.9 恒温水浴振荡器。

6.10 氮吹仪。

6.11 pH计。

6.12 微量移液器及配套枪头。

6.13 小型粉碎机。

7 测定方法

7.1 试样制备

鲜刺参去肠腺、灰嘴，剪成 0.5 cm×0.5 cm 的小块，70℃烘干 12 h，粉碎，过 10 目筛，混匀备用；干刺参，粉碎，过 10 目筛，混匀备用；即食刺参，剪成 0.5 cm×0.5 cm 的小块，70℃烘干 12 h，粉碎，过 10 目筛，混匀备用；胶囊，取内容物混匀备用；浆液，混匀备用。

7.2 试样海参硫酸软骨素的提取与水解液的制备

7.2.1 鲜刺参、干刺参、即食刺参及刺参胶囊等固体制品

准确称取（1.00±0.05）g 试样，置于 50 mL 三角瓶中，加入 25 mL 0.1 mol/L 乙酸钠缓冲液（5.18），加入 100 mg 木瓜蛋白酶、37 mg 乙二胺四乙酸和 22 mg 半胱氨酸盐酸盐，涡旋混合，60℃恒温水浴振荡酶解 24 h，将酶解液全部转移至 50 mL 离心管中，于 9 000 r/min 离心 10 min。弃去沉淀，上清液转移至 50 mL 烧杯中，加入 6.13 g 乙酸钾，涡旋混合，超声至乙酸钾完全溶解，于 4℃静置 12 h 后转移至另一 50 mL 离心管，于 9 000 r/min 离心 10 min，弃去上清液，沉淀用 5 mL 水超声溶解后转移至 10 mL 容量瓶，用水稀释至刻度，即得海参硫酸软骨素溶液。取 1 mL 海参硫酸软骨素溶液于 5 mL 安培瓶中，加入 1 mL 4 mol/L 三氟乙酸溶液（5.19），充氮封管，110℃水解 8 h 后，于 70℃氮气吹干，加 2 mL 水超声溶解残余物，用 0.3 mol/L 氢氧化钠溶液（5.20）调节水解液 pH 至 6.5～7.5 后转移入 5 mL 容量瓶，用水稀释至刻度，即得海参硫酸软骨素水解液。

7.2.2 刺参原浆液、刺参口服液、刺参酒、刺参乳饮料等液体制品

准确移取 25 mL 试样，置于 100 mL 烧杯中，加入 25 mL 0.1 mol/L 乙酸钠缓冲液（5.18），加入 100 mg 木瓜蛋白酶、73 mg 乙二胺四乙酸和 44 mg 半胱氨酸盐酸盐，涡旋混合，60℃恒温水浴振荡酶解 24 h，将酶解液转移至 50 mL 离心管中，于 9 000 r/min 离心 10 min。弃去沉淀，上清液经 0.45 μm 水膜过滤后转移至 100 mL 烧杯中，加入 12.27 g 乙酸钾，涡旋混合，超声至乙酸钾完全溶解。

7.3 试样衍生及净化

准确移取 7.2 制备的试样海参硫酸软骨素水解液 400 μL 于 10 mL 具塞试管中，加入 50 μL 2 mmol/L乳糖溶液（5.25）、450 μL 0.5 mol/L 1-苯基-3-甲基-5-吡唑啉酮-甲醇溶液（5.22）和 450 μL 0.3 mol/L 氢氧化钠溶液（5.20），涡旋混合，70℃水浴反应 30 min，取出冷却至室温，加 450 μL 0.3 mol/L 盐酸溶液（5.21），涡旋混合，加 1 mL 三氯甲烷，充分振荡，静置分层，吸弃下层三氯甲烷层，按上述方法用三氯甲烷重复萃取 3 次。将上层水相过 0.45 μm 滤膜，供高效液相色谱分析。

7.4 岩藻糖系列标准工作溶液衍生

分别准确移取浓度为 0.10 mmol/L、0.25 mmol/L、0.50 mmol/L、0.75 mmol/L、1.00 mmol/L、1.25 mmol/L 的岩藻糖标准工作液（5.24）400 μL 于 6 个 10 mL 具塞试管中，分别加入 50 μL 2 mmol/L乳糖溶液（5.25）、450 μL 0.5 mol/L 1-苯基-3-甲基-5-吡唑啉酮-甲醇溶液（5.22）和 450 μL 0.3 mol/L 氢氧化钠溶液（5.20），涡旋混合均匀后，制备岩藻糖系列标准溶液衍生物。以岩藻糖衍生物的峰面积与乳糖衍生物的峰面积之比为纵坐标，以相应的岩藻糖浓度为横坐标绘制标准工作曲线。

7.5 测定

7.5.1 色谱参考条件

7.5.1.1 色谱柱：XDB-C₁₈，5 μm，250 mm×4.6 mm（内径）或性能相当者。

7.5.1.1 色谱柱：XDB-C_{18}，5 μm，250 mm×4.6 mm（内径）或性能相当者。

7.5.1.2 柱温：25℃。

7.5.1.3 检测波长：254 nm。

7.5.1.4 进样量：20 μL。

7.5.1.5 流速：1.0 mL/min。

7.5.1.6 流动相：A：磷酸盐—乙腈溶液 1（5.27），B：磷酸盐—乙腈溶液 2（5.28）；梯度洗脱程序

见表1。

表1 流动相梯度洗脱程序

时间,min	A,%	B,%
0	100	0
10	92	8
40	63	37
45	100	0

7.5.2 色谱分析

分别注入 20 μL 岩藻糖系列标准衍生液(7.4)和试样衍生液(7.3)于高效液相色谱仪中,按7.5.1规定的色谱条件进行分析,记录峰面积,试样液中岩藻糖衍生物的响应值均应在标准曲线范围之内。根据标准品的保留时间定性,内标法定量。岩藻糖标准溶液衍生物和试样液衍生物液相色谱图参见附录A。

7.6 结果计算和表述

试样中海参多糖的含量按式(1)计算。

$$X = \frac{C \times 164 \times 5 \times 10}{A \times 1000} \times 20 \quad\cdots\cdots\cdots\cdots\cdots (1)$$

式中:

X ——试样中海参多糖的含量,单位为毫克每克或毫克每毫升(mg/g 或 mg/mL);

C ——由标准曲线计算得到的试样液中岩藻糖的浓度,单位为毫摩尔每升(mmol/L);

164——岩藻糖的摩尔质量,单位为克每摩尔(g/mol);

5 ——试样海参硫酸软骨素水解液定容体积,单位为毫升(mL);

10 ——试样海参硫酸软骨素定容体积与海参硫酸软骨素溶液水解体积的比值;

A ——试样质量或试样体积,单位为克或毫升(g 或 mL);

20 ——刺参中海参硫酸软骨素所含岩藻糖与海参多糖的质量转换系数。

计算结果保留3位有效数字。

8 检测方法灵敏度、准确度和精密度

8.1 灵敏度

本方法中岩藻糖的检出限为 1.2×10^{-3} mmol/L,定量限为 5.0×10^{-3} mmol/L。

8.2 准确度

本方法岩藻糖在 0.05 mmol/L～6.00 mmol/L 添加浓度范围内回收率为 70%～110%。

8.3 精密度

本方法批内相对标准偏差≤10%,批间相对标准偏差≤15%。

附　录　A
（资料性附录）
液　相　色　谱　图

A.1　岩藻糖标准溶液衍生物液相色谱图

见图 A.1。

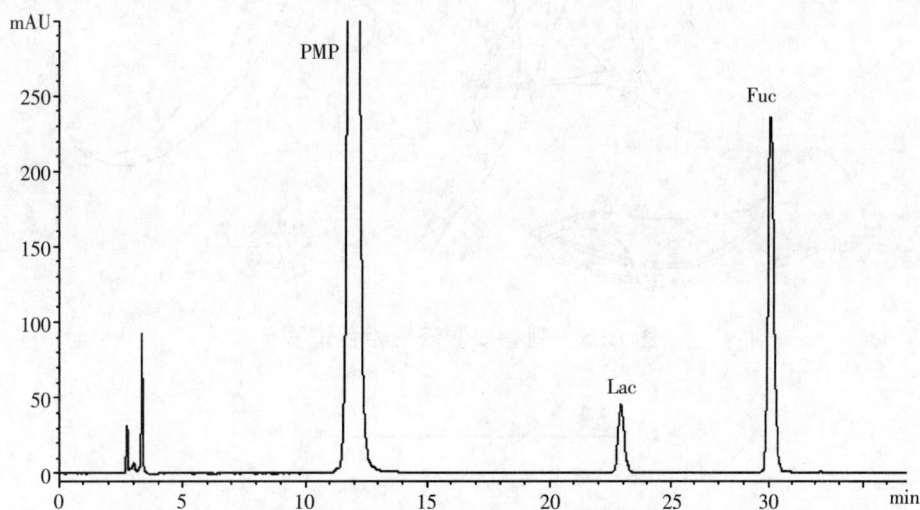

图 A.1　岩藻糖标准溶液衍生物液相色谱图（1 mmol/L）

A.2　淡干刺参液相色谱图

见图 A.2。

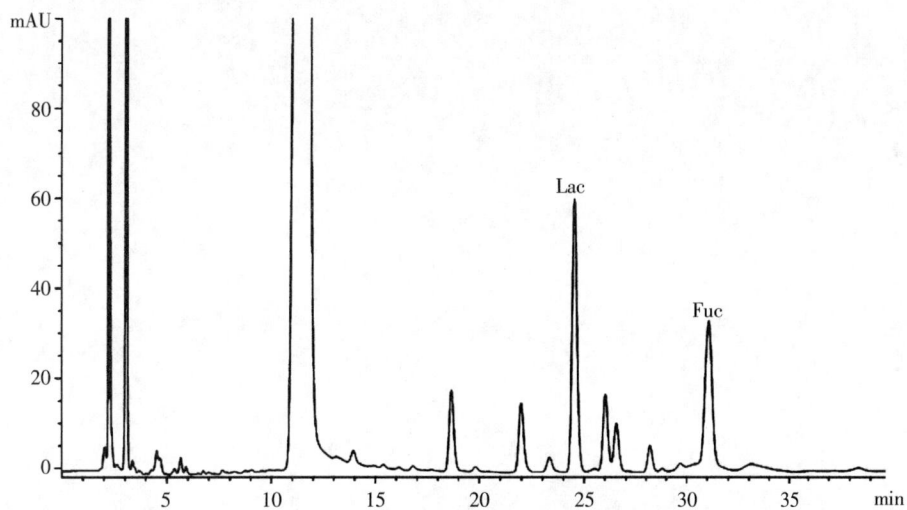

图 A.2　淡干刺参液相色谱图

A.3 刺参口服液液相色谱图

见图 A.3。

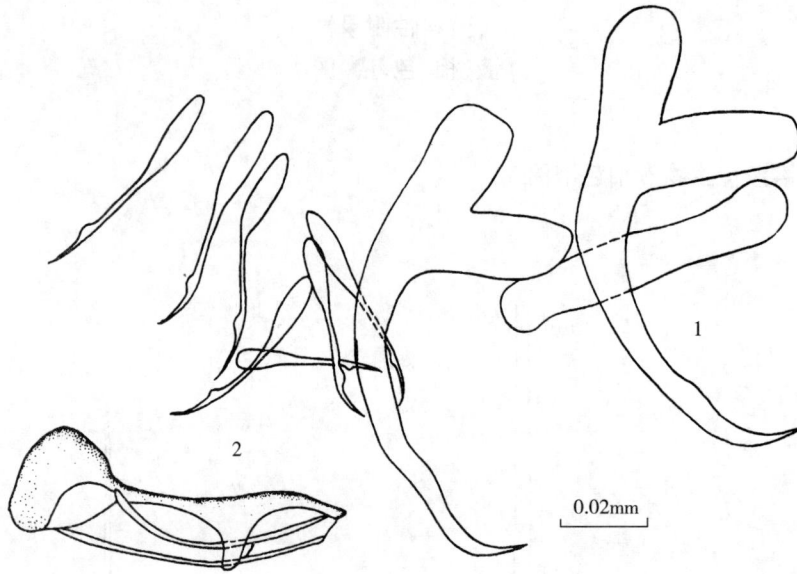

图 A.3 刺参口服液液相色谱图

ICS 67.120.30
X 20

SC

中华人民共和国水产行业标准

SC/T 3203—2015
代替 SC/T 3203—2001

调味生鱼干

Dried seasoned raw fish fillet

2015-02-09 发布   2015-05-01 实施

中华人民共和国农业部 发布

前　言

本标准按照 GB/T 1.1—2009 给出的规则起草。

本标准代替 SC/T 3203—2001《调味鱼干》。与 SC/T 3203—2001 相比，主要技术变化如下：

——取消了对产品规格进行分级的规定；

——修改了水分、盐分指标；

——删除了净含量允差的具体规定；

——删除了砷、铅、汞以及沙门氏菌等指标的具体规定；

——增加了净含量应符合 JJF 1070 的规定；

——增加了污染物限量应符合 GB 2762 的规定，兽药残留限量应符合农业部第 235 号公告的规定；

——增加了资料性附录 A"脱水率换算系数"。

本标准由农业部渔业渔政管理局提出。

本标准由全国水产标准化技术委员会水产品加工分技术委员会(SAC/TC 156/SC 3)归口。

本标准起草单位：中国水产科学研究院黄海水产研究所、石狮市华宝明祥食品有限公司、中国水产舟山海洋渔业公司。

本标准主要起草人：王联珠、郭莹莹、朱文嘉、戎素红、宋春丽、刘鹏飞、顾晓慧、隋哲。

本标准的历次版本发布情况为：

——SC/T 3203—1986、SC/T 3203—2001。

调味生鱼干

1 范围

本标准规定了调味生鱼干的要求、试验方法、检验规则、标识、包装、运输及贮存。

本标准适用于以鱼类为原料,经去头、去内脏、剖片(或不剖片)、漂洗、调味、烘干等工序制成的非即食调味鱼干产品。

2 规范性引用文件

下列文件对于本文件的应用是必不可少的。凡是注日期的引用文件,仅注日期的版本适用于本文件。凡是不注日期的引用文件,其最新版本(包括所有的修改单)适用于本文件。

GB/T 191 包装储运图示标志

GB 317 白砂糖

GB 2760 食品安全国家标准 食品添加剂使用标准

GB 2762 食品安全国家标准 食品中污染物限量

GB 5009.3 食品安全国家标准 食品中水分的测定

GB 5461 食用盐

GB 5749 生活饮用水卫生标准

GB 7718 食品安全国家标准 预包装食品标签通则

GB/T 8967 谷氨酸钠(味精)

GB/T 15691 香辛料调味品通用技术条件

GB/T 18108 鲜海水鱼

GB/T 18109 冻鱼

GB/T 27304 食品安全管理体系 水产品加工企业要求

GB 28050 食品安全国家标准 预包装食品营养标签通则

农业部公告第 235 号 动物性食品中兽药最高残留限量

JJF 1070 定量包装商品净含量计量检验规则

SC/T 3011 水产品中盐分的测定

SC/T 3016—2004 水产品抽样方法

3 要求

3.1 原辅材料

3.1.1 原料鱼

品质应符合 GB/T 18108、GB/T 18109 的规定,污染物指标应符合 GB 2762 的规定,兽药残留应符合农业部公告第 235 号的规定。

3.1.2 食用盐

符合 GB 5461 的规定。

3.1.3 白砂糖

符合 GB 317 的规定。

3.1.4 味精

符合 GB/T 8967 的规定。

3.1.5 香辛料

符合 GB/T 15691 的规定。

3.1.6 生产用水

符合 GB 5749 的规定。

3.1.7 食品添加剂

加工中使用的添加剂品种及用量应符合 GB 2760 的规定。

3.1.8 其他辅料

应符合相应的标准及有关规定。

3.2 加工要求

生产人员、环境、车间及设施、生产设备及卫生控制程序应符合 GB/T 27304 的规定。

3.3 感官要求

感官要求应符合表 1 的规定。

表 1 感官要求

项 目	要 求
色 泽	呈鱼体自然色泽,表面有光泽、半透明,局部可有轻微淡紫红色斑点
形 态	片形基本完好、平整,拼接良好,无明显缝隙和破裂片
组 织	组织紧密,软硬适度,肉厚部分无软湿感,无干耗片
气 味	具有本产品特有的气味,无异味
杂 质	无肉眼可见的外来杂质

3.4 理化指标

理化指标应符合表 2 的规定。

表 2 理化指标

项 目	指 标
水分,%	≤26
盐分(以 NaCl 计),%	≤5

3.5 安全指标

3.5.1 污染物指标

按照原料鱼脱水率折算成鲜品后,污染物应符合 GB 2762 的规定。

3.5.2 兽药残留指标

以养殖鱼为原料的产品按照原料鱼脱水率折算成鲜品后,兽药残留应符合农业部公告第 235 号的规定。

3.6 净含量

净含量应符合 JJF 1070 的规定。

4 试验方法

4.1 感官

在光线充足、无异味的环境中,将试样平置于白色搪瓷盘或不锈钢工作台上,按 3.3 条的规定逐项检验。

4.2 水分

将样品剪切成细颗粒状,按照 GB 5009.3 的规定执行。

4.3 盐分

将样品剪切成细颗粒状,按照 SC/T 3011 的规定执行。

4.4 污染物

4.4.1 将样品剪切成细颗粒状,按照 GB 2762 规定的检验方法执行。

4.4.2 检测值乘以脱水率换算系数 K,即为产品中污染物的检测结果。K 的计算参见附录 A。

4.5 兽药残留

4.5.1 检测方法采用我国已公布的适用于鱼类中兽药残留检测的方法标准。

4.5.2 检测值乘以 K,即为产品中兽药残留的检测结果。

4.6 净含量

按照 JJF 1070 的规定执行。

5 检验规则

5.1 组批规则与抽样方法

5.1.1 组批规则

在原料及生产条件基本相同的情况下,同一天或同一班组生产的产品为一批。按批号抽样。

5.1.2 抽样方法

按 SC/T 3016—2004 的规定执行。

5.2 检验分类

5.2.1 出厂检验

每批产品应进行出厂检验。出厂检验由生产单位质量检验部门执行,检验项目为感官、净含量、水分、盐分等,检验合格签发检验合格证,产品凭检验合格证入库或出厂。

5.2.2 型式检验

型式检验项目为本标准中规定的全部项目,有下列情况之一时应进行型式检验:

a) 长期停产,恢复生产时;

b) 原料变化或改变主要生产工艺,可能影响产品质量时;

c) 出厂检验与上次型式检验有差异时;

d) 国家质量监督机构提出进行型式检验要求时;

e) 正常生产时,每年至少二次的周期性检验。

5.3 判定规则

5.3.1 检验项目全部符合标准要求,判该批产品为合格品。

5.3.2 感官检验所检项目全部符合3.3条规定,合格样本数符合 SC/T 3016—2004 中表1的规定,则判本批合格。

5.3.3 所检项目中有一项指标不符合标准规定时,允许加倍抽样将此项指标复验一次,按复验结果判定本批产品是否合格。

5.3.4 所检项目中有两项或两项以上指标不符合标准规定时,则判本批产品不合格。

5.3.5 净含量偏差应符合 JJF 1070 的规定。

6 标签、标志、包装、运输、贮存

6.1 标签、标志

6.1.1 预包装产品的标签应符合 GB 7718 的规定。

6.1.2 预包装产品的营养标签应符合 GB 28050 的规定。

6.1.3 运输包装上的标志应符合 GB/T 191 的规定。

6.2 包装

6.2.1 包装材料

所用塑料袋、纸盒、瓦楞纸箱等包装材料应洁净、牢固、无毒、无异味。包装材料质量应符合相关食品安全标准规定。

6.2.2 包装要求

产品应密封包装,一定数量的小袋装入纸箱中,箱中产品应排列整齐,并放入产品合格证。包装应牢固。

6.3 运输

6.3.1 应用冷藏或保温车船运输,保持产品温度低于 5℃。

6.3.2 运输工具应清洁卫生,无异味,运输中应防止日晒雨淋,并防止虫害及有害物质的污染,不得靠近或接触有腐蚀性物质,不得与气味浓郁物品混运。

6.4 贮存

6.4.1 产品宜冷藏或冷冻贮存。贮存库应清洁、卫生、无异味、有防鼠防虫设备。

6.4.2 不同品种、规格、批次的产品应分别堆垛,并用垫板垫起,与地面距离不少于 10 cm,与墙壁距离不少于 30 cm,堆放高度以纸箱受压不变形为宜。

附　录　A

（资料性附录）

脱水率换算系数

A.1　脱水率换算系数计算公式

脱水率换算系数 K 按照式（A.1）计算，结果保留两位有效数字。

$$K = \frac{1 - M_1}{1 - M_2} \qu\text{……………………………………}\quad (A.1)$$

式中：

K ——脱水率换算系数；

M_1 ——原料鱼的水分含量，单位为克每百克（g/100 g）；

M_2 ——调味生鱼干的水分含量，单位为克每百克（g/100 g）。

A.2　原料鱼的水分含量

用于生产调味生鱼干的各种原料鱼的水分含量建议值见表 A.1。

表 A.1　原料鱼水分含量建议值

序号	名称	水分含量（g/100 g）
1	鳕鱼	77.4
2	马面鲀	78.9
3	海鳗	74.6
4	鮟鱇	76.3
5	针亮鱼	66.5
6	鲷鱼	75.3
7	竹荚鱼	76.1
8	鲢	77.8
9	鳙	76.5
10	鲤	76.7
11	草鱼	77.3
12	罗非鱼	76.0
13	鳗鲡（河鳗）	67.1
14	翘嘴红鲌	80.3
15	鳜鱼	75.6

注：表中数据来自《中国食物成分表》（第2版），2009，北京大学医学出版社。

ICS 67.120.30
X 20

SC

中华人民共和国水产行业标准

SC/T 3210—2015
代替 SC/T 3210—2001

盐渍海蜇皮和盐渍海蜇头

Salted jellyfish and salted jellyfish head

2015-02-09 发布

2015-05-01 实施

中华人民共和国农业部 发布

前　言

本标准按照 GB/T 1.1—2009 给出的规则起草。

本标准代替 SC/T 3210—2001《盐渍海蜇皮和盐渍海蜇头》。与 SC/T 3210—2001 相比，主要技术变化如下：

——范围删除盐干次数；

——删除规格要求；

——盐渍海蜇皮感官改为 3 个等级；

——修改了水分含量；

——明矾含量降低并取消下限限制；

——安全指标应符合 GB 2762 的规定；

——增加"净含量"规定，并按 JJF 1070 的规定执行；

——抽样方法改为按 SC/T 3016—2004 的规定执行。

本标准由农业部渔业渔政管理局提出。

本标准由全国水产标准化技术委员会水产品加工分技术委员会(SAC/TC 156/SC 3)归口。

本标准起草单位：中国水产科学研究院南海水产研究所。

本标准主要起草人：郝淑贤、李来好、黄卉、魏涯、刁石强、石红、邓建朝。

本标准的历次版本发布情况为：

——SC/T 3210—1986、SC/T 3210—2001。

盐渍海蜇皮和盐渍海蜇头

1 范围

本标准规定了盐渍海蜇皮和盐渍海蜇头的要求、试验方法、检验规则、标识、包装、运输、贮存。

本标准适用于海蜇（*Rhopilema esculenta*）及黄斑海蜇（*Rhopilema hispidum*）等食用水母经盐矾提干的非即食的加工制品。

2 规范性引用文件

下列文件对于本文件的应用是必不可少的。凡是注日期的引用文件，仅注日期的版本适用于本文件。凡是不注日期的引用文件，其最新版本（包括所有的修改单）适用于本文件。

GB/T 191 包装储运图示标志

GB 1895 食品添加剂 硫酸铝钾

GB 2762 食品安全国家标准 食品中污染物限量

GB 5009.3 食品安全国家标准 食品中水分的测定

GB 5461 食用盐

GB 5749 生活饮用水卫生标准

GB 7718 食品安全国家标准 预包装食品标签通则

JJF 1070 定量包装商品净含量计量检验规则

SC/T 3011 水产品中盐分测定

SC/T 3016—2004 水产品抽样方法

3 术语和定义

下列术语和定义适应于本文件。

3.1

头血 head blood

海蜇颈部、口腕部（即海蜇头）的分泌物。

4 要求

4.1 原辅料要求

4.1.1 鲜海蜇不得有腐败变质或被污染的现象。

4.1.2 食用盐应用符合 GB 5461 中的规定。

4.1.3 硫酸铝钾（钾明矾）应符合 GB 1895 中的规定。

4.1.4 生产用水应符合 GB 5749 中的规定。

4.2 感官要求

4.2.1 盐渍海蜇皮的感官要求见表1。

表 1 盐渍海蜇皮的感官要求

项 目	一级品	二级品	三级品
外观	基本完整，片张平整，允许有3 cm以内破洞2处或裂缝3处，但裂缝长度不得超过长径的1/3	片张基本完整，允许有破洞和裂缝	海蜇皮或边料

表 1（续）

项 目	一级品	二级品	三级品
肉质	厚实均匀,有韧性		
颜色	白色、浅黄色、黄褐色等自然色泽,有光泽		
气味	无异味		
杂质	无红衣,无泥沙,无头血	允许带少量红衣,允许存在少量头血,无泥沙	

4.2.2 盐渍海蜇头的感官要求见表 2。

表 2 盐渍海蜇头的感官要求

项 目	一级品	二级品	三级品
外观	只形完整,无蜇须	只形基本完整,允许有残缺,无蜇须	单瓣或两瓣以上相连接
肉质	厚实,有韧性		
颜色	白色、黄褐色或红琥珀色(自然色泽)		
气味	无异味		
杂质	无泥沙		

4.3 理化指标

理化指标应符合表 3 的规定。

表 3 盐渍海蜇的理化指标

项 目	一级品	二级品	三级品
水分,%	≤68	68~78	
盐分(以 NaCl 计),%	18~25		
明矾(湿重),%	≤1.8		

4.4 净含量

净含量应符合 JJF 1070 的规定。

4.5 安全指标

安全指标应符合 GB 2762 的规定。

5 试验方法

5.1 感官检验

在光线充足、无异味、清洁卫生的环境中,将试样置于白色搪瓷盘或不锈钢工作台上,按 4.2 的要求逐项检验,采用品尝方式确定口感。

5.2 水分

将样品表面水分吸去,剪成细颗粒状,按 GB 5009.3 的方法测定。

5.3 盐分

按 SC/T 3011 的方法测定。

5.4 明矾

按附录 A 的方法测定。

5.5 安全指标

按 GB 2762 的规定执行。

5.6 净含量

按 JJF 1070 的规定执行。

6 检验规则

6.1 组批规则与抽样方法

6.1.1 组批规则

同一产地、同一条件下加工的同一品种、同一等级的产品为一个检验批；或以交货批组为一检验批。

6.1.2 抽样方法

按 SC/T 3016—2004 的规定执行。

6.2 检验分类

产品检验分为出厂检验和型式检验。

6.2.1 出厂检验

每批产品应进行出厂检验。出厂检验由生产单位质量检验部门执行，检验项目为感官和理化指标，检验合格签发检验合格证，产品凭检验合格证入库或出厂。

6.2.2 型式检验

一般情况下，每个生产周期要进行一次型式检验。有下列情况之一时，也应进行型式检验。检验项目为本标准中规定的全部项目。

    a) 长期停产，恢复生产时；

    b) 原料、加工工艺或生产条件有较大变化，可能影响产品质量时；

    c) 国家质量监督机构提出进行型式检验要求时；

    d) 出厂检验与上次型式检验有大差异时；

    e) 正常生产时，每年至少一次的周期性检验。

6.3 判定规则

6.3.1 感官检验所检项目全部符合 4.2 的规定，合格样本数符合 SC/T 3016—2004 中表 1 的规定，则判定本批合格。

6.3.2 检验结果全部符合本标准要求时，判定为合格；有一项不合格时，允许复检，复检仍不合格则判为不合格；有两项及两项以上指标不合格，则判为不合格。

7 标识、包装、运输、贮存

7.1 标识

预包装产品标签应符合 GB 7718，标志应符合 GB/T 191 的规定。

7.2 包装

7.2.1 包装所用材料应洁净、无毒、无异味、坚固，符合国家食品包装材料相应的标准要求。

7.2.2 产品包装应有合格证，包装过程中产品应不受到二次污染。

7.3 运输

运输工具应清洁卫生，运输时应避免日晒雨淋。禁止与有毒、有害、有异味物质混运。

7.4 贮存

产品贮存于通风、阴凉、干燥、清洁、卫生、有防鼠防虫设备的场所。不得与有毒、有害、有异味、易挥发、易腐蚀的物品同处贮存。

附　录　A

（规范性附录）

海蜇中明矾的测定　滴定法

A.1　范围

本标准规定了海蜇中明矾的测定方法　滴定法。

本标准适用于海蜇产品中明矾的测定。

A.2　规范性引用文件

下列文件对于本文件的应用是必不可少的。凡是注日期的引用文件，仅注日期的版本适用于本文件。凡是不注日期的引用文件，其最新版本（包括所有的修改单）适用于本文件。

GB/T 6682　分析实验室用水规格和试验方法

A.3　原理

在酸性条件下加热，使样品中的明矾 $[KAl(SO_4)_2 \cdot 12H_2O]$ 释放出铝离子，与乙二胺四乙酸二钠（EDTA）反应形成稳定的络合物，用锌标准溶液滴定多余的 EDTA 溶液，计算样品中明矾的含量。

A.4　试剂

A.4.1　除氧化锌为基准试剂外，本标准所用试剂均为分析纯。

A.4.2　试验用水应符合 GB/T 6682 规定的二级水或以上。

A.4.3　0.6 mol/L 高氯酸溶液：取 50 mL 高氯酸加水定容至 1 000 mL。

A.4.4　0.03 mol/L 乙二胺四乙酸二钠溶液（EDTA）：称取 11.2 g 乙二酸四乙酸二钠溶于 1 000 mL 水中，摇匀，保存于试剂瓶中。

A.4.5　氨水溶液（1+1）：取相同体积的氨水和水，混匀。

A.4.6　盐酸溶液（1+1）：取相同体积的浓盐酸和水，混匀。

A.4.7　乙酸钠缓冲液（pH 4.2）：称取 54 g 乙酸钠溶于 950 mL 水中，用冰乙酸，调节 pH 至 4.2，定容至 1 000 mL，摇匀。

A.4.8　六次甲基四胺—盐酸缓冲液（pH 5.4）：称取 40 g 六次甲基四胺溶于 100 mL 水中，加入 15 mL 盐酸溶液（A.4.6），混匀，调节 pH 至 5.4。

A.4.9　0.5% 二甲酚橙指示剂：称取 0.5 g 二甲酚橙，溶于 100 mL 水中，摇匀。

A.4.10　0.01 mol/L 锌标准溶液：准确称取氧化锌（ZnO）基准试剂 0.82 g（称准至 0.000 1 g），先加入 200 mL 水，再加入盐酸溶液（A.4.6）7 mL 溶解，用六次甲基四胺—盐酸缓冲液（A.4.8）调节溶液 pH 为 5.0，定容至 1 000 mL。锌标准溶液的准确浓度按式（A.1）计算。

$$C = \frac{w}{81.37} \quad\quad\quad\quad\quad\quad\quad\quad\quad\quad\quad\quad\quad\quad\quad (A.1)$$

式中：

C　——锌标准溶液浓度，单位为摩尔每升（mol/L）；

81.37——ZnO 的摩尔质量，单位为克（g）；

w——称取 ZnO 的质量,单位为克(g)。

A.5 仪器

A.5.1 分析天平:感量 0.000 1 g。

A.5.2 天平:感量 0.01 g。

A.5.3 捣碎机。

A.5.4 电炉。

A.5.5 马福炉。

A.5.6 pH 计。

A.5.7 微量酸式滴定管:最小分度值为 0.01 mL。

A.5.8 烧杯:100 mL。

A.5.9 容量瓶:50 mL。

A.5.10 三角瓶:200 mL。

A.6 测定步骤

A.6.1 样品制备

称取水产品可食部分 100 g 于捣碎机中均匀捣碎,从中称取 10 g(精确到 0.01 g)于 100 mL 烧杯中加入 50 mL 高氯酸溶液(A.4.3)。加热煮沸 6 min,冷却后用水定容至 50 mL 后过滤,取滤液备用。

A.6.2 滴定

吸取 A.6.1 样品提取溶液 10 mL 至 200 mL 三角瓶中,加入 40 mL 水。准确加入 EDTA 溶液(A.4.4)5 mL,加二甲酚橙指示剂(A.4.9)1 滴,滴加氨水(A.4.5)至溶液刚刚变红,再滴加盐酸溶液(A.4.6)至溶液变黄并过量 3 滴,加 5 mL 乙酸钠缓冲液(A.4.7),煮沸 1 min 后,冷却至室温,再用氨水(A.4.5)调至溶液刚刚变红后,用盐酸(A.4.6)调至溶液变黄,加入 10 mL 六次甲基四胺—盐酸缓冲液(A.4.8),二甲酚橙指示剂 2 滴,用锌标准溶液(A.4.10)滴定至溶液由黄色变为酒红色为终点。同时进行空白试验。

A.6.3 结果计算

明矾的百分含量按式(A.2)计算。

$$X = \frac{(V_0 - V) \times c \times 0.4744}{m \times 10/50} \times 100 \quad\cdots\cdots\cdots\cdots\cdots\cdots\cdots\cdots\cdots\cdots\cdots\cdots \text{(A.2)}$$

式中:

X　　——样品中明矾的含量,单位为质量百分数(%);

V_0　——滴定空白所用锌标准液体积,单位为毫升(mL);

V　　——滴定样品用锌标准液体积,单位为毫升(mL);

c　　——锌标准液的浓度,单位为摩尔每升(mol/L);

m　　——称取样品的质量,单位为克(g);

0.4744——明矾的毫摩尔质量,单位为克(g)。

明矾的含量(以 Al 质量分数计)按式(A.3)计算。

$$X' = \frac{(V_0 - V) \times c \times 27}{m \times 10/50} \times 1\,000 \quad\cdots\cdots\cdots\cdots\cdots\cdots\cdots\cdots\cdots\cdots\cdots \text{(A.3)}$$

式中:

X'——样品中铝的含量,单位为毫克每千克(mg/kg);

27——铝的毫摩尔质量,单位为毫克(mg)。

以重复性条件下获得的两次独立测定结果的算术平均值表示,保留三位有效数字。

A.7 方法检测限

本方法检测限以铝的质量分数计为 10 mg/kg,以明矾的质量分数计为 200 mg/kg。

A.8 精密度

本标准的相对标准偏差≤15.0%,方法的回收率 75.0%~110%。

_____

ICS 67.120.30
X 20

SC

中华人民共和国水产行业标准

SC/T 3218—2015

干 江 蓠

Dried *Gracilaria*

2015-02-09 发布　　　　　　　　　　　　　　2015-05-01 实施

中华人民共和国农业部 发布

前　言

本标准按照 GB/T 1.1—2009 给出的规则起草。

本标准由农业部渔业渔政管理局提出。

本标准由全国水产标准化技术委员会水产品加工分技术委员会(SAC/TC 156/SC 3)归口。

本标准起草单位:中国水产科学研究院南海水产研究所。

本标准主要起草人:杨贤庆、戚勃、李来好、刁石强、郝淑贤、岑剑伟、马海霞。

干 江 蓠

1 范围

本标准规定了干江蓠的要求、检验方法、检验规则、标签、包装、储存及运输要求。

本标准适用于以江蓠(*Gracilaria*)鲜品为原料制成的干品,包括食用干江蓠和工业用干江蓠。

2 规范性引用文件

下列文件对于本文件的应用是必不可少的。凡是注日期的引用文件,仅注日期的版本适用于本文件。凡是不注日期的引用文件,其最新版本(包括所有的修改单)适用于本文件。

GB 2762　食品安全国家标准　食品中污染物限量

GB 5009.3　食品安全国家标准　食品中水分的测定

GB 7718　食品安全国家标准　预包装食品标签通则

JJF 1070　定量包装商品净含量计量检验规则

SC/T 3016—2004　水产品抽样方法

3 要求

3.1 感官要求

感官要求见表1。

表 1　感官要求

项目	要求	
	食用干江蓠	工业用干江蓠
色泽	浅褐色或淡黄色	暗褐色至浅褐色,或黄绿色至淡黄色
外形	藻体干燥、无腐烂、无霉变	
气味	具有正常的海藻气味,无异味	
杂质	无明显沙粒、贝壳和杂藻等可见杂质	允许存在沙粒、贝壳和杂藻等杂质

3.2 理化指标要求

3.2.1 食用干江蓠理化指标

食用干江蓠水分含量≤14.0%。

3.2.2 工业用干江蓠理化指标

工业用干江蓠理化指标见表2。

表 2　工业用干江蓠理化指标

项　　目	指　　标		
	一级	二级	三级
水分,%	≤15.0	≤18.0	≤20.0
杂质含量,%	≤10.0	≤15.0	≤18.0
琼胶含量[a],%	≥18.0	≥13.0	≥9.0
[a]　经测定杂质后的干江蓠琼胶含量(干基计)。			

3.3 安全指标

食用干江蓠安全指标应符合 GB 2762 的规定。

3.4 净含量

净含量应符合 JJF 1070 的规定。

4 检验方法

4.1 感官检验

在光线充足、无异味的环境中,将样品平摊于白搪瓷盘中,按 3.2 中的要求逐项检查。

4.2 水分含量测定

按 GB 5009.3 的规定执行。

4.3 杂质含量测定

称取工业用干江蓠样品 200 g(精确到 0.1 g),记录数值(m_1);然后,用手揉搓藻体、抖掉泥沙,并剔除贝壳碎片和杂藻等杂质,至无可见泥沙和贝壳等杂质为止;将经过上述除杂质操作后的样品称重,记录数值(m_2);杂质含量按式(1)计算。

$$X_1 = \frac{m_1 - m_2}{m_1} \times 100 \quad\cdots\cdots\cdots\cdots\cdots\cdots\cdots\cdots\cdots\cdots\cdots\cdots (1)$$

式中:

X_1——杂质含量,单位为质量百分数(%);

m_1——除杂质前干江蓠质量,单位为克(g);

m_2——除杂质后干江蓠质量,单位为克(g)。

4.4 琼胶含量测定

干江蓠琼胶含量的测定按附录 A 中规定的方法执行。

4.5 安全指标测定

食用干江蓠安全指标的测定按照 GB 2762 中规定的方法执行。

4.6 净含量偏差

按 JJF 1070 的规定执行。

5 检验规则

5.1 检验批

同一养殖场、同一收获期收获、同一批加工的干江蓠归为同一检验批。

5.2 抽样

按 SC/T 3016—2004 的规定执行。

5.3 检验分类

5.3.1 出厂检验

每批产品应进行出厂检验。出厂检验由生产单位的质量检验部门执行,检验项目为感官和理化指标检验。

5.3.2 型式检验

有下列情况之一时应进行型式检验。检验项目为本标准中规定的全部项目。

a) 长期停产,恢复生产时;

b) 江蓠生长和收割期间生长环境水质有较大变化,可能影响产品质量时;

c) 有关行政主管部门提出进行型式检验要求时;

d) 出厂检验与上次型式检验有较大差异时;

e) 正常生产时,每年至少进行 2 次周期性检验。

5.4 判定规则

5.4.1 感官检验所检项目全部符合3.2的规定,合格样本数符合SC/T 3016—2004附录A或附录B的规定,则判为合格。

5.4.2 所有检验项目全部符合本标准要求时,判定该批产品合格。

5.4.3 安全指标检验结果中有一项不合格,则判该批产品不合格。

5.4.4 感官指标、理化指标和净含量检验结果中有2项及2项以上指标不合格,则判定该批产品不合格。

5.4.5 感官指标、理化指标和净含量检验结果中有1项指标不合格时,允许加倍抽样将该指标复检一次,按复检结果判定该批产品是否合格。

6 标签、包装、运输、储存

6.1 标签

食用干江蓠销售包装的标签应符合GB 7718的规定。

工业用干江蓠应在产品外包装上标明产品名称、生产单位名称和地址、产地、生产日期、净重等。

6.2 包装

6.2.1 包装材料

所用编织袋、塑料袋、瓦楞纸箱等包装材料应清洁、坚固、无毒、无异味,质量应符合相关食品卫生标准的规定。

6.2.2 包装要求

食用干江蓠宜用塑料袋包装,袋口密封严实,一定量的小袋装入大袋(或纸箱)中。大袋或纸箱中的产品要求排列整齐,并有产品合格证。工业用干江蓠宜用编织袋包装。包装应牢固、防潮、不易破损。

6.3 运输

运输工具应清洁卫生、无毒、无异味,不得与有污染的物品混装,防止运输污染。

6.4 储存

储存环境应干燥、清洁、无毒、无污染、通风良好,符合卫生要求。

附　录　A

（规范性附录）

干江蓠琼胶含量的测定

A.1　原理

江蓠经碱处理去除藻体中的蛋白、色素和硫琼胶等非凝胶成分,再经醋酸软化处理、热水提取、凝胶、脱水、干燥等工艺提取得到琼胶,最后计算提取的琼胶占江蓠藻体干重的质量百分比,即为江蓠的琼胶含量。

A.2　试剂

A.2.1　32%NaOH溶液

称取128.0 g NaOH,溶于400 mL水中。

A.2.2　0.1%醋酸溶液

量取0.4 mL冰醋酸,溶于400 mL水中。

A.3　主要仪器

灭菌锅。

A.4　测定步骤

A.4.1　碱处理

称取20 g(精确到0.1 g)测定杂质后的干江蓠,置于烧杯中,加入NaOH溶液(A.2.1)400 mL,搅拌使碱液浸没藻体,在(30±1)℃条件下浸泡处理5 d。滤去碱液,分别用1 000 mL水清洗藻体5次,再分别用2 000 mL水浸洗藻体9次～10次,每次浸洗1 h。捞起藻体,沥干水分。

A.4.2　酸处理

将A.4.1处理后的藻体,加入400 mL醋酸溶液(A.2.2),浸泡20 min。滤去醋酸溶液,用2 000 mL水清洗藻体2次。捞起藻体,沥干水分。

A.4.3　提胶

将A.4.2处理后的藻体放入烧杯中,加入600 mL水,放入灭菌锅中,在0.05 MPa压力下加热提取1 h,取出,用内衬200目滤布的抽滤瓶趁热抽滤,滤液趁热倒入搪瓷盘或不锈钢盘中。藻渣再加300 mL水,同样条件下提取0.5 h,同上述方法抽滤,趁热将2次滤液合并于同一搪瓷盘中,滤液冷却后,自然凝胶。

A.4.4　脱水

将盛凝胶的搪瓷盘或不锈钢盘放入冰箱中−18℃冷冻24 h至完全结冰,取出,自然解冻脱水,用滤布过滤,并挤去水分,将凝胶转入烧杯中,再倒入300 mL 95%的酒精浸泡10 min,同样用滤布过滤,挤干水分。

A.4.5　干燥

将脱水后的凝胶在101℃～105℃下烘干至恒重,记录数值,即为琼胶质量。同时,另取测定杂质后的干江蓠样品,按照GB 5009.3的方法测定水分含量。

A.5 计算

琼胶含量按式(A.1)计算。

$$X_2 = \frac{m_4}{m_3(1-y)} \times 100 \quad\cdots\cdots\cdots\cdots\cdots\cdots\cdots\cdots\cdots\cdots\cdots\cdots \quad (A.1)$$

式中：

X_2——琼胶含量,单位为质量百分数(%)；

m_3——干江蓠取样质量,单位为克(g)；

m_4——琼胶质量,单位为克(g)；

y ——干江蓠水分含量,单位为质量百分数(%)。

ICS 67.120.30
X 20

SC

中华人民共和国水产行业标准

SC/T 3219—2015

干 鲍 鱼

Dried abalone

2015-02-09 发布

2015-05-01 实施

中华人民共和国农业部 发布

前　言

本标准按照GB/T 1.1—2009给出的规则起草。

本标准由农业部渔业渔政管理局提出。

本标准由全国水产标准化技术委员会水产品加工分技术委员会(SAC/TC 156/SC 3)归口。

本标准起草单位:中国水产科学研究院南海水产研究所。

本标准主要起草人:李来好、陈胜军、杨贤庆、刁石强、郝淑贤、戚勃、马海霞。

干 鲍 鱼

1 范围

本标准规定了干鲍鱼的要求、试验方法、检验规则及标签、包装、运输与储存。

本标准适用于以鲜活、冻鲍鱼(*Haliotis* spp.)为原料,经取肉、去内脏、煮制、干燥、整形等工序加工而成的产品。

2 规范性引用文件

下列文件对于本文件的应用是必不可少的。凡是注日期的引用文件,仅注日期的版本适用于本文件。凡是不注日期的引用文件,其最新版本(包括所有的修改单)适用于本文件。

GB 2733 鲜、冻动物性水产品卫生标准

GB 2762 食品安全国家标准 食品中污染物限量

GB 5009.3 食品安全国家标准 食品中水分的测定

GB 5461 食用盐

GB 5749 生活饮用水卫生标准

GB 7718 食品安全国家标准 国家预包装食品标签通则

GB/T 27304 食品安全管理体系 水产品加工企业要求

农业部公告第 235 号 动物性食品中兽药最高残留限量

JJF 1070 定量包装商品净含量计量检验规则

SC/T 3011 水产品中盐分的测定

SC/T 3016—2004 水产品抽样方法

3 要求

3.1 原辅材料

鲜活或冷冻鲍鱼,质量应符合 GB 2733 和农业部公告第 235 号的规定。

3.1.1 加工用盐应符合 GB 5461 的规定。

3.1.2 加工用水应符合 GB 5749 的规定。

3.2 加工要求

生产人员、环境、车间及设施、生产设备及卫生控制程序应符合 GB/T 27304 的规定。

3.3 感官要求

感官要求见表1。

表 1 感官要求

项目	要 求
形态	体形完整,基本无损伤,无外套膜及内脏附着
色泽	具固有光泽,均匀
气味	具固有气味,无异味
杂质	无外来杂质

3.4 理化指标

SC/T 3219—2015

理化指标见表2。

表2 理化指标

项 目	要 求
水分,%	≤20
盐分(以NaCl计),%	≤8

3.5 安全指标

3.5.1 污染物指标

应符合 GB 2762 的规定。

3.5.2 兽药残留指标

以养殖鲍鱼为原料的产品中兽药残留应符合农业部公告第 235 号的规定。

3.6 净含量

应符合 JJF 1070 的规定。

4 试验方法

4.1 感官检验

在光线充足、无异味、清洁卫生的环境中,将样品置于白色搪瓷盘内或不锈钢工作台上,按3.3中要求逐项检查。

4.2 水分

将样品剪切成细颗粒状,按照 GB 5009.3 的规定执行。

4.3 盐分

将样品剪切成细颗粒状,按照 SC/T 3011 的规定执行。

4.4 污染物

4.4.1 将样品剪切成细颗粒状,按照 GB 2762 规定的检验方法执行。

4.4.2 检测值乘以脱水率换算系数(K),即为产品中污染物的检测结果。K 的计算参见附录 A。

4.5 兽药残留

4.5.1 检测方法采用我国已公布的适用于鲍鱼中兽药残留检测的方法标准。

4.5.2 所得检测值乘以 K,即为产品中兽药的检测结果。

4.6 净含量

按照 JJF 1070 的规定执行。

5 检验规则

5.1 组批规则与抽样方法

5.1.1 组批规则

同一产地,同一条件下加工的同一品种、同一等级、同一规格的产品组成检查批;或以交货批组成检验批。

5.1.2 抽样方法

按 SC/T 3016—2004 的规定执行。

5.2 检验分类

产品分为出厂检验和型式检验。

5.2.1 出厂检验

每批产品应进行出厂检验。出厂检验由生产单位质量检验部门执行,检验项目为感官指标和理化指标,检验合格签发检验合格证,产品凭检验合格证入库或出厂。

5.2.2 型式检验

型式检验项目为本标准中规定的全部项目,有下列情况之一时应进行型式检验:

a) 长期停产,恢复生产时;

b) 原料、加工工艺或生产条件有较大变化,可能影响产品质量时;

c) 加工原料来源或生长环境发生变化时;

d) 国家质量监督机构提出进行型式检验要求时;

e) 出厂检验与上次型式检验有大差异时;

f) 正常生产时,每年至少2次的周期性检验。

5.3 判定规则

5.3.1 感官检验所检项目应符合3.3的规定,合格样本数符合SC/T 3016—2004附录A或附录B的规定则判定为批合格。

5.3.2 检验净含量时,结果的合格判定按JJF 1070的规定执行。

5.3.3 除净含量偏差外的理化指标中有两项指标不合格,则判该批产品不合格;检验结果中有一项指标不合格,允许加倍抽样将此项指标复检一次,按复检结果判定该批产品是否合格。

5.3.4 安全指标有一项检验结果不合格,则判该批产品为不合格,不得复检。

6 标签、包装、运输、储存

6.1 标签

预包装产品必须符合GB 7718的规定。

6.2 包装

6.2.1 包装所用材料应洁净、无毒、无异味、坚固,符合国家食品包装材料相应的标准要求。

6.2.2 产品应排列整齐,包装应有合格证,包装过程中产品应不受到二次污染。

6.3 运输

运输工具应清洁卫生,运输时应避免日晒雨淋。禁止与有毒、有害、有异味物质混运。

6.4 储存

产品储存于干燥阴凉处,防止受潮、日晒、虫害、有毒物质的污染和其他损害。

附 录 A

（资料性附录）

脱水率换算系数

A.1 脱水率换算系数计算公式

脱水率换算系数（K）按照式（A.1）计算，结果保留 2 位有效数字。

$$K = \frac{1 - M_1}{1 - M_2} \quad\cdots\cdots\cdots\cdots\cdots\cdots\cdots\cdots\cdots\cdots\cdots\cdots\cdots\cdots \text{(A.1)}$$

式中：

K——脱水率换算系数；

M_1——原料鲍鱼的水分含量，单位为克每百克（g/100 g）；

M_2——干鲍鱼的水分含量，单位为克每百克（g/100 g）。

A.2 原料鲍鱼的水分含量

企业在生产时，应检测确定原料鲍鱼的水分含量。根据《中国食物成分表》（2012 年修正版，北京大学医学出版社），用于生产干鲍鱼的原料鲍鱼的水分含量建议值为 77.5 g/100 g。

ICS 65.150
B 50

SC

中华人民共和国水产行业标准

SC/T 5061—2015

人 工 钓 饵

Artificial fishing bait

2015-02-09 发布

2015-05-01 实施

中华人民共和国农业部 发布

前　言

本标准按照GB/T 1.1—2009给出的规则起草。

请注意本文件的某些内容可能涉及专利,本文件的发布机构不承担识别这些专利的责任。

本标准由农业部渔业渔政管理局提出。

本标准由全国水产标准化技术委员会观赏鱼分技术委员会(SAC/TC 156/SC 8)归口。

本标准起草单位:中国休闲垂钓协会、湖北老鬼鱼饵有限责任公司、湖北龙王恨渔具集团有限公司、湖北钓鱼王渔具有限公司、北京三友创美饲料科技股份有限公司、临沂化绍新钓鱼用品有限公司、眉山市西部风通用渔具有限公司、通威股份有限公司、安徽立新鱼饵有限公司。

本标准主要起草人:林毅、易哲、周文平、高佳泉、张晋生、化绍新、杨俊波、高启平、孟庆允、关翌博、郭继娥。

引　言

　　垂钓,是我国广大群众一种传统的活动,数千年来经久不衰,近年来呈蓬勃发展之势。钓饵作为一个产业随之不断发展壮大,形势喜人。为了规范钓饵企业的生产,确保钓饵的质量和安全,提升产业整体水平和竞争力,遏制竞争乱象,倡导正当竞争,推动产业品牌建设和国际化发展,促进钓饵产业有序、健康、可持续发展,切实保护人身健康,保护水域环境,保护渔业资源,特制定本标准。

人 工 钓 饵

1 范围

本标准规定了人工钓饵的术语和定义、要求、检验方法、检验规则、包装、运输及储存等规范。

本标准适用于垂钓用人工钓饵。

2 规范性引用文件

下列文件对于本文件的应用是必不可少的。凡是注日期的引用文件,仅注日期的版本适用于本文件。凡是不注日期的引用文件,其最新版本(包括所有的修改单)适用于本文件。

GB/T 6432　饲料中粗蛋白测定方法

GB/T 6433　饲料中粗脂肪的测定

GB/T 6434　饲料中粗纤维的含量测定　过滤法

GB/T 6435　饲料中水分和其他挥发性物质含量的测定

GB/T 6438　饲料中粗灰分的测定

GB/T 13079　饲料中总砷的测定

GB/T 13080　饲料中铅的测定　原子吸收光谱法

GB/T 13081　饲料中汞的测定

GB/T 13082　饲料中镉的测定方法

GB/T 13083　饲料中氟的测定　离子选择性电极法

GB/T 13084　饲料中氰化物的测定

GB/T 13088　饲料中铬的测定

GB/T 13091　饲料中沙门氏菌的检测方法

GB/T 13092　饲料中霉菌总数的测定

GB/T 14699.1　饲料　采样

GB/T 17480　饲料中黄曲霉毒素 B_1 的测定　酶联免疫吸附法

GB/T 18823　饲料检测结果判定的允许误差

国家质量监督检验检疫总局令第 75 号(2005)　定量包装商品计量监督管理办法

3 术语和定义

下列术语和定义适用于本文件。

3.1

人工钓饵　artificial fishing bait

以各种动物性、植物性、微生物性原料为基础,辅以添加剂,经工业化加工、制作的,用于垂钓活动的饵料产品。

3.2

产品成分分析保证值　guaranteed analysis of product

在产品保质期内采用规定的分析方法能得到的、符合标准要求的产品成分值。

[GB 10648—2013,定义 3.16]

4 要求

4.1 基本要求

钓饵产品不应造成环境污染以及对接触者和水生生物的损害。

4.2 卫生指标

卫生指标见表1。

表1 卫生指标

项　　目	指　　标
砷(以总砷计),mg/kg	≤3
铅(以 Pb 计),mg/kg	≤5
汞(以 Hg 计),mg/kg	≤0.5
镉(以 Cd 计),mg/kg	≤3
铬(以 Cr 计),mg/kg	≤10
氟(以 F 计),mg/kg	≤350
氰化物,mg/kg	≤50
黄曲霉毒素 B_1,mg/kg	≤0.01
沙门氏菌,cfu/g	不得检出
霉菌(不含酵母菌),cfu/g	≤3×10^4

4.3 产品成分

产品成分应包括粗蛋白质、粗脂肪、粗纤维、粗灰分和水分,计量单位均以百分含量(%)表示。各成分的含量由企业根据产品的类型、品种自行确定,但含量应与标签相符,误差不应超过±5%。

4.4 净含量

参见国家质量监督检验检疫总局令第75号(2005)。

4.5 标签

标示内容至少应包括产品名称、原料组成、产品成分分析保证值、产品所执行的产品标准编号、生产者名称及地址、生产日期、保质期、净含量和使用说明。

5 检验方法

5.1 卫生指标

5.1.1 砷

按照 GB/T 13079 规定的方法测定。

5.1.2 铅

按照 GB/T 13080 规定的方法测定。

5.1.3 汞

按照 GB/T 13081 规定的方法测定。

5.1.4 镉

按照 GB/T 13082 规定的方法测定。

5.1.5 铬

按照 GB/T 13088 规定的方法测定。

5.1.6 氟

按照 GB/T 13083 规定的方法测定。

5.1.7 氰化物

按照 GB/T 13084 规定的方法测定。

5.1.8 黄曲霉毒素

按照 GB/T 17480 规定的方法测定。

5.1.9 沙门氏菌

按照 GB/T 13091 规定的方法测定。

5.1.10 霉菌

按照 GB/T 13092 规定的方法测定。

注意:计数时不应计入酵母菌。

5.2 产品成分

5.2.1 粗蛋白质

按照 GB/T 6432 规定的方法测定。

5.2.2 粗脂肪

按照 GB/T 6433 规定的方法测定。

5.2.3 粗纤维

按照 GB/T 6434 规定的方法测定。

5.2.4 粗灰分

按照 GB/T 6438 规定的方法测定。

5.2.5 水分

按照 GB/T 6435 规定的方法测定。

6 检验规则

6.1 组批规则

由同一生产者在相同生产条件下生产的一定数量的同种定量包装商品为一个组批。

6.2 采样

按照 GB/T 14699.1 规定的方法采样。

6.3 检验分类

6.3.1 出厂检验

6.3.1.1 检验项目包括产品成分、净含量、标签和包装。

6.3.1.2 应经生产厂检验部门按本标准给出的方法检验,并出具产品合格证明后方可出厂。

6.3.2 型式检验

6.3.2.1 型式检验项目包括本标准中规定的全部要求。

6.3.2.2 每年应至少进行一次型式检验。发生下列情况之一时也应进行型式检验:

    a) 新产品或者产品转厂生产的试制定型鉴定;

    b) 原料、配方、工艺有较大改变,可能影响产品性能时;

    c) 长期停产后恢复生产时;

    d) 出厂检验结果与上次型式检验结果有较大差异时;

    e) 国家质量监督机构提出进行型式检验的要求时。

6.4 判定规则

6.4.1 全部项目检验结果符合本标准要求时,判该批产品为合格品。

6.4.2 项目检验结果不符合本标准要求时,可以在原批次产品中双倍抽样复验一次,判定以复验结果为准。若仍有项目检验结果不符合本标准要求时,则判该批产品为不合格品。

6.4.3 卫生指标、产品成分的检验结果判定的允许误差按 GB/T 18823 规定的要求执行。

7 包装、运输、储存

7.1 包装

产品应封口牢固,不得破损漏气;所用包装材料应符合相应标准的规定,不应带有任何污染源,不应与产品发生任何物理和化学作用。

7.2 运输

产品不应与有毒、有异味或有腐蚀性的货物混运;运输工具应干燥、清洁、无异味,并有防潮、防雨、防污染设施;运输中应防止挤压、碰撞、日晒和雨淋;装卸时,应轻搬轻放,严禁抛掷。

7.3 储存

产品应储存在清洁、干燥、阴凉通风,有防潮、防虫、防鼠等设施的仓库内;不应与有毒、有异味或有腐蚀性货物混储。

ICS 65.060.99;65.150
B 94

SC

中华人民共和国水产行业标准

SC/T 6055—2015

养殖水处理设备　微滤机

Aquaculture water treatment equipment—Microscreen filter

2015-02-09 发布

2015-05-01 实施

中华人民共和国农业部 发布

前　言

本标准按照 GB/T 1.1—2009 给出的规则起草。

请注意本文件的某些内容可能涉及专利。本文件的发布机构不承担识别这些专利的责任。

本标准由农业部渔业渔政管理局提出。

本标准由全国水产标准化技术委员会渔业机械仪器分技术委员会(SAC/TC 156/SC 6)归口。

本标准起草单位：中国水产科学研究院渔业机械仪器研究所。

本标准主要起草人：刘晃、张宇雷、张海耿、吴凡、宿墨。

养殖水处理设备　微滤机

1　范围

本标准规定了养殖水处理设备　微滤机(以下简称"微滤机")的术语和定义、型号、技术要求、试验方法、检验规则以及标志、运输、包装和储存等内容。

本标准适用于去除水产养殖水中颗粒杂质,过滤部件具有自动反冲洗功能的微滤机。

2　规范性引用文件

下列文件对于本文件的应用是必不可少的。凡是注日期的引用文件,仅注日期的版本适用于本文件。凡是不注日期的引用文件,其最新版本(包括所有的修改单)适用于本文件。

GB/T 4942.1　旋转电机整体结构的防护分级(IP 代码)—分级

GB/T 5330　工业用金属丝编织方孔筛网

GB/T 5667　农业机械　生产试验方法

GB/T 13306　标牌

GB/T 13384　机电产品包装通用技术条件

GB/T 14014　合成纤维筛网

GB/T 24648.2　工程农机产品可靠性考核　评定指标体系及故障分类通则

GB 50169　电气装置安装工程接地装置施工及验收规范

SC/T 6001.2—2011　渔业机械基本术语　养殖机械

SC/T 6040　水产品工厂化养殖装备安全卫生要求

3　术语和定义

SC/T 6001.2—2011界定的以及下列术语和定义适用于本文件。为了便于使用,以下重复列出了SC/T 6001.2中的某些术语和定义。

3.1

微滤机　microscreen filter

利用固定在转鼓或盘状旋转框架上的筛网(布)截留水中细小颗粒物质的固液分离设备。

[SC/T 6001.2—2011,定义 4.4]

3.2

过滤部件　filter parts

微滤机的过滤工作部件,由过滤网(布)及其支撑结构部分组成。

3.3

过滤精度　filtering accuracy

微滤机的主要技术指标,以筛网(布)的筛孔尺寸表示,单位为微米(μm)。

4　型号

微滤机的型号由产品代号、形式、额定水处理量、过滤精度和使用工况组成,采用大写汉语拼音字母和阿拉伯数字按规则排列的方式表示。

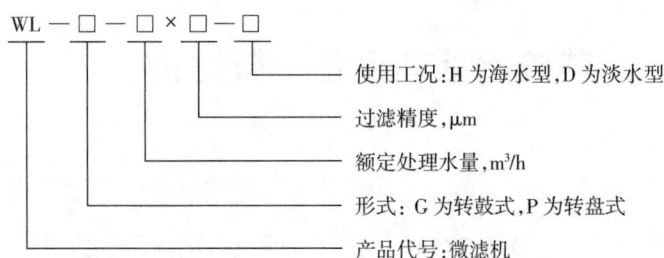

WL - □ - □ × □ - □

使用工况:H 为海水型,D 为淡水型

过滤精度,μm

额定处理水量,m³/h

形式:G 为转鼓式,P 为转盘式

产品代号:微滤机

示例:

WL‑Z‑100×60‑H 指额定处理水量 100 m³/h,过滤精度为 60 μm 的海水型转鼓式微滤机。

5 技术要求

5.1 基本要求

5.1.1 微滤机应按经过审核批准的图纸及技术文件制造。

5.1.2 微滤机应保证能够在下列工况条件下正常工作:

——环境温度为5℃~45℃;

——环境相对湿度小于95%;

——输入电源电压在电动机额定电压±10%范围内。

5.2 安全要求

5.2.1 微滤机的安全卫生应符合 SC/T 6040 中相关规定的要求。

5.2.2 电气控制箱、接线盒、电动机的金属外壳应可靠接地,并符合 GB 50169 中的相关规定。

5.2.3 驱动装置电动机防护等级应不低于 GB/T 4942.1 中规定的 IP54。

5.2.4 处于环境中的电器元件防护等级应不低于 GB/T 4942.1 中规定的 IP55。

5.3 过滤和转动部件

5.3.1 滤网采用方孔形金属丝网应符合 GB/T 5330 的规定;采用合成纤维筛网应符合 GB/T 14014 的规定;采用其他型式的编织网参照 GB/T 5330 的规定执行。

5.3.2 滤网应贴紧并固定在框架结构上。

5.3.3 滤网的框架结构应牢固可靠。

5.3.4 转鼓(盘)与机架密封圈接触面的径向圆跳动应不大于 3 mm。

5.4 反冲洗部件

5.4.1 反冲洗喷头和集污斗应采用不锈钢或工程塑料等耐腐蚀材料。

5.4.2 集污斗应能将反冲洗下来的污物收集并及时排出。

5.4.3 反冲洗装置的控制系统应能有效控制反冲洗的运行时间和间隔时间。

5.4.4 如采用养殖系统中的回水对过滤部件进行冲洗,在反冲洗水泵入水口应装有过滤网或等效装置。

5.4.5 反冲洗水柱应能对整个过滤面进行清洗,水压应不小于 0.2 MPa。

5.4.6 反冲洗管应能承受 0.8 MPa 的压力。

5.5 其他材料和零部件

5.5.1 机架

5.5.1.1 材料应采用防腐蚀材料或采取必要的防腐措施。

5.5.1.2 焊接部位应牢固可靠,不得有气孔、漏焊等现象。

5.5.2 传动机构

5.5.2.1　传动机构应采用防护措施避免润滑油污染养殖水体。

5.5.2.2　传动机构应运行平稳。

5.6　装配要求

5.6.1　反冲洗液位开关应牢固安装在机架上,并能正常触发反冲洗水泵。

5.6.2　微滤机机架与转动部件之间应正确安装密封胶垫或等效装置,保证污水全部进入过滤部件。

5.6.3　微滤机装配后应能正常工作,运行平稳,无异常声响。

5.7　可靠性要求

5.7.1　滤网的使用寿命应不小于 4 000 h。

5.7.2　反冲洗喷头的使用寿命应大于 8 000 h。

5.7.3　微滤机平均首次故障前工作时间应不小于 4 000 h。

6　试验方法

6.1　外观与结构检验

目测检查 5.2、5.3.1、5.3.2、5.3.3、5.4.1、5.4.4、5.5.1、5.5.2.1 各条要求,材料应出具采购证明和材料材质证明。

6.2　径向圆跳动检验

安装好百分表、表座、表架,调节百分表,使百分表的测头和转鼓(盘)外表面接触并保持垂直,并将指针调零,且有一定的压缩量。然后,缓慢而均匀地转动工件一周 ,记录百分表的最大读数与最小读数。测得的最大读数与最小读数的差值即为径向圆跳动。

6.3　清水试验

在微滤机中加入清水,使密封橡胶条与水充分接触。启动微滤机运转 15 min,观察其运转是否正常,有无异常声响,并用电能综合测试仪(准确度 1.0 级)测定额定电压电动机的电流和功率等参数。检查 5.4.2、5.4.3、5.4.5、5.4.6、5.5.2.2、5.6 各条要求。

6.4　滤网及喷头耐久试验

按 GB/T 5667 和 GB/T 24648.2 的有关规定进行。

6.5　平均首次故障前工作时间

按 GB/T 5667 和 GB/T 24648.2 的要求进行。

7　检验规则

7.1　出厂检验

7.1.1　产品应经厂质量检验部门检验合格并签发合格证方可出厂。

7.1.2　按 5.2、5.3、5.4、5.5、5.6 规定的项目和要求进行。

7.1.3　生产企业对制造微滤机所用的材料均应能提供采购证明和材料材质证明。

7.2　型式检验

7.2.1　当有下列情况之一时,应进行型式检验:
    a)　新产品定型或老产品转厂时的试制鉴定;
    b)　正常生产后,在结构、材料、工艺上有较大改变,可能影响产品性能;
    c)　产品长期停产后恢复生产;
    d)　产品正常生产,每三年进行一次型式检验;
    e)　国家质量监督部门提出型式检验要求。

7.2.2　在出厂检验合格的产品中抽样,抽样方法为随机抽样,每批次不少于一台。

7.2.3 检验项目为本标准第 5 章规定的全部项目,允许在使用单位进行。

7.2.4 型式检验结果应符合本标准第 5 章的规定。若有一项检验项目不合格,应加倍抽样复查。若仍不合格,则判定为不合格。

8 标志、包装、运输和储存

8.1 标志

微滤机应在明显部位固定耐久性产品标牌,标牌应符合 GB/T 13306 的有关规定,应标明下列内容:

    a) 生产单位名称及商标、地址;

    b) 产品名称及型号;

    c) 主要技术参数:处理量、装机功率、质量、外形尺寸等;

    d) 出厂编号;

    e) 出厂日期;

    f) 执行标准号。

8.2 包装

微滤机的包装应符合 GB/T 13384 的有关规定,也可以由用户和制造方协商约定。

8.3 运输

微滤机在运输过程中不得重压。如采用木箱运输时,最大堆码高度不得超过 2 台。

8.4 储存

微滤机包装前所有易锈零部件外露加工面应涂防锈油或封存油脂,所有外露油、气孔和法兰密封面应封闭,其应存放在具有良好通风、无腐蚀性气体的室内。室外存放时应有可靠的防雨、防晒设施,底部垫放合适高度的支撑物。

———————————

ICS 65.150
B 50

SC

中华人民共和国水产行业标准

SC/T 6056—2015

水产养殖设施　名词术语

Aquaculture facilities—Terminology

2015-02-09 发布　　　　　　　　　　　　　　2015-05-01 实施

中华人民共和国农业部 发布

SC/T 6056—2015

目　次

前　言

本标准按照 GB/T 1.1—2009 给出的规则起草。

本标准由农业部渔业渔政管理局提出。

本标准由全国水产标准化技术委员会渔业机械仪器分技术委员会(SAC/TC 156/SC 6)归口。

本标准起草单位:中国水产科学研究院渔业机械仪器研究所、上海海洋大学、中国水产科学研究院珠江水产研究所。

本标准主要起草人:刘兴国、徐皓、邵征翌、顾兆俊、时旭、卢怡、谢骏。

水产养殖设施 名词术语

1 范围

本标准规定了水产养殖设施的基本名词术语及定义。

本标准适用于水产养殖设施的科学研究、设计制造、教学和生产管理等。

2 规范性引用文件

下列文件对于本文件的应用是必不可少的。凡是注日期的引用文件,仅注日期的版本适用于本文件。凡是不注日期的引用文件,其最新版本(包括所有的修改单)适用于本文件。

GB/T 20014.17—2008 良好农业规范 第17部分:水产围拦养殖基础控制点与符合性规范

GB/T 20014.18—2008 良好农业规范 第18部分:水产滩涂、吊养、底播养殖基础控制点与符合性规范

GB/T 22213—2008 水产养殖术语

GB/T 50125—2010 给水排水工程基本术语标准

3 养殖方式

3.1

池塘养殖 pond culture

利用池塘进行水生经济动植物养殖的生产方式。

[GB/T 22213—2008,定义2.10]

3.2

工厂化养殖 industrial aquaculture

利用机械、生物、化学和自动化控制等技术装备起来的车间进行水生经济动植物养殖的生产方式。

[GB/T 22213—2008,定义2.19]

3.3

围拦养殖 net enclosure aquaculture

在湖泊、水库、浅海等水域中围拦出一定水面养殖水生经济动植物的生产方式。

[GB 20014.17—2008,定义3.1]

3.4

网箱养殖 culture in net cage

利用网箱进行水生经济动植物养殖的生产方式。

3.5

湖泊养殖 lake fish farming;fish culture in lake

利用湖泊水体进行水生经济动植物养殖的生产方式。

[GB/T 22213—2008,定义2.11]

3.6

水库养殖 reservoir fish farming;fish culture in reservoir

利用水库水体进行水生经济动植物养殖的生产方式。

[GB/T 22213—2008,定义2.12]

3.7

河道养殖　fish culture in riverway

利用河流、渠道设置拦鱼设施进行鱼类养殖的生产方式。

[GB/T 22213—2008,定义 2.13]

3.8

稻田养殖　rice field fish culture

在水稻田中开挖鱼沟、鱼溜,进行水生经济动植物养殖的一种稻鱼兼作的生产方式。

[GB/T 22213—2008,定义 2.14]。

3.9

港[塭]养[殖]　marine pond extensive culture

在沿海港汊或河口地带,通过筑堤、拦网、蓄水、纳苗等措施进行水生动植物养殖的生产方式。

[GB/T 22213—2008,定义 2.7]

3.10

筏式养殖　raft culture

在海洋水域中设置浮动筏架,其上挂养海洋经济动植物的生产方式。

[GB/T 22213—2008,定义 2.8]

3.11

底播养殖　bottom-sowing culture

将人工苗种或半人工苗种投放到环境适宜水域的底质上,通过自然生长进行养殖的生产活动。

[GB 20014.18—2008,定义 3.4]

3.12

滩涂养殖　intertidal mudflat culture

在潮间带滩涂上养殖水生经济动植物的养殖方式。

[GB/T 22213—2008,定义 2.5]

3.13

浅海养殖　shallow sea culture

在潮下带至 15 m 等深线以内海域进行养殖水生经济动物的生产方式。

[GB/T 22213—2008,定义 2.6]

3.14

生态养殖　ecosystem culture

在一定养殖空间和区域内通过相应的技术和管理措施,使不同生物在同一环境中共同生长,实现保持生态平衡、提高养殖效益的一种养殖方式。

[GB/T 22213—2008,定义 2.15]

4　繁育设施(越冬设施放在养殖设施中)

4.1

苗种场　fish nursery

用于水产苗种繁育生产的场所。

4.2

亲本池　brood stock pond

培育或饲养水产动物亲本的水池。

[GB/T 22213—2008,定义 4.1]

4.3

产卵池　spawning tank

适宜水产动物亲本产卵、受精的水池。

[GB/T 22213—2008,定义4.7]

4.4

集卵池　egg-collecting tank

设置在产卵池出口处用于收集受精卵的水池。

4.5

孵化场　hatchery

用于繁殖、孵化和培育动物早期幼体的场所。

4.6

孵化池　hatching pond

水产动物受精卵孵化的水池。

[GB/T 22213—2008,定义4.9]

4.7

孵化槽　hatching tank

用于鱼卵孵化或幼体培育的长形水槽。

4.8

孵化环道　circular hatching channel

用于鱼类受精卵孵化的圆环形或椭圆环形的流水设施。

[GB/T 22213—2008,定义4.10]

4.9

孵化瓶　hatching jar

用于孵化鱼卵的瓶状孵化器。

4.10

孵化器　incubator

用于孵化水产动物受精卵的器具。

4.11

孵化桶　hatching barrel

用于鱼类等水产动物受精卵人工孵化的桶状器具。

4.12

孵化产卵池　breeding pond

用于水产动物产卵、孵化的水池。

4.13

幼体培育设施　primary nursery facility

用于水产动物幼体培育的设施,如网箱、池塘、水槽等。

4.14

育苗器　breeding device

根据水产动物的生物学特性,制作的一种苗种培育器具。

4.15

育苗帘　breeding screen

用来附着养殖藻类孢子的片状编织物。

[GB/T 22213—2008,定义 4.17]

4.16

人工鱼巢　artificial spawning nest

置于水中供黏性卵附着的人工集卵设施。

[GB/T 22213—2008,定义 4.12]

4.17

附着基　anchoring bed

水产苗种附着并赖以生长发育的物质。

[GB/T 22213—2008,定义 4.18]

4.18

育苗池　nursery pond

培育水产养殖动物幼体的水池。

[GB/T 22213—2008,定义 4.2]

4.19

鱼苗池　fry pond

用于培育鱼苗的水池。

4.20

鱼种池　fingerling pond

培育鱼种的水池。

[GB/T 22213—2008,定义 4.3]

4.21

育苗温室　seedling rearing room

人工繁育动植物苗种的场所。

5　养殖设施

5.1

池塘　pond

经人工开挖或自然形成的用于水产养殖的场所。

5.2

成鱼池　marketable fish pond

养成池　growing pond

由鱼种饲养到商品鱼的池塘。

5.3

暂养池　storage pond

用来短期饲养水产养殖动物苗种或成品的水池或池塘。

5.4

池堤　pond dike

池埂　pool insuperior

池塘的堤坝。

5.5

投饲场　feeding ground

养殖水面较大时专门设置的投饲区域。

5.6

食台　feeding platform

设于养殖水体中供盛放饲料的设施。

5.7

护坡　slope protection

为防止边坡受冲刷,在坡面上修建的各种铺砌和栽植设施。

5.8

进水设施　intake facility

设置于池塘一端并与进水渠道相通的水流控制设施。

5.9

排水设施　drainage facility

设置于池塘末端并与排水渠道相通的水流控制设施。

5.10

防渗膜　impermeable membrane

以聚乙烯膜作为基材,与土工布等材料复合而成的防渗材料。

5.11

防逃墙　escape proof wall

构筑于养殖区四周,用于防止养殖动物逃离的构筑物。

5.12

防逃网　escape proof net

设置在养殖区四周,防止养殖动物逃离的网状设施。

5.13

防鸟网　bird proof net

布置在养殖区四周或上方,防止鸟类侵害养殖动植物的网状设施。

5.14

给水渠道　water supply canal

从进水口向需水设施供水的渠道。

5.15

排水渠道　drainage canal

排放水或其他液体的径流渠道。

5.16

溢水渠　overflow canal

供池塘、水库或河道溢流水的渠道。

5.17

检查井　manhole

排水管中链接上下游管道并供养护工人检查、维护或进入馆内的建筑物。

[GB/T 50125—2010,定义3.2.50]

5.18

水闸门　sluice gate

用于控制水流的装置。

为预防、阻挡水而设置的一种带门的防水工具。

5.19

机械泄水渠　mechanical spillway

以机械方法控制大流量水体排放的渠道。

5.20

拦鱼设施　barricade

在河道、湖泊、水库等水域用以拦阻鱼类外逃的设施。

5.21

气泡幕　air bubble curtain

压缩空气从设在水底的有孔管道中连续排出,形成由下而上的密集气泡,使水中产生扰动、声响及低频振荡,以恐吓、阻拦鱼类外逃的设施。

5.22

拦鱼网　net fish screen

防止鱼类外逃的网状设施。

5.23

拦鱼栅　fish screen, fish corral

阻止鱼类逃逸的栅栏。

5.24

拦鱼坝　barrier dam

设在河道、库湾中用于防止鱼类逃逸的堤坝。

5.25

鱼闸　fish lock

河、湖水道中控制鱼类通过的闸门。

5.26

拦鱼电栅　blocking fish with electric screen

利用通电的栅栏阻止鱼类外逃的设施。

5.27

鱼溜　fish pit

稻田兼作养鱼时,开挖的养殖水体或作为鱼的安全栖息场所。

5.28

鱼沟　fish ditch

稻田中开挖的连通鱼溜的水沟。

5.29

网拦区　enclosure zone

在湖泊、水库、浅海等水域中围拦的水面范围。

[GB 20014.17—2008,定义 3.2]

5.30

养殖筏　culturing raft

敷设在水体中用于养殖的筏式装置。

5.31

吊绳　hanging rope

用于悬挂养殖器具等的绳索。

5.32

苗绳　seeding rope

用于人工或半人工采苗用的绳索。

5.33

网箱 net cage

用网片和支架制成的箱状水产动物养殖设施。

5.33.1

浮式网箱 floating net cage

浮在水面的网箱。

5.33.2

沉式网箱 submerged cage

沉在水面以下的网箱。

5.33.3

固定式网箱 fixed net cage

固定于水体一定位置的网箱。

[GB/T 22213—2008,定义4.15]

5.33.4

可翻转网箱 rotating cage

在外力作用下可绕水平轴翻转的浮式网箱。

5.33.5

升降式网箱 submersible cage

具有升降功能的网箱。

5.34

石笼 stone gabion

用网衣包裹着卵石的长带型沉具。

[GB/T 20014.17—2008]

5.35

人工鱼礁 artificial fish reef

以人工制作的石块、混凝土块、旧车船等形成的适合鱼类群集、栖息环境的设施。

5.36

生长基质 growth substratum

根据养殖或繁殖对象的不同,供其生长、发育和繁殖所需的附着材料。

5.37

固着基 adhesive substrate

供某些固着型贝类或其他生物固着生长的基质。

5.38

越冬池 overwintering pond

水产养殖对象越冬的水池。

[GB/T 22213—2008,定义4.5]

5.39

温室 green house

能够保温、控温的构筑物。

5.40

日光温室 sunlight greenhouse

依靠太阳光照提高或维持室内动植物生长所需温度的构筑物。

5.41

池塘大棚　pond greenhouse

搭建在养殖池塘上面的保温设施。

5.42

柔性大棚　flexible plastic greenhouse

采用钢丝等柔性绳索与框架构建而成的保温设施。

5.43

越冬车间　antifreeze workshop

冬季存养或生产经济性动植物的构筑物。

6　水处理设施

6.1

氧化塘　oxidation pond

利用水塘中的微生物和藻类对污水进行需氧生物处理的池塘。

6.2

厌氧塘　anaerobic pond

利用厌氧微生物对污水进行处理的封闭型池塘。

6.3

沉淀池　sedimentation basin

利用沉淀作用去除水体中可沉淀性悬浮物的构筑物。

6.4

生物滤池　biological filter

利用生物膜法对污水进行处理的构筑物。

6.5

快滤池　rapid filter

利用粒状滤料对水体进行快速过滤,截留水中悬浮固体和部分细菌、微生物的构筑物。

6.6

曝气池　aeration pond

采用活性污泥法进行污水处理的构筑物。

6.7

湿地　wetland

季节性或常年积水,生长或栖息喜湿动植物,综合生态功能明显的浅水区域。

6.7.1

人工湿地　constructed wetland

用人工筑成水池或沟槽,底面铺设防渗漏隔水层,充填一定深度的基质层,种植水生植物,利用基质、植物、微生物的物理、化学、生物三重协同作用使污水得到净化的设施。

6.7.2

表面流人工湿地　surface flow constructed wetland

水流在基质层表面以上,从进水端水平流向出水端的人工湿地。

6.7.3

水平潜流人工湿地　horizontal subsurface flow constructed wetland

水流在基质层表面以下，从进水端水平流向出水端的人工湿地。

6.7.4

垂直潜流人工湿地 vertical subsurface flow constructed wetland

水流垂直通过基质层的人工湿地。

6.8

氧化沟(渠) oxidation ditch(channel)

用于净化处理原水或污水的沟渠。

6.9

人工浮床 artificial floating bed

以种植水生植物为主，应用物种间共生关系、水体空间生态位和营养生态位等原则建立的高效人工生态系统。

6.10

生态坡 ecological slope protection

综合工程学、土壤学、生态学和植物学等基本原理对斜坡或边坡进行支护，形成由植物或工程和植物组成的综合坡面系统。

6.11

高效藻类塘 high rate algal pond

使单位水体浮游植物产量最大化的水池。

7 综合养殖设施

7.1

桑基鱼塘 mulberry fish pond

池中养鱼、池埂种桑的一种综合养殖鱼塘。

7.2

蔗基鱼塘 sugarcane fish pond

同甘蔗种植相结合的养鱼池塘。

7.3

循环水养殖系统 recirculating aquaculture system

封闭或半封闭的养殖系统，水体经处理后循环利用。

7.4

生态工程化养殖系统 ecological engineering culture system

养殖池塘与生态化水处理设施结合在一起的综合水产养殖系统。

7.5

鱼稻种养结合系统 fish culture combination of rice planting system

水产养殖与水稻种植结合在一起的复合生态农业系统。

参 考 文 献

[1] GB/T 20014.17—2008 良好农业规范 第17部分:水产围拦养殖基础控制点与符合性规范

[2] GB/T 20014.18—2008 良好农业规范 第18部分:水产滩涂、吊养、底播养殖基础控制点与符合性规范

[3] GB/T 22213—2008 水产养殖术语

[4] GB/T 50125—2010 给水排水工程基本术语标准

[5] GB 6816—86 水质词汇 第一部分和第二部分

[6] HJ 2005—2010 人工湿地污水处理工程技术规范

[7] SC/T 1088—2007 水产养殖的量、单位和符号

[8] SC/T 1016—1995 中国池塘养鱼技术规范

[9] SC/T 6049—2011 水产养殖网箱名词术语

[10] 辞海.1986.上海辞书出版社.

[11] 全国科学技术名词审定委员会公布.水产名词.2002.科学出版社.

[12] 水产辞典.2007.上海辞书出版社.

[13] 水产养殖术语.2008.FAO.

[14] Aquatic Sciences and Fisheries Thesaurus ASFIS-6 (Rev. 3).

索　引

汉语拼音索引

英文对应词索引

A

B

C

D

E

F

V

W

ICS 47.020.70
U 60

SC

中华人民共和国水产行业标准

SC/T 6074—2015

渔船用射频识别（RFID）设备技术要求

Technical requirements for radio frequency identification equipments for fishery vessels

2015-05-21 发布
2015-08-01 实施

中华人民共和国农业部 发布

前　言

本标准按照 GB/T 1.1—2009 给出的规则起草。

请注意本文件的某些内容可能涉及专利。本文件的发布机构不承担识别这些专利的责任。

本标准由农业部渔业渔政管理局提出。

本标准由全国水产标准化技术委员会渔业机械仪器分技术委员会(SAC/TC 156/SC 6)归口。

本标准起草单位：农业部南海区渔政局、武汉理工大学、深圳中航信息科技产业股份有限公司、上海普适导航技术有限公司、陕西烽火电子股份有限公司。

本标准主要起草人：陈伟、李向舜、李平、何瞿秋、朱健、钟东林、孔海鸥、李智平。

渔船用射频识别(RFID)设备技术要求

1 范围

本标准规定了用于渔业船舶的射频识别设备的组成、分类、功能、性能及安装环境的通用技术要求。

本标准适用于渔业船舶所用射频识别设备的研制、选型和使用,可作为渔船射频识别系统建设的参考依据。

2 规范性引用文件

下列文件对于本文件的应用是必不可少的。凡是注日期的引用文件,仅注日期的版本适用于本文件。凡是不注日期的引用文件,其最新版本(包括所有的修改单)适用于本文件。

GB/T 3594 渔船电子设备电源的技术要求

GB 4208 外壳防护等级(IP代码)

GB/T 10250 船舶电气与电子设备的电磁兼容

GB/T 28925 信息技术 射频识别2.45GHz 空中接口协议

GB/T 29261.3 信息技术 自动识别和数据采集技术词汇 第3部分:射频识别

SC/T 7002.1 船用电子设备环境试验条件和方法 总则

SC/T 7002.2 船用电子设备环境试验条件和方法 高温

SC/T 7002.3 船用电子设备环境试验条件和方法 低温

SC/T 7002.5 船用电子设备环境试验条件和方法 恒定湿热(Ca)

SC/T 7002.6 船用电子设备环境试验条件和方法 盐雾(Ka)

SC/T 7002.8 船用电子设备环境试验条件和方法 正弦振动

SC/T 7002.9 船用电子设备环境试验条件和方法 碰撞

SC/T 7002.10 船用电子设备环境试验条件和方法 外壳防护

SC/T 7002.12 船用电子设备环境试验条件和方法 长霉

SC/T 7002.13 船用电子设备环境试验条件和方法 风压

SC/T 7002.14 船用电子设备环境试验条件和方法 电磁兼容

YD 5068 移动通信基站防雷与接地设计规范

农业部公告第1100号 修订海洋渔业捕捞许可管理有关证书证件和渔船主机功率凭证样式的公告

3 术语、定义和缩略词

GB/T 29261.3界定的以及下列术语、定义和缩略词适用于本文件。

3.1

渔船电子标签 electronic tag onboard fishery vessel

射频卡

应答器

射频识别技术的一种应用,利用内部芯片存储渔船的用户数据,实现远距离非接触式渔船身份识别的标识卡。

3.2

渔船电子标识牌 electronic sign onboard fishery vessel

封装有渔船电子标签,并印有渔船船名号等内容的标识牌,是一种特制的渔船电子标签。

3.3

电子标签读写器　electronic tag reader

简称读写器,利用射频识别技术,远距离无线读取其信号覆盖范围内的电子标签,识别或写入电子标签内的用户数据信息的设备。

3.4

手持式电子标签读写器　handheld electronic tag reader

用于管理部门的工作人员手持操作的便携式电子标签读写器。

3.5

船载型电子标签读写器　shipborne electronic tag reader

安装在执法船(艇)上的电子标签读写器。

3.6

基站型电子标签读写器　base station type electronic tag reader

安装于航道附近固定基站上的电子标签读写器。

3.7

数据存储处理设备　data processing and storage equipment

用于存储和处理电子标签数据的设备,通过对电子标签、读写器采集的数据进行录入,并实现分类存储和检索,可对原始数据进行统计汇总传输并进行操作和管理。

3.8

渔船射频识别系统　radio frequency identification system for fishery vessel

利用渔船 RFID 设备和后台数据库、RFID 管理软件,进行渔业船舶身份信息识别和管理的系统。

3.9　缩略词

CRC:循环冗余校验(cyclic redundancy check);

CSS:线性调频扩频(chirp spread spectrum);

DSSS:直接序列扩频(direct sequence spread spectrum);

GFSK:高斯频移键控(gauss frequency shift keying);

IDE:集成开发环境(integrated development environment);

IP:网络互连协议(internet protocol);

QVGA:四分之一视频图形阵列(quarter video graphics array);

RFID:射频识别(radio frequency identification);

SMA:微型 A 类接口(sub-miniature-A),一种常用的射频接口;

TCP/IP:传输控制协议/因特网互联协议(transmission control protocol/internet protocol);

USB:通用串行总线(universal serial BUS)。

4　组成和分类

4.1　系统组成

渔船射频识别系统由渔船电子标签、电子标签读写器和数据存储处理设备组成。其中,数据存储处理设备又包括数据存储处理中心(服务器)和终端两部分。

系统总体组成如图 1 所示。

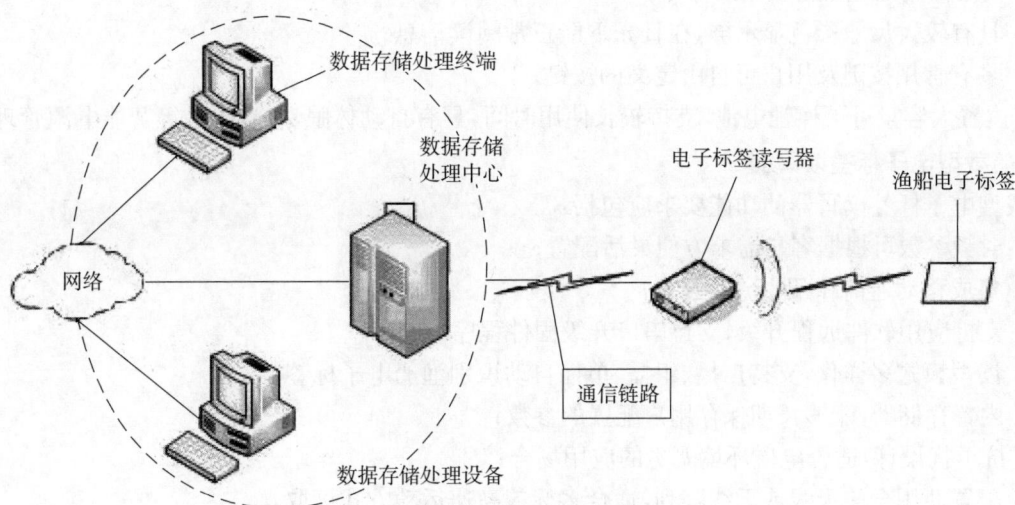

图 1　系统总体组成图

4.2　设备分类

4.2.1　渔船电子标签

电子标签分为有源电子标签、无源电子标签和半有源电子标签 3 种。

4.2.2　电子标签读写器

电子标签读写器可分为手持式电子标签读写器、船载型电子标签读写器和基站型电子标签读写器 3 种。

5　功能要求

5.1　渔船电子标签

渔船电子标签的功能要求应包括：

a)　具备防拆卸功能，二次安装时须重新激活；

b)　远距离读写可动态自适应调整，多标签读取速度快，高速运动时可识别；

c)　宜具有渔船定位功能；

d)　渔船电子标签内用户数据应至少包括渔船船名、渔船编码、船舶类型、渔船所有人、渔船主机功率等内容，编码规则应符合附录 A 的要求；

e)　具备防复制、防盗读的安全机制；

f)　有源电子标签应采用内置不可更换电池，并可集成其他供电装置，具有实时电压检测、低电压告警功能。

5.2　电子标签读写器

5.2.1　手持式电子标签读写器

手持式电子标签读写器的功能要求应包括：

a)　工作模式与状态、发射功率、信道、用户 ID 等可在本读写器上动态设置；

b)　在读写范围内可调节读写距离，可计算并显示与读取的电子标签距离；

c)　使用宽带移动通信技术，适应各种移动速度；

d)　支持固件和应用软件远程升级；

e)　可集成各种增值功能，有丰富频道、信道资源可用；

f)　能以无线方式与电子标签进行通信，以有线或无线方式与数据存储处理设备进行通信，并执行数据存储处理设备发来的命令；

g) 具有较大尺寸彩色显示屏，在日光下能正常阅读信息；

h) 具有常用按键及用户可自由定义的按键；

i) 内置大容量可更换锂电池，支持较长使用时间，具有自动休眠、电量提示等智能电源管理功能。

5.2.2 船载型电子标签读写器

船载型电子标签读写器的功能要求应包括：

a) 射频参数可根据客户需求方便灵活配置；

b) 集成移动通信和 TCP/IP 技术；

c) 支持应用软件远程升级，支持串口升级固件程序；

d) 读写模式多样化，支持广播、组播、单播自动识别渔船电子标签；

e) 内置存储器，能够长期保存用户配置的参数；

f) 抗干扰设计，适合电磁环境恶劣的应用场合；

g) 配置使用全向天线或天线阵列，适合多标签高速运动方式读取。

5.2.3 基站型电子标签读写器

基站型电子标签读写器的功能要求应包括：

a) 集成移动通信和 TCP/IP 技术，可实现点对点、点对多点等灵活的无线组网方式；

b) 可配置使用全向、定向天线或天线阵列，适合多标签高速运动方式读取；

c) 无公共电网供给条件的，应配备风能、太阳能或风光互补发电装置；

d) 其他功能与船载型电子标签读写器一致。

5.3 数据存储处理设备

5.3.1 数据存储处理中心

数据存储处理中心的功能要求应包括：

a) 供基站型电子标签读写器接入查询；

b) 能接入互联网或专用网络；

c) 具备存储处理大容量渔船电子标签数据及相关渔船信息功能，相关渔船信息应包括渔船类型、登记产权、历次检验、安全设备配备、渔业许可、渔业互保、船员情况等内容。

5.3.2 数据存储处理终端

数据存储处理终端的功能要求应包括：

a) 供手持式、船载型电子标签读写器接入查询、记录电子标签数据；

b) 能接入互联网或专用网络与数据存储处理中心连接，在网络连接时可自动下载、更新或上传渔船电子标签数据及相关渔船信息，与数据存储处理中心实现数据同步；

c) 根据权限存储处理渔船电子标签数据及相关渔船信息，最大存储量应与数据存储处理中心相当。

6 性能要求

6.1 基本要求

6.1.1 RFID 工作频率

工作频段为 2 400 MHz～2 483.5 MHz，工作频率为 2.45 GHz。

6.1.2 RFID 信号发射功率

不大于 100 mW。

6.1.3 RFID 空中接口协议

应符合 GB/T 28925 的要求。

6.1.4 调制解调方式

渔船电子标签可选 GFSK、DSSS、CSS 多种调制解调方式;电子标签读写器应兼容 GFSK、DSSS、CSS 多种调制解调方式。

6.1.5 传输速率

不小于 200 Kbps。

6.1.6 误码率

在 1 024 Kbps 传输速率下,误码率应不大于 0.1%。

6.1.7 接收灵敏度

在 1 024 Kbps 传输速率,误码率不大于 0.1% 情况下,接收灵敏度应小于 −90 dBm。

6.1.8 识别速度

50 km/h 以内。

6.1.9 微波通讯校验检错方式

CRC16。

6.2 渔船电子标签

渔船电子标签应达到以下性能指标:

a) 工作方式:被动、主动可调;

b) 发射周期:电子标签信息主动发射周期≤2 s,被动监听间隔≤4 s,可软件调整;

c) 发射功率:≤100 mW,≥4 挡可调;

d) 识别距离:≥1 000 m;

e) 天线极化方向:垂直极化方向;

f) 识别方式:全方向识别;

g) 频道切换时间:<100 μs;

h) 数据存储空间:≥512 Bytes;

i) 工作电压:2.7 V~5.7 V;

j) 工作电流:≤15 mA;

k) 睡眠电流:<5 μA。

l) 电池:可连续供电时间不少于 2 年。

6.3 电子标签读写器

6.3.1 手持式电子标签读写器

手持式电子标签读写器应满足以下性能指标:

a) 识别距离:≥500 m,可动态自适应调整;

b) 识别能力:在 30 s 内无遗漏识别大于 200 张电子标签;

c) 识别方式:可定向识别,或不少于 180°方向识别;

d) 发射功率:≤50 mW,≥4 挡可调;

e) 天线类型:内置天线或外接天线可选;

f) 天线极化方向:垂直极化方向;

g) 通讯接口:提供 RS232、USB 接口;

h) 存储器容量:内部存储器容量≥64 MB,可扩展存储,扩展存储器容量≥2 GB;

i) 电源输入:DC 5 V;

j) 功耗:平均功耗<0.5 W,峰值功耗<3.5 W;

k) 电池:≥3 000 mAh 可充电式锂电池,输出电压 3.7 V,正常使用时长≥24 h,待机时长≥120 h;

l) 显示屏:尺寸≥3.5 英寸,分辨率≥320×480,优于真彩 QVGA 屏。

6.3.2 船载型电子标签读写器

船载型电子标签读写器应满足以下性能指标：

a) 识别距离：≥1 000 m，可动态自适应调整；

b) 识别能力：在 30 s 内无遗漏识别大于 500 张电子标签；

c) 识别方式：全方向识别；

d) 发射功率：≤100 mW，≥4 挡位可调；

e) 通讯接口：提供 RS232、RS485、RJ45 多种接口；

f) 天线类型：外接天线；

g) 天线接口：50 Ω SMA 接口；

h) R-UIM（双模）卡接口：支持 R-UIM 卡：3 V；

i) 存储器容量：缓存存储器容量≥256 KB；

j) 电源：船载电源供电，电源性能要求符合 GB/T 3594 的相关规定；

k) 工作电压：外接电源 DC12 V、24 V、AC220 V；

l) 峰值电流：<0.8 A；

m) 工作电流：<0.25 A。

6.3.3 基站型电子标签读写器

基站型电子标签读写器应满足以下性能指标：

a) 识别距离：≥1 000 m，可动态自适应调整；

b) 识别能力：在 60 s 内无遗漏识别大于 1 000 张电子标签；

c) 识别方式：可全方向，或定向识别；

d) 发射功率：≤100 mW，≥8 挡可调；

e) 通讯接口：提供 RS232、RS485、RJ45 多种接口；

f) 天线类型：外接天线；

g) 天线接口：50 Ω SMA 接口；

h) 天线性能指标：天线带宽为 83.5 MHz，天线增益≥16 dB，天线功率≤100 W；

i) R-UIM 卡接口：支持 R-UIM 卡，3 V；

j) 存储器容量：缓存存储器容量≥256 KB；

k) 工作电压：外接电源 DC12 V、24 V、AC220 V；

l) 峰值电流：<0.8 A；

m) 工作电流：<0.25 A。

6.4 数据存储处理设备

6.4.1 数据存储处理中心

数据存储处理中心应达到以下性能要求：

a) 存储电子标签数：省级中心应能存储不少于 10 万艘渔船电子标签数据；

b) 读写器同时接入数：应满足电子标签读写器同时接入查询的数量不少于 200 个；

c) 查询速度：≥1 000 艘/s；

d) 存储空间：≥300 GB；

e) 通信接口：RJ45、RS232 等多种接口。

6.4.2 数据存储处理终端

数据存储处理终端应达到以下性能要求：

a) 存储电子标签数：不少于 10 000 艘渔船电子标签数据；

b) 接入单个读写器查询速度≥100 艘/s；

c）　存储空间:30 GB≤存储空间≤数据存储处理中心存储空间;

d）　通信接口:RJ45、RS232 等多种接口。

7　环境适应性要求

7.1　渔船电子标签

7.1.1　总体要求

渔船电子标签及电子标识牌的环境适应性总体要求应符合 SC/T 7002.1 的有关规定。

7.1.2　高低温工作

渔船电子标签及电子标识牌的高低温工作要求应符合 SC/T 7002.2 和 SC/T 7002.3 的规定。

7.1.3　湿热

渔船电子标签及电子标识牌的湿热工作条件应符合 SC/T 7002.5 的规定。

7.1.4　防盐雾

渔船电子标签及电子标识牌的防盐雾性能应符合 SC/T 7002.6 的规定。

7.1.5　振动

渔船电子标签及电子标识牌的抗振动性能应符合 SC/T 7002.8 的规定。

7.1.6　碰撞

渔船电子标签及电子标识牌的防碰撞性能应符合 SC/T 7002.9 的规定。

7.1.7　外壳防护

渔船电子标签及电子标识牌的外壳防护性能应符合 SC/T 7002.10 的规定,外壳防护等级为 IP67。

7.1.8　防霉菌

渔船电子标签及电子标识牌的防霉菌性能应符合 SC/T 7002.12 的规定。

7.1.9　电磁兼容性要求

渔船电子标签及电子标识牌的电磁兼容性性能应符合 GB/T 10250 和 SC/T 7002.14 的规定。

7.2　电子标签读写器

7.2.1　手持式电子标签读写器

7.2.1.1　总体要求

手持式电子标签读写器的环境适应性总体要求应符合 SC/T 7002.1 的有关规定。

7.2.1.2　高低温工作

手持式电子标签读写器的高低温工作要求应符合 SC/T 7002.2 和 SC/T 7002.3 的规定。

7.2.1.3　湿热

手持式电子标签读写器的湿热工作条件应符合 SC/T 7002.5 的规定。

7.2.1.4　振动

手持式电子标签读写器的抗振动性能应符合 SC/T 7002.8 的规定。

7.2.1.5　碰撞

手持式电子标签读写器的防碰撞性能应符合 SC/T 7002.9 的规定。

7.2.1.6　外壳防护

手持式电子标签读写器的外壳防护性能应符合 SC/T 7002.10 的规定,外壳防护等级为 IP65。

7.2.1.7　电磁兼容性要求

手持式电子标签读写器的电磁兼容性性能应符合 GB/T 10250 和 SC/T 7002.14 的规定。

7.2.2　船载型电子标签读写器

7.2.2.1　总体要求

船载型电子标签读写器的环境适应性总体要求应符合 SC/T 7002.1 的有关规定。

7.2.2.2 高低温工作

船载型电子标签读写器的高低温工作要求应符合 SC/T 7002.2 和 SC/T 7002.3 的规定。

7.2.2.3 湿热

船载型电子标签读写器的湿热工作条件应符合 SC/T 7002.5 的规定。

7.2.2.4 防盐雾

船载型电子标签读写器的防盐雾性能应符合 SC/T 7002.6 的规定。

7.2.2.5 振动

船载型电子标签读写器的抗振动性能应符合 SC/T 7002.8 的规定。

7.2.2.6 碰撞

船载型电子标签读写器的防碰撞性能应符合 SC/T 7002.9 的规定。

7.2.2.7 外壳防护

船载型电子标签读写器的外壳防护性能应符合 SC/T 7002.10 的规定,外壳防护等级为 IP67。

7.2.2.8 防霉菌

船载型电子标签读写器的防霉菌性能应符合 SC/T 7002.12 的规定。

7.2.2.9 抗风压

船载型电子标签读写器的抗风压性能应符合 SC/T 7002.13 的规定。

7.2.2.10 电磁兼容性要求

船载型电子标签读写器的电磁兼容性性能应符合 GB/T 10250 和 SC/T 7002.14 的规定。

7.2.3 基站型电子标签读写器

基站型电子标签读写器应满足以下环境适应性要求:

a) 高低温工作:工作温度为−35℃～55℃;

b) 湿度:10%～95%,非凝结;

c) 外壳防护:等级不低于 IP65,符合防水、防尘、防盐雾的"三防"要求;

d) 防风:正常使用状态下应可承受 45 m/s 的强风破坏;

e) 防雷:应符合 YD 5068 规定的要求;

f) 电磁兼容性:具有强抗干扰能力、高可靠性。

8 外观质量和安装要求

8.1 外观质量

渔船电子标签和电子标签读写器的外观质量应满足以下要求:

a) 表面应无脱落、划痕、流痕、裂缝、变形、锈蚀、霉斑、灌注物溢出等缺陷;

b) 外露器件应固定牢靠、无损伤。

8.2 标识

渔船电子标识牌上应标识有渔船船名号、渔船身份识别管理序号、电子标签序号、发证单位名称及发证日期等相关信息,标识应不易腐蚀磨损。

8.3 安装要求

8.3.1 渔船电子标签的安装

8.3.1.1 渔船电子标签应牢固安装在渔船桅杆中部以上,平行于船体纵向;无桅杆有驾驶室的渔船,标签应安装于驾驶室外部正面左上角;无桅杆无驾驶室的渔船,标签应安装于近船艏左舷内侧。

8.3.1.2 渔船电子标签的安装位置应远离各种渔业作业设施,附近无较大遮挡物。

8.3.1.3 应严格按照渔船电子标签或电子标识牌外壳的指示方向安装。

8.3.1.4 渔船电子标签应带有安装紧固部件,安装应方便、可靠、不易拆卸。

8.3.2 电子标签读写器的安装

8.3.2.1 船载型电子标签读写器

8.3.2.1.1 船载型电子标签读写器应安装在执法船(艇)的舱外顶部空旷位置,四周无明显遮挡。

8.3.2.1.2 船载型电子标签读写器的安装位置应在避雷保护范围内,避开本船雷达天线辐射波束的直接照射。

8.3.2.2 基站型电子标签读写器

8.3.2.2.1 基站型电子标签读写器宜安装在渔港港区入口处、航道入口处和检查站点所属航道附近。

8.3.2.2.2 基站型电子标签读写器的安装位置应空旷、无遮挡。

8.3.2.2.3 基站型电子标签读写器应安装在立杆上,安装高度离地面应不小于5 m。立杆须具有防水、耐酸碱、防脆化的能力。

附　录　A

（规范性附录）

渔船电子标签用户数据编码

A.1 渔船电子标签用户数据

A.1.1 渔船电子标签存储的用户数据格式应符合 GB/T 28925 的规定。

A.1.2 渔船电子标签存储的用户数据应包括渔船船名、渔船编码、船舶类型、渔船所有人、渔船主机功率等业务数据信息。其相关字段设计应如表 A.1 所示。

表 A.1　渔船电子标签业务数据字段

数据字段	渔船船名	渔船编码	船舶类型	渔船所有人	渔船主机功率,kW
字段名	SHIP_NAME	SHIP_NO	JOB_MODE	SHIP_OWNER	MAIN_POWER
字段长度（Byte）	13	16	3	16	6
编码规则	明码编码	见 A.2	见表 A.3	明码编码,最多8个汉字标明	ASCII 码,精确至小数点后两位

A.2 渔船编码规则

渔船编码采用农业部公告第1100号附件1《渔业捕捞许可管理有关证书证件样式修订说明》所规定的统一"渔船编码",为渔船电子标签绑定的渔船唯一识别代码。电子标签读写器读取包括渔船编码在内的渔船电子标签用户数据内容后,可根据该唯一的渔船编码,接入数据存储处理设备查询所存储的该渔船其他相关信息。

A.3 船舶类型编码规则

船舶类型采用码表编码,长度为 3 Bytes。编码规则如表 A.2 所示。

表 A.2　船舶类型编码

船舶类型	编码	船舶类型	编码	船舶类型	编码
拖网渔船	010	舷侧起网围网渔船	025	竿钓渔船	054
单拖渔船	011	尾起网围网渔船	026	曳绳钓渔船	055
双拖渔船	012	灯光诱鱼围网船	027	手钓渔船	056
舷拖渔船	013	其他围网渔船	029	刺钓渔船	057
尾拖渔船	014	刺网渔船	030	金枪鱼钓渔船	058
尾滑道单拖网渔船	015	定置刺网渔船	031	其他钓具渔船	059
尾滑道双拖网渔船	016	流刺网渔船	032	笼壶作业渔船	060
桁拖渔船	017	拖刺网渔船	033	陷阱作业渔船	070
拖网加工渔船	018	围刺网渔船	034	耙刺作业渔船	080
其他拖网渔船	019	其他刺网渔船	039	杂渔具渔船	090
围网渔船	020	张网渔船	040	敷网渔船	091
单船围网渔船	021	钓具渔船	050	舷提网渔船	092
双船围网渔船	022	延绳钓渔船	051	采珍船	093
金枪鱼围网渔船	023	鱿鱼钓渔船	052	其他杂渔具渔船	099
其他围网渔船	024	拖钓渔船	053	养殖渔船	110

表 A.2（续）

船舶类型	编码	船舶类型	编码	船舶类型	编码
渔业辅助船	120	诱鱼灯船	127	休闲渔船	150
渔业冷藏船	121	收鲜船	128	交通船	191
渔业运输船	122	其他渔业辅助船	129	工程船	192
渔业加工船	123	科研调查船	130	拖船	193
渔业供应船	124	渔业执法船	140	趸船	194
围网探渔船	126	渔业指导船	143	渔业基地船	199

ICS 65.150
B 94

SC

中华人民共和国水产行业标准

SC/T 6080—2015

渔船燃油添加剂试验评定方法

Test and evaluation methods on fuel additives of fishing boat fuel

2015-02-09 发布　　　　　　　　　　　2015-05-01 实施

中华人民共和国农业部 发布

SC/T 6080—2015

前　言

本标准按照 GB/T 1.1—2009 给出的规则起草。

本标准由农业部渔业渔政管理局提出。

本标准由全国水产标准化技术委员会渔业机械仪器分技术委员会(SAC/TC 156/SC 6)归口。

请注意本文件的某些内容可能涉及专利。本文件的发布机构不承担识别这些专利的责任。

本标准起草单位：中国水产科学研究院渔业机械仪器研究所、南通柴油机股份有限公司。

本标准主要起草人：曹建军、卢晶、何雅萍、门涛。

渔船燃油添加剂试验评定方法

1 范围

本标准规定了渔船燃油添加剂的试验方法。

本标准适用于渔船燃油添加剂的评定。

2 规范性引用文件

下列文件对于本文件的应用是必不可少的。凡是注日期的引用文件,仅注日期的版本适用于本文件。凡是不注日期的引用文件,其最新版本(包括所有的修改单)适用于本文件。

GB 5096　石油产品铜片腐蚀试验法

GB/T 5741　船用柴油机排气烟度测量方法

GB 6301　船用柴油机燃油消耗率测定方法

GB/T 9487　柴油机自由加速排气烟度的测定方法

GB/T 15097　船用柴油机排气排放污染物测量方法

GB/T 17752　汽车燃油节能添加剂试验评定方法

CB/T 3254.2　船用柴油机台架试验　试验方法

CB/T 3254.3　船用柴油机台架试验　试验测量

3 术语和定义

下列术语和定义适用于本文件。

3.1

净化率　rate of pollution reducing

使用燃油添加剂前后渔船柴油机排气污染物排放量的差值与使用燃油添加剂前渔船柴油机排气污染物排放量的比值。

4 理化性能要求

加入渔船用柴油添加剂的燃油,其理化性能应符合表1的要求。

表 1　理化性能

项　　目	质量指标	试验方法
铜片腐蚀(50℃,3 h)	不大于1级	GB 5096
相容性	不分层、不浑浊、无沉淀	GB/T 17752

5 柴油机性能台架对比试验

5.1　柴油机负荷特性对比试验,按CB/T 3254.2中规定的方法执行。

5.2　柴油机有效功率对比试验,按CB/T 3254.2中推进特性试验规定的方法执行。

6 柴油机燃油消耗率对比试验

按GB 6301与附录A中规定的方法执行。

7 排放物对比试验

7.1 柴油机排放物对比试验

按附录 A 中规定的方法执行。

7.2 柴油机排气排放污染物对比试验

按 GB/T 15097 规定的方法执行。

7.3 柴油机排气烟度对比试验

按 GB/T 5741 规定的方法执行。

7.4 柴油机自由加速烟度对比试验

按 GB/T 9487 规定的方法执行。

8 评价指标的计算

8.1 各种工况模式节油量和节油率计算

8.1.1 各种工况模式节油量

按式(1)计算。

$$\Delta Q = \sum R_i Q_{oi} - \sum R_i Q_{ji} \quad\cdots\cdots\cdots\cdots\cdots\cdots\cdots\cdots\cdots\cdots\cdots\cdots\cdots (1)$$

式中：

ΔQ——各种运行模式节油量,单位为千克每小时(kg/h)；

Q_{oi}——未添加燃油添加剂时的燃油消耗量,单位为千克每小时(kg/h)；

Q_{ji}——添加燃油添加剂后的燃油消耗量,单位为千克每小时(kg/h)；

R_i——不同工况模式时节油率的加权系数,见表2。

表 2 不同工况模式时节油率的加权系数

项 目	指 标			
转速百分数,%	100	75	50	25
加权系数	0.2	0.5	0.15	0.15
功率百分数,%	100	75	50	25
加权系数	0.2	0.5	0.15	0.15

8.1.2 各种工况模式节油率

按式(2)计算。

$$\alpha = \frac{\Delta Q}{\sum R_i Q_{oi}} \times 100 \quad\cdots\cdots\cdots\cdots\cdots\cdots\cdots\cdots\cdots\cdots\cdots\cdots (2)$$

式中：

α——各种工况模式节油率,单位为百分率(%)。

8.2 排气污染物净化率

8.2.1 CO$_X$ 净化率

按式(3)计算。

$$R_{CO_X} = \left(1 - \frac{J_{CO_X}}{O_{CO_X}}\right) \times 100 \quad\cdots\cdots\cdots\cdots\cdots\cdots\cdots\cdots\cdots\cdots\cdots (3)$$

式中：

R_{CO_X}——CO$_X$ 净化率,单位为百分率(%)；

O_{CO_X}——未使用燃油添加剂时测得的 CO$_X$ 排放量,单位为升(L)；

$J_{\mathrm{CO_X}}$——使用燃油添加剂时测得的 CO_X 排放量,单位为升(L)。

8.2.2 NO_X 净化率

按式(4)计算。

$$R_{\mathrm{NO_X}} = \left(1 - \frac{J_{\mathrm{NO_X}}}{O_{\mathrm{NO_X}}}\right) \times 100 \quad\cdots\cdots\cdots\cdots\cdots\cdots\cdots\cdots\cdots\cdots\cdots\cdots \quad (4)$$

式中:

$R_{\mathrm{NO_X}}$——NO_X 净化率,单位为百分率(%);

$O_{\mathrm{NO_X}}$——未使用燃油添加剂时测得的 NO_X 排放量,单位为升(L);

$J_{\mathrm{NO_X}}$——使用燃油添加剂时测得的 NO_X 排放量,单位为升(L)。

8.2.3 HC 净化率

按式(5)计算。

$$R_{\mathrm{HC}} = \left(1 - \frac{J_{\mathrm{HC}}}{O_{\mathrm{HC}}}\right) \times 100 \quad\cdots\cdots\cdots\cdots\cdots\cdots\cdots\cdots\cdots\cdots\cdots\cdots \quad (5)$$

式中:

R_{HC}——HC 净化率,单位为百分率(%);

O_{HC}——未使用燃油添加剂时测得的 HC 排放量,单位为升(L);

J_{HC}——使用燃油添加剂时测得的 HC 排放量,单位为升(L)。

8.2.4 烟度净化率

按式(6)计算。

$$R_{\mathrm{KJ}} = \left(1 - \frac{J_{\mathrm{KJ}}}{O_{\mathrm{KJ}}}\right) \times 100 \quad\cdots\cdots\cdots\cdots\cdots\cdots\cdots\cdots\cdots\cdots\cdots\cdots \quad (6)$$

式中:

R_{KJ}——烟度净化率,单位为百分率(%);

O_{KJ}——未使用燃油添加剂时测得的排气污染烟度数值;

J_{KJ}——使用燃油添加剂时测得的排气污染烟度数值。

附　录　A
（规范性附录）
柴油机燃油消耗率、排放物对比试验

A.1　试验条件

A.1.1　试验柴油机

应技术状况良好,柴油机的启动及运行状况能满足试验要求。

A.1.2　试验燃油

应符合燃油添加剂生产厂家的要求。

A.1.3　试验仪器

应满足 CB/T 3254.3 的要求。

A.2　试验方法

在同一台柴油机上(使用不加燃油添加剂的燃油),相同试验条件(水温、油温、环温、中冷进水温度)下相同特性(推进特性)、相同工况(9.1％、25％、50％、75％、90％、100％、110％)、相同测试点(功率、转速、扭矩、油耗、排温、烟度、排放物及常规参数等)的 2 种油料下有添加剂和无添加剂对比试验,各工况稳定运转 5 min 后,测量并记录柴油机的功率、转速、燃油消耗率、排气烟度、排放污染物的浓度等相关数据,重要参数测 2 次～3 次,误差在 3％以内,取其平均数。根据标定试验环境状况和标准环境状况进行试验数据的换算,计算柴油机有效功率、柴油消耗率和排放污染物浓度。

ICS 65.150
B 94

SC

中华人民共和国水产行业标准

SC/T 7002.6—2015
代替 SC/T 7002.6—1992

渔船用电子设备环境试验条件和方法
盐雾（Ka）

Fishery electronic equipment environmental test and methods—
Salts fog(Ka)

2015-02-09 发布
2015-05-01 实施

中华人民共和国农业部 发布

前　言

SC/T 7002《船用电子设备环境试验条件和方法》为系列标准：

——SC/T 7002.1　船用电子设备环境试验条件和方法　总则；
——SC/T 7002.2　船用电子设备环境试验条件和方法　高温；
——SC/T 7002.3　船用电子设备环境试验条件和方法　低温；
——SC/T 7002.4　船用电子设备环境试验条件和方法　交变湿热(Db)；
——SC/T 7002.5　船用电子设备环境试验条件和方法　恒定湿热(Ca)；
——SC/T 7002.6　船用电子设备环境试验条件和方法　盐雾(Ka)；
——SC/T 7002.7　船用电子设备环境试验条件和方法　交变盐雾(Kb)；
——SC/T 7002.8　船用电子设备环境试验条件和方法　正弦振动；
——SC/T 7002.9　船用电子设备环境试验条件和方法　碰撞；
——SC/T 7002.10　船用电子设备环境试验条件和方法　外壳防护；
——SC/T 7002.11　船用电子设备环境试验条件和方法　倾斜、摇摆；
——SC/T 7002.12　船用电子设备环境试验条件和方法　长霉；
——SC/T 7002.13　船用电子设备环境试验条件和方法　风压；
——SC/T 7002.14　船用电子设备环境试验条件和方法　电磁兼容。

本部分为 SC/T 7002 的第6部分。

本部分代替 SC/T 7002.6—1992。与 SC/T 7002.6—1992 相比，主要变化如下：

——"基本要求"一章中，增加了对于"试验箱箱体"、"喷雾装置"、"温度控制系统"、"盐雾收集器"具体的要求内容(见3)；
——增加了"试样"一章(见4)；
——增加了"溶液浓度"对于高品质氯化钠的规定(见5.1.1)；
——溶液 pH 的调节修改为用盐酸或者氢氧化钠调节(见5.1.2)；
——增加了"空气供给"内容(见5.2)；
——定义了盐雾沉降率的测试方法(见5.3.2)；
——增加了"试验连续性"一章(见5.5)；
——修改了"恢复"条款的相关内容(见6.4)；
——增加了"试验报告"一章(见7)。

本部分按照 GB/T 1.1—2009 给出的规则起草。

本部分由农业部渔业渔政管理局提出。

本部分由全国水产标准化技术委员会渔业机械仪器分技术委员会(SAC/TC 156/SC 6)归口。

本部分起草单位：中国水产科学研究院渔业机械仪器研究所。

本部分主要起草人：石瑞、陈寅杰、曹建军、韩梦遐。

本部分的历次版本发布情况为：
——SC/T 7002.6—1992。

渔船用电子设备环境试验条件和方法　盐雾(Ka)

1　范围

本部分规定了盐雾(Ka)试验的基本要求、试样、试验条件、试验方法、试验报告以及相关规范应包括的内容。

本部分适用于检测渔船用电子设备的抗盐雾腐蚀能力。

2　规范性引用文件

下列文件对于本文件的应用是必不可少的。凡是注日期的引用文件,仅注日期的版本适用于本文件。凡是不注日期的引用文件,其最新版本(包括所有的修改单)适用于本文件。

GB/T 2423.17—2008　电工电子产品环境试验　第2部分:试验方法　试验Ka:盐雾

GB/T 10587—2006　盐雾试验箱技术条件

CB 1146.12—1996　船舶设备环境试验与工程导则　盐雾

3　基本要求

3.1　试验箱箱体

应满足以下条件:

a)　试验箱箱体性能要求应满足GB/T 10587—2006中5.1的要求;

b)　试验箱箱体应具备足够大的容积,能提供稳定的、均一的试验条件(不受湍流的影响),且在试验过程中这些条件不受试样的影响;

c)　盐雾不能直接喷射到试样上;

d)　箱顶、箱壁或其他部位集聚的冷凝液不能滴落到试样上;

e)　试验箱箱体应排气良好以防止压力升高,确保盐雾分布均匀;排气孔末端应进行风防护,以避免引起试验箱内产生较强的气流;

f)　试验箱箱体所用的材料应不影响盐雾的腐蚀效果。

3.2　喷雾装置

按GB/T 2423.17—2008中2.2的规定执行。

3.3　温度控制系统

3.3.1　应保证试验箱内的温度在(35±2)℃的范围;

3.3.2　温度传感器与箱内壁的距离不小于100 mm。

3.4　盐雾收集器

试验箱内应至少放2个收集器,由玻璃或其他惰性材料制成漏斗形状。单个收集器的收集面积宜为80 cm²,漏斗的管插在标有刻度的容器中。

4　试样

4.1　试样处理

4.1.1　试样的种类、数量、形状和尺寸应依据相关被试材料或产品的有关标准选取。若无标准,应由相关双方协商确定。

4.1.2　试验前,应仔细地清洗被测试样,然后干燥。

4.1.3 如果试样是从较大的带有涂层的工件上切割下来的,不应损坏切割区附近的涂层。除非另有规定,必须采用适当地在测试条件下稳定的覆盖层,如油漆、石蜡或胶带等,对切割区进行保护。

4.2 试样放置

4.2.1 试验箱中试样应放置在其测试表面不受到盐雾直接喷射的位置。

4.2.2 平板试样的测试表面朝上,并与水平方向倾斜至少60°。对于表面不规则的试样,也应尽可能接近上述规定。

4.2.3 在试验箱中,试样可放置在不同的水平面上,不应接触箱体。试样之间的距离应不影响盐雾自由降落在被测表面上,也应确保试样或其支架上的液滴不滴落在下面的其他样品上。对于一个新的检测或总试验时间超过96 h的测试,允许被测试样移位。在此情况下,移位的次数和频率由操作者来决定,但须在试验报告中说明。

4.2.4 安放试样的支架及悬挂试样的材料不应使用金属。

4.2.5 试样按其工作状态安放。

5 试验条件

5.1 盐溶液

5.1.1 溶液浓度

试验所用的盐应当是高品质的氯化钠。干燥时,碘化钠的含量不超过0.1%,杂质的总含量不超过0.3%。

盐溶液的质量浓度应为(5±0.1)%。

5.1.2 溶液pH

盐溶液的温度在(35±2)℃时,溶液的pH应为6.5~7.2。

条件试验时,pH应维持在该范围内。在保证氯化钠浓度的前提下,可以使用盐酸或者氢氧化钠溶液调节pH。每一批新配置的溶液都应测量pH。

5.1.3 其他

在使用前,应过滤试剂,消除可能堵塞喷嘴孔的固体物质。

雾化过的溶液不能再返回到氯化钠水溶液储槽内,也不能重复使用。

5.2 空气供给

进入喷雾装置的压缩空气应净化。

应采取措施使压缩空气和温度达到运行条件的要求。

5.3 盐雾沉降率

5.3.1 沉降率要求

试验箱有效空间内的盐雾沉降率每80 cm² 应为1.0 mL/h~2.0 mL/h(16 h以上的平均值)。

5.3.2 测定方法

所有的试验区域都应维持盐雾条件,用面积为80 cm²的器皿在暴露区域的任何一点连续收集至少16 h的雾化沉积溶液,平均每小时收集量应在1.0 mL~2.0 mL之间。至少应采用2个收集器皿,器皿放置的位置不应受试样的遮挡,以免收集到的试样上凝结的溶液,器皿内的溶液可用于测试pH和浓度。pH应满足5.1.2的要求,浓度应满足(50±10)g/L。

5.4 试验温度

(35±2)℃。

5.5 测试连续性

在整个试验期间,试验不应中断。只有当需要检查试样时,才能中断操作取出试样,并且中断时间保证最小。

当必须中断试验时间较长时,应将被测试样从试验箱中取出,并按照试验完成后的处理方式进行处理。处理完毕后,保存在干燥器中直至试验恢复。

5.6 试验周期

试验时间应根据被测材料或产品的相关规范来确定。当无标准时,应经有关方协商确定。

推荐的试验时间宜为 48 h、96 h、144 h、168 h 或由相关规范规定。

5.7 盐雾收集液的浓度和 pH 的测量

盐雾收集液的浓度和 pH 的测量应按下列规定进行:

a) 对于连续使用的试验箱,每次试验后都应对试验过程中收集到的溶液进行测量;

b) 对于不连续使用的试验箱,在试验开始前应进行 16 h~24 h 的试运行。试运行结束后,在试样开始试验前立即进行测量。为了保证稳定的试验条件,还应按照 a)的规定进行测量。

6 试验方法

6.1 初始检测

试样应进行目视检查。如必要,应按照相关规范进行性能检测。

6.2 预处理

试验样品必须干净、无油污、无临时性的防护层。

6.3 条件试验

6.3.1 试验样品在盐雾箱中,按第 5 章规定的试验条件进行试验。

6.3.2 试样放置按 4.2 条规定的方法放置。

6.4 恢复

恢复过程按 CB 1146.12—1996 中 5.5 条的规定进行。

6.5 最后检测

6.5.1 对试样及时进行外观检查及必要的电气和机械性能检测。

6.5.2 对于金属镀层外观评定的要求参照表 1,电气性能和机械性能由相关规范规定。

表 1 金属防护层评定表

基体材料	镀种	后处理	试验时间,h		合格要求
			一般设备	防爆设备或室(舱)外设备	
钢	锌	钝化	48	96	主要表面不出现白色或黑色腐蚀物
	镉	钝化			主要表面不出现白色或黑色腐蚀物
	铜镍铬	抛光			主要表面不出现棕锈腐蚀物
铜或铜合金	镍	—			主要表面无灰色或浅绿色腐蚀物
	镍镉	抛光			主要表面无浅绿色腐蚀物
	银	钝化			主要表面无铜绿
	金	—			主要表面无铜绿
铝	阳极氧化	—			主要表面不出现腐蚀物

6.5.3 整机评定按产品标准、技术文件的规定进行。

7 试验报告

试验报告中应包含盐雾收集液浓度和 pH 的测量值。

8 相关规范应包括的内容

当相关规范采用本试验时,应给出下列细则:

a) 试样数量;

b) 试样在试验箱内的排列和安放状态;

c) 预处理;

d) 初始检测的内容和范围;

e) 工作状态和工作周期的确定(如有);

f) 试验周期;

g) 恢复;

h) 最终检测的内容和范围。

ICS 65.020.30
B 50

SC

中华人民共和国水产行业标准

SC/T 7019—2015

水生动物病原微生物实验室保存规范

Laboratory preservation method
for pathogenic microorganism of aquatic animals

2015-02-09 发布   2015-05-01 实施

中华人民共和国农业部 发布

前　言

本标准按照 GB/T 1.1—2009 给出的规则起草。

请注意本文件的某些内容可能涉及专利,本文件的发布机构不承担识别这些专利的责任。

本标准由农业部渔业渔政管理局提出。

本标准由全国水产标准化技术委员会(SAC/TC 156)归口。

本标准起草单位:上海海洋大学。

本标准主要起草人:杨先乐、胡鲲、李怡、赵依妮、邱军强、宋增福、肖丹。

引　言

　　本标准是以规范水生动物病原微生物的保存方法、实现水生动物病原微生物资源的充分共享和可持续利用为目的而制定的。本标准在制定过程中，本着以种质资源共享为主要原则，既结合了我国现有工作基础，又考虑了我国水产养殖业的特殊性，尽可能地把水生动物病原微生物资源的特征描绘出来。

水生动物病原微生物实验室保存规范

1 范围

本标准规定了水生动物病原微生物保存的术语和定义、基本要求、保存方法和记录要求。

本标准适用于水生动物病原微生物的收集、整理、保存过程中有关特征的基本描述和基本数据、信息的采集。

2 规范性引用文件

下列文件对于本文件的应用是必不可少的。凡是注日期的引用文件，仅注日期的版本适用于本文件。凡是不注日期的引用文件，其最新版本（包括所有的修改单）适用于本文件。

GB 19489 实验室生物安全通用要求

3 术语和定义

下列术语和定义适用于本文件。

3.1

水生动物病原微生物 pathogenic microorganism of aquatic animals

能感染水生动物，并引起水生动物发生病理变化的细菌、真菌和病毒等。

3.2

病原微生物的保存 preservation for pathogenic microorganism

将病原微生物用各自适宜的方法妥善保存，避免失活、污染，保持其原有性状基本稳定。

4 基本要求

4.1 设施

水生动物病原微生物的保存应有独立的保存设施，保存设施应定期维护，需配备备用电源。

4.2 人员

水生动物病原微生物的保存由双人负责，并详细记录入库和出库信息。

4.3 保存效果的检查

保存机构要对保存的水生动物病原微生物定期检查，确保保存效果。

5 保存方法

5.1 液氮超低温保存法

见附录 A。

5.2 −80℃冻结法

见附录 B。

5.3 真空冷冻干燥法

见附录 C。

5.4 定期移植法

见附录 D。

5.5 矿物油移植法

见附录 E。

5.6 沙土管保存法

见附录 F。

6 记录要求

6.1 培养物信息

6.1.1 保存编号

水生动物病原微生物在保存机构的保存编号,由前缀和水生动物病原微生物编号两部分组成。前缀为保存机构名称的英文缩写,前缀和水生动物病原微生物编号之间留半角空格。

6.1.2 名称

6.1.2.1 中文名

水生动物病原微生物的中文名称。尚无中文译名时,可填"暂无"。

6.1.2.2 拉丁文名

水生动物病原微生物的拉丁文名。以"属名＋种名＋词"表示,斜体字。

6.1.3 来源

6.1.3.1 采集地点

水生动物病原微生物的分类、采集地点。

6.1.3.2 提供单位

水生动物病原微生物的提供单位名称。

6.1.3.3 提供人

水生动物病原微生物的提供人。

6.1.3.4 水生动物病原微生物在收存单位之间的转移情况

收存单位前以左指向箭头"←"开头,收存单位之间用左指向箭头连接。

6.1.4 宿主

6.1.4.1 分类的宿主

水生动物病原微生物分类来源的宿主的中文或拉丁文名称等。

6.1.4.2 引起宿主疾病名称

水生动物病原微生物引起宿主的疾病名称。

6.1.4.3 靶组织

水生动物病原微生物侵染宿主的靶组织。

6.1.5 培养条件

6.1.5.1 培养基

水生动物病原微生物最适培养基的统一编号,由前缀和培养基编号两部分组成。前缀为统一培养基编号的英文缩写 CM,编号以 4 位数表示;前缀和培养基之间不留空格;培养基的统一编号参考《中国菌种目录》(化学工业出版社,2007 年第一版)。

6.1.5.2 培养温度

水生动物病原微生物的最适培养温度,单位为℃。

6.1.6 生物学信息

6.1.6.1 生理生化特性

水生动物病原微生物的生化特性,如革兰氏染色、氧化酶反应等。

6.1.6.2 遗传学背景

水生动物病原微生物携带的特定用途的质粒、F因子、载体、筛选标记基因、启动子、增强子、信号肽基因等信息。

6.1.7 图像信息

水生动物病原微生物的资源数字图像。数字图像的文件大小宜在200 K以内,以外部文件存放,在该字段上填写图像文件的文件名称。

图像文件命名规则为:资源号.jpg。

6.1.8 保存时间

水生动物病原微生物被保存机构收集、保存的时间。格式为YYYY/MM/DD,其中YYYY为年,MM为月,DD为日。

6.1.9 模式菌株

水生动物病原微生物是否为模式株:

a) 模式株;

b) 非模式株。

6.1.10 用途

水生动物病原微生物的主要用途主要包括以下几个方面:

a) 分类;

b) 研究;

c) 教学;

d) 生产;

e) 其他。

6.1.11 实物保存ID

培养物在培养设施中保存的物理地址。

6.2 共享信息

6.2.1 共享方式

水生动物病原微生物的共享方式:

a) 公益性共享;

b) 公益性借用共享;

c) 合作研究共享;

d) 知识产权性交易共享;

e) 资源纯交易性共享;

f) 资源租赁性共享;

g) 资源交换性共享;

h) 收藏地共享;

i) 行政许可性共享。

6.2.2 提供形式

提供给资源使用者的水生动物病原微生物的形式:

a) 斜面培养物;

b) 冻干物;

c) 冻结物;

d) 其他。

6.2.3 获取途径

获得水生动物病原微生物的途径:

a)　交换所得；

b)　自行分离；

c)　购买；

d)　其他；

e)　联系方式(名称、地址、邮编、联系人、电话、E‑mail 等)。

6.2.4　源数据主键

链接水生动物病原微生物特性数据的主键值,以病原微生物保存编号(无空格)表示。

6.3　保存单位信息

6.3.1　保存单位中文名称

水生动物病原微生物保存单位的中文全称。

6.3.2　主管部门

水生动物病原微生物保存单位的主管部门。

6.3.3　联系方式

水生动物病原微生物保存单位的联系方式,包括电话、网址、E‑mail 等。

6.3.4　资源保存类型

水生动物病原微生物的保存类型：

a)　培养物；

b)　二元培养物；

c)　基因；

d)　其他。

附 录 A
（规范性附录）
液氮超低温保存法

液氮超低温保存法适宜各种细菌、真菌和病毒的保存。

其原理为利用微生物在−130℃以下新陈代谢趋于停止,可将微生物保存在−196℃的液态氮或−150℃的氮气中。

A.1 安瓿管或冻存管的准备

用圆底硼硅玻璃制品的安瓿管,或螺旋口的塑料冻存管。将冻存管或安瓿管清洗干净,121℃下高压灭菌 15 min～20 min,烘干,备用。

A.2 保护剂的准备

保护剂种类要根据病原微生物的类别进行选择。一般采用 10%～20%甘油。

A.3 保存物的准备

A.3.1 病原菌培养物的准备

菌种的准备可选择下列几种方法之一:
a) 刮取培养物斜面上的孢子或菌体,与保护剂混匀后加入冻存管内;
b) 接种液体培养基,与保护剂混合分装于冻存管内;
c) 将培养物接种在平皿上培养,形成菌落后,用无菌打孔器从平板上切取一些大小均匀的小块（直径为 5 mm～10 mm）,与保护剂混匀后加入冻存管内;
d) 在小安瓿管中装 1.2 mL～2 mL 的琼脂培养基,接种菌种,培养 2 d～10 d 后,加入保护剂,待保存。

A.3.2 病毒培养物的准备

a) 剪一段两端各超出冷冻管长度为 2 cm 的热收缩塑料管;
b) 将含有澄清病毒悬液（组织培养的上清培养基或组织培养基内的细胞溶解产物）冰浴 2 min～3 min,用灭菌移液管将 0.2 mL 冰浴过的上清悬液分装到冷冻管内,将盖子拧紧;
c) 将冷冻管放入热收缩塑料管中部,插入正确的标签;
d) 用喷灯小心加热热收缩塑料管,使之包住冷冻管;
e) 再小心加热热收缩塑料管的两端至完全密封,待保存。

A.4 预冻

预冻时,一般冷冻速度控制在每分钟下降 1℃左右,使样品冻结到−35℃。目前常用的控温方法如下:
a) 程序控温降温法:应用电子计算机程序控制降温装置,可以稳定连续降温,能很好地控制降温速率。
b) 分段降温法:将菌体在不同温级的冰箱或液氮罐口分段降温冷却,或悬挂于冰冷的气雾中逐渐降温。一般采用二步控温,将安瓿管或塑料小管先放−20℃～−40℃冰箱中 1 h～2 h;然后,取出放入液氮罐中快速冷冻。

c) 对耐低温的病原菌,可以直接放入超低温气相或液相氮中。

A.5 保存

将安瓿管或塑料冻存管置于液氮罐中保存。一般气相中温度为−150℃,液相中温度为−196℃。

A.6 复苏

从液氮罐中取出安瓿管或塑料冻存管,立即放置在28℃～30℃水浴中快速复苏并适当摇动。直到内部结冰全部溶解为止,一般需50 s～100 s。开启安瓿管或塑料冻存管,将内容物移至适宜的培养基上进行培养。

附 录 B
（规范性附录）
－80℃ 冻 结 法

－80℃冻结法适宜保存各种细菌、真菌和病毒。

－80℃冻结法是在－80℃冰箱中以减缓培养物的代谢活动而进行冷冻的一种保存方法。

B.1 安瓿管的准备

见附录 A。

B.2 保护剂的选择和准备

保护剂种类要根据细菌类别选择。配制保护剂时，应注意其浓度、pH 和灭菌方法。采取脱脂牛奶作为保护剂需在 100℃间歇煮沸 2 次～3 次，每次 10 min～30 min，备用。

B.3 保存物的准备

在最适宜的培养条件下将培养物培养至静止期或成熟期，进行纯度检查后，与保护剂混合均匀，分装。培养物浓度以细胞或孢子不少于 10^8 个/mL～10^{10} 个/mL 为宜。采用较长的毛细滴管，将培养物直接滴入安瓿管底部，每管分装量为 0.1 mL～0.2 mL。若是球形安瓿管，装量为半个球部。若是液体培养的微生物，应离心去除培养基；然后，将培养物与保护剂混匀，再分装于安瓿管中。分装安瓿管时间尽量要短，最好在 1 h～2 h 内分装完毕并预冻。

B.4 保存

将安瓿管或塑料冻存管置于－80℃冰箱中保存。

B.5 复苏

从冰箱中取出安瓿管或塑料冻存管，应立即放置 28℃～30℃水浴中快速复苏并适当快速摇动。直到内部结冰全部溶解为止，需 50 s～100 s。开启安瓿管或塑料冻存管，将内容物移至适宜的培养基上进行培养。

附　录　C
（规范性附录）
真空冷冻干燥法

真空冷冻干燥法适于细菌、真菌和病毒的保存。

真空冷冻干燥法将培养物冷冻后，在减压下利用升华作用除去水分，使细胞的生理活动趋于停止，从而长期维持存活状态。

C.1　安瓿管准备

见附录 A。

C.2　保护剂的选择和准备

见附录 B。

C.3　冻干样品的准备

见附录 B。

C.4　预冻

一般预冻 2 h 以上，温度达到 −20℃～−35℃。

C.5　冷冻干燥

采用冷冻干燥机进行冷冻干燥。将预冻后的样品安瓿管置于冷冻干燥机的干燥箱内，开始冷冻干燥，时间一般为 8 h～20 h。

C.6　封口及真空检验

将安瓿管颈部用强火焰拉细，然后采用真空泵抽真空，在真空条件下将安瓿管颈部加热熔封。熔封后的干燥管可采用高频电火花测定真空度。

C.7　保存

安瓿管应避光保存。

C.8　检查

冷冻干燥后抽取若干支安瓿管复苏，然后进行各项指标检查，如存活率、形态、杂菌污染等。

C.9　复苏

复苏采用以下操作步骤：
a)　用 70％酒精棉花擦拭安瓿上部；
b)　将安瓿管顶部烧热；
c)　用无菌棉签蘸冷水，在顶部擦一圈，顶部出现裂纹，用锉刀或镊子轻叩颈部，敲下已开裂的安瓿管的顶端；

d)　用无菌水或培养液溶解菌块,使用无菌吸管移入新鲜培养基上进行适温培养。

附 录 D

（规范性附录）

定期移植法

定期移植法适于各种细菌和真菌的保存。

定期移植法也称传代培养保存法,包括斜面培养、穿刺培养、液体培养等,是指将病原菌接种于适宜的培养基中,在最适条件下培养,待生长充分后,于4℃～6℃进行保存并间隔一定时间进行移植培养的病原菌保存方法。

D.1 培养基制备

D.1.1 器皿准备

培养基制备过程中所用的一些玻璃器皿,如三角瓶、试管、培养皿、烧杯、吸管等,经洗涤、干燥、包装、灭菌后使用。

D.1.2 溶解培养基配料

先在烧杯中放适量水,按培养基配方称取各项材料,依次将缓冲化合物、主要元素、微量元素、维生素等材料加入水中溶解,最后加足水量,搅拌均匀。

D.1.3 调pH

配料溶解后,将培养基冷却至室温,根据要求加稀酸(0.1 mol/L HCl)或稀碱(10% NaOH)调pH。加酸或碱液时,要缓慢、少量、多次搅拌,防止局部过碱或过酸而导致测量不准确和营养成分被破坏。

D.1.4 加凝固剂

配制固体培养基时,需加凝固剂,如琼脂、明胶等。将凝固剂加入液体培养基中,加热并不断搅拌至溶解,再补足所蒸发水分。

D.1.5 过滤分装

在2层纱布中间夹入脱脂棉,将配好的培养基趁热过滤并分装。斜面培养基分装量约为试管高度的1/4(4 mL～5 mL),穿刺培养基分装量以试管高度的1/2为宜。

D.1.6 包扎标记

将试管加棉塞,外面包扎一层牛皮纸或铝箔,并注明培养基名称及配制日期。

D.1.7 灭菌

根据要求将培养基灭菌,通常高压蒸汽灭菌为121℃、15 min～20 min。

D.1.8 斜面摆放

灭菌后及时摆放斜面,斜面长度不超过试管管长的1/2为宜。

D.1.9 无菌检查

将灭菌的培养基放入培养箱中作无菌检验,通常30℃培养1 d～3 d。无菌检查合格后,将其保存于4℃下备用。

D.2 接种

D.2.1 斜面接种

D.2.1.1 点接

把菌种点接在斜面中部偏下方处。适用于扩散型生长及绒毛状气生菌丝类霉菌(如水霉等)。

D.2.1.2 中央划线

从斜面中央自下而上划一直线。适用于细菌和酵母菌等。

D.2.1.3 稀波状蜿蜒划线法

从斜面底部自下而上划"之"字形线。适用于易扩散的细菌,也适用于部分真菌。

D.2.1.4 密波状蜿蜒划线法

从斜面底部自下而上划密"之"字形线。能充分利用斜面获得大量菌体细胞,适用于细菌和酵母菌等。

D.2.1.5 挖块接种法

挖取菌丝体连同少量培养基,转接到新鲜斜面上。适用灵芝等担子菌类真菌。

D.2.2 穿刺接种

用接种针从原菌种斜面上挑取少量菌体,从柱状培养基中心自上而下刺入,直到接近管底(勿穿到管底),然后沿原穿刺途径慢慢抽出接种针。适用于细菌和酵母菌等。

D.2.3 液体接种

挑取少量固体斜面菌种或用无菌滴管等吸取原菌液接种于新鲜液体培养基中。

D.3 培养

将接种后的培养基放入培养箱中,在适宜的条件下培养至细胞稳定期或得到成熟孢子。细菌培养温度一般为30℃～37℃,真菌培养温度一般为25℃～28℃。

D.4 保存

培养好的菌种于4℃～6℃保存,根据要求每3个月移植一次。

保存湿度用相对湿度表示,通常为50%～70%。

斜面菌种应保存相继三代培养物以便对照,防止因意外和污染造成损失。

附 录 E
（规范性附录）
矿物油移植法

矿物油法适于各种细菌和真菌的保存。

矿物油法是定期移植保存法的辅助方法，是指将培养物接种在适宜的斜面培养基上，最适条件下培养至菌种长出健壮菌落后注入灭菌的液体石蜡，使其覆盖整个斜面，再直立放置于低温(4℃～6℃)干燥处进行保存的病原菌保存方法。

E.1 液体石蜡的准备

选用优质化学纯液体石蜡，将液体石蜡分装加塞，用牛皮纸包好，采用以下两种方式进行灭菌：

a) 121℃湿热灭菌30 min，置40℃恒温箱中蒸发水分，经无菌检查后备用；

b) 160℃干热灭菌2 h，冷却后，经无菌检查后备用。

E.2 保存物的准备

见附录B。

E.3 灌注石蜡

将无菌的液体石蜡在无菌条件下注入培养好的新鲜斜面培养物上，液面高出斜面顶部1 cm左右，使菌体与空气隔绝。

E.4 保存

注入液体石蜡的菌种斜面以直立状态置低温(4℃～6℃)干燥处保存。

保存期间应定期检查，如培养基露出液面，应及时补充无菌的液体石蜡。

E.5 复苏

复苏时，挑取少量菌体转接在适宜的新鲜培养基上，生长繁殖后，再重新转接一次。

SC/T 7019—2015

附　录　F
（规范性附录）
沙土管保存法

沙土管保存法适于各种含孢子的细菌和真菌的保存。

沙土管保存法是利用载体进行保存的一种方法。将培养物孢子用无菌水制成悬液，注入灭菌的沙土管中混合均匀，或直接将成熟孢子刮下接种于灭菌的沙土管中，使培养物细胞或孢子吸附在沙土载体上，将管中水分抽干后熔封管口或置干燥器中于4℃～6℃或室温进行保存的一种保存方法。

F.1　沙土管制备

将河沙用60目过筛，弃去大颗粒及杂质；再用80目过筛，去掉细沙。用吸铁石吸去铁质，放入容器中用10％盐酸浸泡。如河沙中有机物较多，可用20％盐酸浸泡。24 h后倒去盐酸，用水洗泡数次至中性，将沙子烘干或晒干。

另取地面下40 cm～60 cm非耕作层贫瘠且黏性较小的土，研碎，100目过筛，水洗至中性，烘干。

将处理后的沙、土按质量比2∶1混合。混匀的沙土分装入安瓿管或小试管中，高度为1 cm左右，塞好棉塞，121℃灭菌30 min。

随机抽取灭菌后的沙土管若干支，无菌条件下取少许沙土至营养肉汁培养基中，30℃培养24 h，检查无微生物生长后方可使用。

F.2　保存物的准备

见附录B。

F.3　制备菌悬液

向培养好的斜面培养物中注入3 mL～5 mL无菌水，洗下细胞或孢子制成菌悬液。用无菌吸管吸取菌悬液，均匀滴入沙土管中，每管0.2 mL～0.5 mL。霉菌可直接挑取孢子拌入沙土管中。

F.4　干燥

真空抽去沙土管中水分。

F.5　保存

将沙土管用火焰熔封后存放于低温（4℃～6℃）干燥处保存，每隔半年检查一次菌种存活性及纯度。或将沙土管直接用牛皮纸或塑料纸包好，置干燥器内保存。

F.6　复苏

无菌条件下打开沙土管，取部分沙土粒于适宜的斜面培养基上，长出菌落后再转接一次。或取沙土粒于适宜的液体培养基中，增殖培养后再转接斜面。

ICS 65.020.30
B 50

SC

中华人民共和国水产行业标准

SC/T 7218.1—2015

指环虫病诊断规程
第 1 部分：小鞘指环虫病

Protocols for diagnosis of *Dactylogyriasis*—
Part 1：Infection with *Dactylogyrus vaginulatus*

2015-02-09 发布   2015-05-01 实施

中华人民共和国农业部 发布

前　言

SC/T 7218《指环虫病诊断规程》为系列标准：

——第 1 部分：小鞘指环虫病；

——第 2 部分：页形指环虫病；

——第 3 部分：鳙指环虫病；

——第 4 部分：坏鳃指环虫病；

…………

本部分是《指环虫病诊断规程》的第 1 部分。

本部分按照 GB/T 1.1—2009 给出的规则起草。

请注意本文件的某些内容可能涉及专利。本文件的发布机构不承担识别这些专利的责任。

本部分由农业部渔业渔政管理局提出。

本部分由全国水产标准化技术委员会(SAC/TC 156)归口。

本部分起草单位：河北省水产养殖病害防治监测总站。

本部分主要起草人：曹杰英、张志华、刘文青、李全振、李凤超、康现江、赵宝华、申红旗、侯金良。

指环虫病诊断规程
第1部分：小鞘指环虫病

1 范围

本部分规定了小鞘指环虫病的流行情况与临床症状，以及小鞘指环虫（*Dactylogyrus vaginulatus*）采集与固定、形态学鉴定和分子检测的方法。

本部分适用于鲢、鳙等淡水鱼类患小鞘指环虫病的流行病学调查、诊断、监测和检疫。

2 规范性引用文件

下列文件对于本文件的应用是必不可少的。凡是注日期的引用文件，仅注日期的版本适用于本文件。凡是不注日期的引用文件，其最新版本（包括所有的修改单）适用于本文件。

GB/T 6682 分析实验室用水规格和试验方法

SC/T 7103 水生动物产地检疫采样技术规范

3 试剂和材料

3.1 水：配置试剂用水应符合 GB/T 6682 中一级的规定。

3.2 乙醇：分析纯。

3.3 Taq 酶：−20℃保存，不得反复冻融或温度剧烈变化。

3.4 dNTPs：含 dATP、dTTP、dGTP、dCTP 各 10 mmol/L 的混合物。

3.5 上游引物 F：5′-TTATGTGGACCTCTGT-3′。

3.6 下游引物 R：5′-AGCCGAGTGATCCACCA-3′。

3.7 DNA Marker(bp)：2 000、1 000、750、500、250、100。

3.8 其他试剂见附录 A。

4 仪器和设备

4.1 体视显微镜和生物显微镜。

4.2 台微尺、目微尺、显微摄影设备。

4.3 PCR 扩增仪。

4.4 紫外透射仪或凝胶成像仪。

4.5 电泳仪。

4.6 普通冰箱和超低温冰箱。

4.7 离心机和离心管。

4.8 电子天平。

4.9 恒温水浴箱和微波炉。

4.10 微量移液器及吸头。

4.11 解剖盘、剪刀、镊子、解剖针。

4.12 载玻片、盖玻片、橡皮泥、培养皿和吸管。

5 流行情况与临床症状

5.1 流行情况

小鞘指环虫能感染鲢(*Hypophthalmichthys molitrix*)、鳙(*Aristichthys nobilis*)等。全国各地均可发生,发病高峰水温为9℃~21℃。

5.2 临床症状

小鞘指环虫主要寄生于鱼的鳃部。病鱼鳃组织损伤,鳃丝肿胀、贫血,有斑点状淤血,鳃上有大量黏液。重度感染时,鳃丝显著肿胀,鳃盖张开,病鱼极度不安、窜动、狂游,或游动缓慢、呼吸困难、上浮水面而死。

6 指环虫采集与固定

6.1 病鱼采集

捞取具有典型症状的鱼。如果现场无病原分离条件,将采集的病鱼用80%乙醇固定。样品封存和运输应符合SC/T 7103的规定。

6.2 指环虫样品的采集

用针刺鱼脑,将鱼杀死。完整的取下全鳃,用小剪刀将鳃片分离,取一片鳃置于培养皿中,洒水少许。用解剖针将虫体从鳃丝上剥离,用吸管吸出,放在载玻片上。在盖玻片的四角涂少量橡皮泥避免盖玻片将虫体直接压碎,用镊子轻压盖玻片,显微镜下观察。

6.3 指环虫样品的固定与保存

加一滴清水到载玻片上,用吸管吸取一个虫体置于水滴中,轻轻地盖上盖玻片,用一张滤纸在盖玻片边缘缓慢吸水,直到水基本吸干为止。加上一滴APG溶液(见A.1)到盖玻片边缘,直到浸满盖玻片与载玻片之间的空隙。用于形态学鉴定的虫体样品用70%乙醇保存,用于分子检测的虫体样品用95%乙醇保存。

7 小鞘指环虫的鉴定

7.1 小鞘指环虫的形态学鉴定

显微镜下指环虫前端有2对头器、2对黑色眼点,呈方形排列,此为判断指环虫的简易特征。微调焦距即可观察到指环虫后吸器的中央大钩、联结片和边缘小钩,指环虫靠近头部端可观察到交接器,后吸器与交接器是指环虫鉴定的重要特征。根据需要用镊子轻压盖玻片以凸显几丁质结构进行拍照。

小鞘指环虫虫体大型,体长1.45mm~1.95mm,宽0.20mm~0.31mm。联结片呈片状,副联结片呈三角形。交接管基部粗大,管成弧状,端部斜截。支持器片状包住交接管,端部上翘。400倍显微镜下对小鞘指环虫进行形态学鉴定,其中央大钩、联结片、交接器的形态特征参见图B.1、图B.2、图B.3、图B.4。小鞘指环虫的形态学测量特征指标见表1。

表1 小鞘指环虫形态学测量特征指标

单位为微米

测量的特征	变动范围
中央大钩全长	31.4~37.3
中央大钩基部长	29.8~36.7
中央大钩外突长	8.2~8.6
中央大钩内突长	11.2~12.7
中央大钩钩尖长	31.2~33.7
边缘小钩全长	38.6~43.2
联结片长	5.3~6.4

表 1（续）

测量的特征	变动范围
联结片宽	30.9～32.2
副联结片长	5.1～5.9
副联结片宽	20.2～21.8
交接管长	35.3～40.5
支持器长	42.8～48.3

7.2 小鞘指环虫的分子检测

7.2.1 虫体 DNA 的提取

用吸管吸取乙醇固定的虫体标本 1 个，充分干燥以除去多余的乙醇后，转移至 0.2 mL 离心管中。用 100 μL TE 缓冲液（见 A.2）浸洗 2 h～3 h，离心后弃上清，加入 9 μL 裂解液（见 A.3），未经乙醇固定保存的虫体则直接加裂解液。65℃水浴 30 min 后，95℃处理 10 min，该裂解产物不需要进一步纯化就可直接作为 PCR 的模板。也可用同等效用的试剂盒提取虫体 DNA。

7.2.2 PCR 扩增

反应在 50 μL 体系中进行：10 倍浓缩缓冲液（见 A.4）5 μL，dNTPs 2 μL，引物（10 μmol/L）各 2 μL，DNA 模板 2 μL，Taq 酶 1 μL，双蒸水 36 μL。反应程序为：94℃ 5 min；94℃ 30 s，54℃ 30 s，72℃ 1 min，共 25 个循环；最后 72℃ 10 min。PCR 反应应设置阴性对照和阳性对照。

7.2.3 PCR 产物的电泳和测序

用 1×TAE 电泳缓冲液（见 A.5）配成 1‰琼脂糖凝胶溶液，微波炉加热使琼脂糖完全溶解，待冷却至 60℃左右加入核酸染料 GoldView（见 A.6）至终浓度为 3 μL/100 mL～4 μL/100 mL，混匀后倒入封固好的制胶板中，凝胶厚度在 3 mm～5 mm，插入宽度适当的梳子。待凝胶完全凝固后，小心拔出梳子，拆去封条，将凝胶放入装有 1×TAE 电泳缓冲液的电泳槽中，使电泳缓冲液刚好没过胶面（约 1 mm）。然后取 5 μL PCR 产物与 1 μL 的 6 倍上样缓冲液（见 A.7）混匀，用微量加样器将混合样品加到胶孔中，以 5 V/cm 的电压电泳。当溴酚蓝电泳至适当位置后，用紫外观察灯或凝胶成像仪观察并记录结果。PCR 阳性产物会出现一条与小鞘指环虫（1 168 bp）ITS1 基因扩增片段一致的目的条带，空白对照没有该目的条带。如存在目的条带，则取 PCR 扩增产物测序。

8 综合判定

8.1 在显微镜下观察鲢、鳙等鱼类的鳃丝，如果观察到虫体，且符合 7.1 描述的小鞘指环虫特征，则判断为小鞘指环虫。如果形态鉴定不能完全确定指环虫种类，可进一步用 PCR 方法扩增其 ITS1 序列，经测序后与小鞘指环虫的参考序列（参见附录 C）进行对比，序列相似性在 99％以上者，则判断为小鞘指环虫。

8.2 鲢、鳙等鱼类感染小鞘指环虫，且病鱼临床症状符合 5.2 的描述，则判定为小鞘指环虫病。

附 录 A

（规范性附录）

试 剂 及 其 配 制

A.1 APG 溶液

将饱和的苦味酸铵溶液和甘油按照 1∶1 的比例混合即成。

A.2 TE 缓冲液 pH 9.0

Tris - HCl	500 mmol/L
EDTA	200 mmol/L
NaCl	10 mmol/L

A.3 裂解液

0.45% NP-40、0.45% Tween-20、100 mmol/L EDTA 和 100 μg/mL 蛋白酶 K。蛋白酶 K 用 50 mmol/L Tris - HCl（pH8.0）和 1.5 mmol/L CaAc$_2$ 配置。

A.4 10 倍浓缩缓冲液（10×buffer）pH 8.8

Tris - HCl	100 mmol/L
氯化钾（KCl）	500 mmol/L
氯化镁（MgCl$_2$）	15 mmol/L

A.5 5 倍 TAE 电泳缓冲液（5×TAE buffer）

Tris	54.0 g
硼酸	27.5 g
EDTA	2.9 g

加双蒸水溶解到 1 000.0 mL，用 5.0 mol/L 的盐酸（HCl）调 pH 到 8.0。

A.6 核酸染料（Goldview）

用水配成 10.0 mg/mL 的浓缩缓冲液。用时每 20.0 mL 电泳液或琼脂中加 1.5 μL。

A.7 6 倍上样缓冲液（6×buffer）

溴酚蓝 100 mg，加双蒸水 5 mL，在室温下过夜，待溶解后再称取蔗糖 25 g，加双蒸水溶解后移入溴酚蓝溶液中，摇匀后定容至 50 mL，加入氢氧化钠（NaOH）溶液一滴，调至蓝色。

附 录 B

（资料性附录）

指环虫的中央大钩、联结片、交接器的测量特征

B.1 指环虫几种几丁质结构及测量方法示意图

见图 B.1。

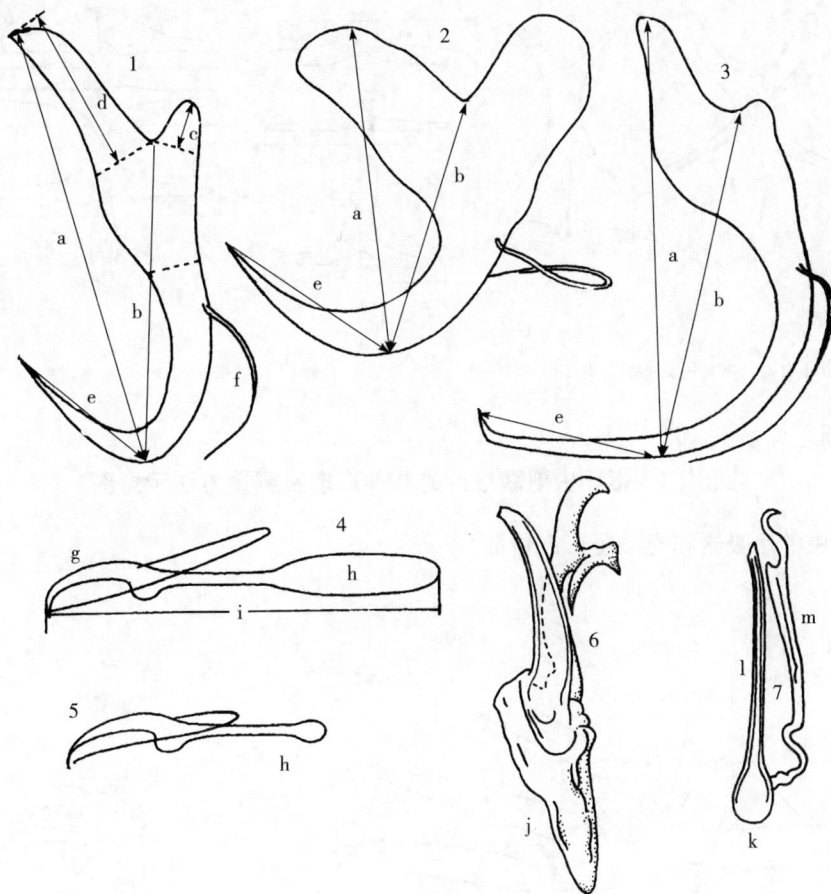

说明：

1~3 ——指环虫中央大钩的几种常见形式；　　c——外突长；　　　　　　i——小钩全长；

4　——发育完全的边缘小钩；　　　　　　　　d——内突长；　　　　　　j——交接管基座；

5　——雏形的边缘小钩；　　　　　　　　　　e——钩尖长；　　　　　　k——交接管基部；

6~7 指环虫交接器及其各部分；　　　　　　　f——腱带；　　　　　　　l——交接管；

a　——中央大钩全长；　　　　　　　　　　　g——钩尖；　　　　　　　m——支持器。

b　——基部长；　　　　　　　　　　　　　　h——钩柄；

图 B.1　指环虫几种几丁质结构及测量方法示意图

B.2 常见指环虫联结片形态及测量方法示意图

见图 B.2。

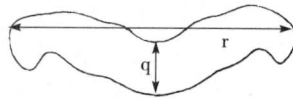

说明：

q——联结片的长；

r——联结片的宽。

图 B.2　常见指环虫联结片形态及测量方法示意图

B.3　指环虫副联结片的几种形态及测量方法示意图

见图 B.3。

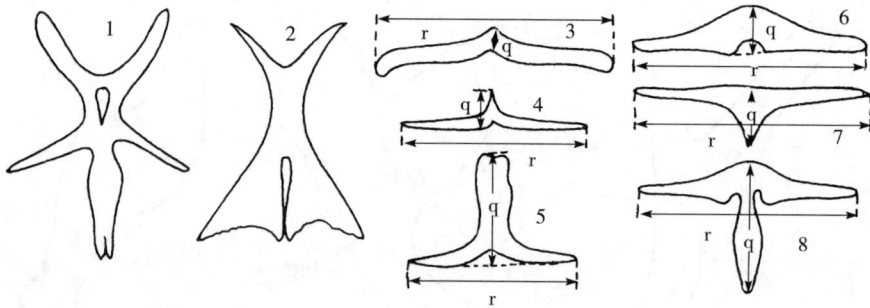

说明：

1~8——指环虫副联结片的几种常见形式；

q　——副联结片的长；

r　——副联结片的宽。

图 B.3　指环虫副联结片的几种形态及测量方法示意图

B.4　小鞘指环虫的后吸器和交接器形态特征

见图 B.4。

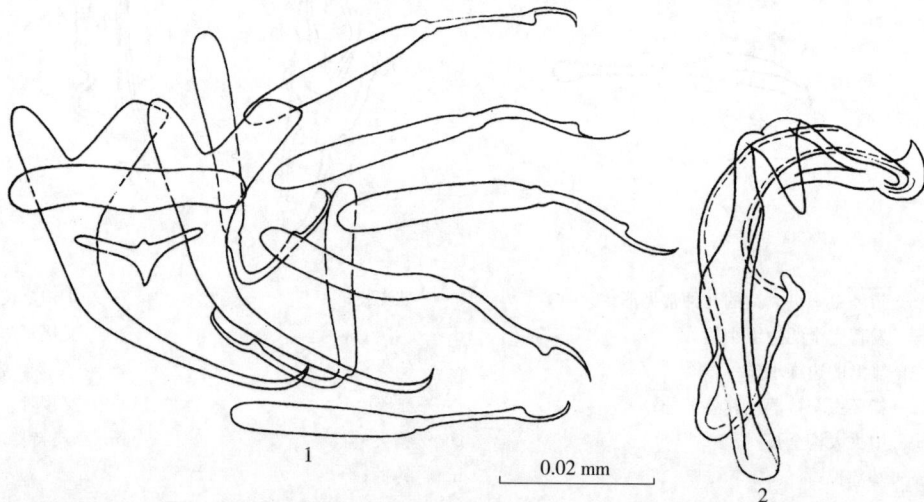

0.02 mm

说明：

1——后吸器；

2——交接器。

图 B.4　小鞘指环虫的后吸器和交接器形态特征

附 录 C
（资料性附录）
小鞘指环虫核糖体 DNA 内转录间隔区（ITS1）扩增产物的参考序列

小鞘指环虫核糖体 DNA 内转录间隔区（ITS1）扩增产物的参考序列（1 168 bp），下划线为引物。

```
1    TTATGTGGAC CTCTGTTCAG GTACCTCTGG TGCTTGGATA GAACCACATA AGCAGGTGAA
61   ACTTCTTAGA GGAACTGGCG CTCGAAAAGG CGCACGAGAA AGAGCAATAA CAGGTCTGTG
121  ATGCCCTAAG ATGTCCGGGG CCGCACGCGT GCTACAATGA CGATGCTACT GAGCATGATT
181  AACTTGTCCG AAAGGATCGG TGAAACTGTT CAATCATCGT CGTGACTGGG ATTGGGGTTT
241  GCAATTGTCC CCCATGAACC AGGAATTCCT AGTAAGCACA AGTCATAAGC TTGTGCTGAC
301  TACGTCCCTG CCCTTTGTAC ACACCGCCCG TCGCTACTAC CGATTGAATG GTTTAGCAAG
361  GGCATTGGAT CGAGCCTTTG CGGTTCACGC TGCTTGGGTT TGAGAAGATG TCCGAACTTG
421  ATCATTTAGA GGAAGTAAAA GTCGTAACAA GGTTTCCGTA GGTGAACCTG CGGAAGGATC
481  ATTATCAAGT TCCTATACAA AATGCACGGT CCAGTGCTCG TATCGGCAGA GTGTATTGTT
541  TGCTCGACGC GGCAAAGCCT TAAGGTTGGT CGCGAGCACG CATTGCCTGT TTGGTGCGAG
601  CCTCCTGTTC CGCTGTGTTT GATCCTACCC GAGGGGCTGC GCCCTCATGT GGATCACTGT
661  GGTACAGAAA TGTACGTAAC AGTACCGATG TAACACTCTT ACTCCCGGTA TCTAGTTGCG
721  TACATCCGCC TGGCTCTAAC TGGAGCTTCC GAATGGCTAC GTGCGGGTGG TGATGTGTCG
781  CACGTAGACT TTGGTCGCAA CCTTGTATTG AAACTATCCA GTTATTGTTG GGTACATTAC
841  AACCTTCTCC CTTCGGGTGA GTCTCTTGTT TGTGCTTTGT AAACTTAAAA AAATTGGTCA
901  GTATGGACGC TGGGTTGCCT GATCGCTCTC TGCCTCTTTC GCTCGTACTG CTCCTATCTG
961  CGTGCATCCT TAACGGGGTG CGTGTGGGTG TGGGGCGGTG CTTGTGTCTC GGTGGCTAGG
1021 AGCTTGAGCG GGCTGACTAG GTGTCTGTTC AGGCCAGGTA TACGCCCGCT CATTGTCGTG
1081 GTGTGTGCAC TTAACTGGGC ATGCATCGGG ACCTTGGGTG GTTAACGTGT ATCAACCTAT
1141 ACAACTGCAA GTGGTGGATC ACTCGGCT
```

ICS 65.020.30
B 50

SC

中华人民共和国水产行业标准

SC/T 7218.2—2015

指环虫病诊断规程
第2部分：页形指环虫病

Protocols for diagnosis of *Dactylogyriasis*—
Part 2：Infection with *Dactylogyrus lamellatus*

2015-02-09 发布   2015-05-01 实施

中华人民共和国农业部 发布

SC/T 7218.2—2015

前　言

SC/T 7218《指环虫病诊断规程》为系列标准：
——第1部分：小鞘指环虫病；
——第2部分：页形指环虫病；
——第3部分：鳙指环虫病；
——第4部分：坏鳃指环虫病；
…………

本部分是《指环虫病诊断规程》的第2部分。

本部分按照GB/T 1.1—2009给出的规则起草。

请注意本文件的某些内容可能涉及专利。本文件的发布机构不承担识别这些专利的责任。

本部分由农业部渔业渔政管理局提出。

本部分由全国水产标准化技术委员会(SAC/TC 156)归口。

本部分起草单位：河北省水产养殖病害防治监测总站。

本部分主要起草人：曹杰英、张志华、刘文青、李全振、李凤超、康现江、赵宝华、申红旗、侯金良。

指环虫病诊断规程
第 2 部分:页形指环虫病

1 范围

本部分规定了页形指环虫病的流行情况与临床症状,以及页形指环虫(*Dactylogyrus lamellatus*)采集与固定、形态学鉴定和分子检测的方法。

本部分适用于草鱼等淡水鱼类患页形指环虫病的流行病学调查、诊断、监测和检疫。

2 规范性引用文件

下列文件对于本文件的应用是必不可少的。凡是注日期的引用文件,仅注日期的版本适用于本文件。凡是不注日期的引用文件,其最新版本(包括所有的修改单)适用于本文件。

GB/T 6682 分析实验室用水规格和试验方法

SC/T 7103 水生动物产地检疫采样技术规范

3 试剂和材料

3.1 水:配置试剂用水应符合 GB/T 6682 中一级的规定。

3.2 乙醇:分析纯。

3.3 Taq 酶:—20℃保存,不得反复冻融或温度剧烈变化。

3.4 dNTPs:含 dATP、dTTP、dGTP、dCTP 各 10 mmol/L 的混合物。

3.5 上游引物 F:5′- TTATGTGGACCTCTGT - 3′。

3.6 下游引物 R:5′- AGCCGAGTGATCCACCA - 3′。

3.7 DNA Marker:2 000 bp、1 000 bp、750 bp、500 bp、250 bp、100 bp。

3.8 其他试剂见附录 A。

4 仪器和设备

4.1 体视显微镜和生物显微镜。

4.2 台微尺、目微尺、显微摄影设备。

4.3 PCR 扩增仪。

4.4 紫外透射仪或凝胶成像仪。

4.5 电泳仪。

4.6 普通冰箱和超低温冰箱。

4.7 离心机和离心管。

4.8 电子天平。

4.9 恒温水浴箱和微波炉。

4.10 微量移液器及吸头。

4.11 解剖盘、剪刀、镊子、解剖针。

4.12 载玻片、盖玻片、橡皮泥、培养皿和吸管。

5 流行情况与临床症状

5.1 流行情况

页形指环虫能感染草鱼(*Ctenopharyngodon idellus*)等。全国各地均可发生,发病高峰水温为20℃～25℃。

5.2 临床症状

页形指环虫主要寄生于鱼的鳃部。病鱼鳃组织损伤,鳃丝肿胀、贫血,有斑点状淤血,鳃上有大量黏液。重度感染时,鳃丝显著肿胀,鳃盖张开,病鱼极度不安、窜动、狂游,或游动缓慢、呼吸困难、上浮水面而死。

6 指环虫采集与固定

6.1 病鱼采集

捞取具有典型症状的鱼。如果现场无病原分离条件,将采集的病鱼用80%乙醇固定。样品封存和运输应符合SC/T 7103的规定。

6.2 指环虫样品的采集

用针刺鱼脑,将鱼杀死。完整的取下全鳃,用小剪刀将鳃片分离,取一片鳃置于培养皿中,洒水少许。用解剖针将虫体从鳃丝上剥离,用吸管吸出,放在载玻片上。在盖玻片的四角涂少量橡皮泥避免盖玻片将虫体直接压碎,用镊子轻压盖玻片,显微镜下观察。

6.3 指环虫样品的固定与保存

加一滴清水到载玻片上,用吸管吸取一个虫体置于水滴中,轻轻地盖上盖玻片,用一张滤纸在盖玻片边缘缓慢吸水,直到水基本吸干为止。加上一滴APG溶液(见A.1)到盖玻片边缘,直到浸满盖玻片与载玻片之间的空隙。用于形态学鉴定的虫体样品用70%乙醇保存,用于分子检测的虫体样品用95%乙醇保存。

7 页形指环虫的鉴定

7.1 页形指环虫的形态学鉴定

显微镜下指环虫前端有2对头器、2对黑色眼点,呈方形排列,此为判断指环虫的简易特征。微调焦距即可观察到指环虫后吸器的中央大钩、联结片和边缘小钩,指环虫靠近头部端可观察到交接器,后吸器与交接器是指环虫鉴定的重要特征。根据需要用镊子轻压盖玻片以凸显几丁质结构进行拍照。

页形指环虫虫体扁平,体长0.192 mm～0.529 mm,宽0.072 mm～0.136 mm。中央大钩有较长的内突,内突端部各有一略呈三角形的附加片,钩尖有明显的纵纹,具有成对的腱带。后吸器具有两联结片,联结片长片状,两端和中部凸起,副联结片短小,高倍镜下观察呈W形。边缘小钩可区分柄、柄轴及钩尖基突三部分。交接器结构较复杂。交接管长度略超出支持器一半,基部膨大。支持器的基部与管的膨大部分相接,先形成一开口环,围绕交接管,然后于近交接管的末端再形成一环,管即由此环通出。由环上着生出一几丁质厚片,其端部连成一扩大成构状的构造,其间似有一孔,此厚片由其孔间穿入。由构状结构的端部通出一片突起,与整个交接器约成45°角,此突起末端终于平交接管端部的线上。400倍显微镜下对页形指环虫进行形态学鉴定,其中央大钩、联结片、交接器的形态特征参见图B.1、图B.2、图B.3、图B.4。页形指环虫的形态学测量特征指标见表1。

表 1 页形指环虫形态学测量特征指标

单位为微米

测量的特征	变动范围
中央大钩全长	32.0～36.3
中央大钩基部长	26.2～27.5

表 1（续）

测量的特征	变动范围
中央大钩外突长	2.5～3.75
中央大钩内突长	11.5～13.8
中央大钩钩尖长	12.5～18.7
中央大钩附加片长	5.0～7.5
中央大钩附加片宽	2.5～3.75
边缘小钩全长	26.3～35.0
联结片长	2.5～3.8
联结片宽	25.5～28.0
副联结片长	2.0～3.0
副联结片宽	23.0～25.0
交接管长	20.0～26.4
支持器长	36.0～48.4

7.2 页形指环虫的分子检测

7.2.1 虫体 DNA 的提取

用吸管吸取乙醇固定的虫体标本 1 个，充分干燥以除去多余的乙醇后，转移至 0.2 mL 离心管中。用 100 μL TE 缓冲液（见 A.2）浸洗 2 h～3 h，离心后弃上清，加入 9 μL 裂解液（见 A.3），未经乙醇固定保存的虫体则直接加裂解液。65℃ 水浴 30 min 后，95℃ 处理 10 min，该裂解产物不需要进一步纯化就可直接作为 PCR 的模板。也可用同等效用的试剂盒提取虫体 DNA。

7.2.2 PCR 扩增

反应在 50 μL 体系中进行：10 倍浓缩缓冲液（见 A.4）5 μL，dNTPs 2 μL，引物（10 μmol/L）各 2 μL，DNA 模板 2 μL，Taq 酶 1 μL，双蒸水 36 μL。反应程序为：94℃ 5 min；94℃ 30 s，54℃ 30 s，72℃ 1 min，共 25 个循环；最后 72℃ 10 min。PCR 反应应设置阴性对照和阳性对照。

7.2.3 PCR 产物的电泳和测序

用 1×TAE 电泳缓冲液（见 A.5）配成 1% 琼脂糖凝胶溶液，微波炉加热使琼脂糖完全溶解，待冷却至 60℃ 左右加入核酸染料 GoldView（见 A.6）至终浓度为 3 μL/100 mL～4 μL/100 mL，混匀后倒入封固好的制胶板中，凝胶厚度在 3 mm～5 mm，插入宽度适当的梳子。待凝胶完全凝固后，小心拔出梳子，拆去封条，将凝胶放入装有 1×TAE 电泳缓冲液的电泳槽中，使电泳缓冲液刚好没过胶面（约 1 mm）。然后取 5 μL PCR 产物与 1 μL 的 6 倍上样缓冲液（见 A.7）混匀，用微量加样器将混合样品加到胶孔中，以 5 V/cm 的电压电泳。当溴酚蓝电泳至适当位置后，用紫外观察灯或凝胶成像仪观察并记录结果。PCR 阳性产物会出现一条与页形指环虫（1 105 bp）ITS1 基因扩增片段一致的目的条带，空白对照没有该目的条带。如存在目的条带，则取 PCR 扩增产物测序。

8 综合判定

8.1 在显微镜下观察草鱼等鱼类的鳃丝，如果观察到虫体，且符合 7.1 描述的页形指环虫特征，则判断为页形指环虫。如果形态鉴定不能完全确定指环虫种类，可进一步用 PCR 方法扩增其 ITS1 序列，经测序后与页形指环虫的参考序列（参见附录 C）进行对比，序列相似性在 99% 以上者，则判断为页形指环虫。

8.2 草鱼等鱼类感染页形指环虫，且病鱼临床症状符合 5.2 的描述，则判定为页形指环虫病。

附　录　A
（规范性附录）
试剂及其配制

A.1　APG 溶液

将饱和的苦味酸铵溶液和甘油按照 1：1 的比例混合即成。

A.2　TE 缓冲液 pH 9.0

Tris-HCl　　　500 mmol/L
EDTA　　　　200 mmol/L
NaCl　　　　　10 mmol/L

A.3　裂解液

0.45% NP-40、0.45% Tween-20、100 mmol/L EDTA 和 100 μg/mL 蛋白酶 K。蛋白酶 K 用 50 mmol/L Tris-HCl（pH 8.0）和 1.5 mmol/L $CaAc_2$ 配置。

A.4　10 倍浓缩缓冲液（10×buffer）pH 8.8

Tris-HCl　　　　　100 mmol/L
氯化钾（KCl）　　　500 mmol/L
氯化镁（$MgCl_2$）　15 mmol/L

A.5　5 倍 TAE 电泳缓冲液（5×TAE buffer）

Tris　　54.0 g
硼酸　　27.5 g
EDTA　　2.9 g
加双蒸水溶解到 1 000.0 mL，用 5.0 mol/L 的盐酸（HCl）调 pH 到 8.0。

A.6　核酸染料（Goldview）

用水配成 10.0 mg/mL 的浓缩缓冲液。用时每 20.0 mL 电泳液或琼脂中加 1.5 μL。

A.7　6 倍上样缓冲液（6×buffer）

溴酚蓝 100 mg，加双蒸水 5 mL，在室温下过夜，待溶解后再称取蔗糖 25 g，加双蒸水溶解后移入溴酚蓝溶液中，摇匀后定容至 50 mL，加入氢氧化钠（NaOH）溶液一滴，调至蓝色。

附　录　B
（资料性附录）
指环虫的中央大钩、联结片、交接器的测量特征

B.1　指环虫几种几丁质结构及测量方法示意图

见图 B.1。

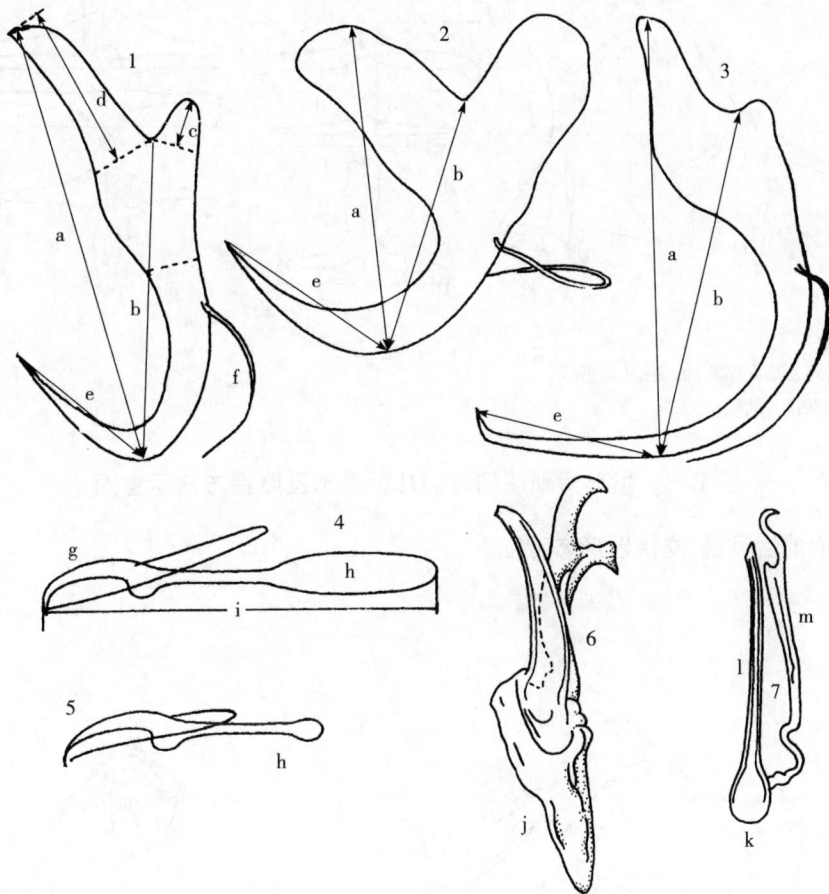

说明：

1～3——指环虫中央大钩的几种常见形式；　　　　c——外突长；　　　　　　i——小钩全长；

4　——发育完全的边缘小钩；　　　　　　　　　d——内突长；　　　　　　j——交接管基座；

5　——雏形的边缘小钩；　　　　　　　　　　　e——钩尖长；　　　　　　k——交接管基部；

6～7——指环虫交接器及其各部分；　　　　　　f——腱带；　　　　　　　　l——交接管；

a　——中央大钩全长；　　　　　　　　　　　　g——钩尖；　　　　　　　　m——支持器。

b　——基部长；　　　　　　　　　　　　　　　h——钩柄；

图 B.1　指环虫几种几丁质结构及测量方法示意图

B.2　常见指环虫联结片形态及测量方法示意图

见图 B.2。

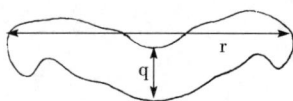

说明：
q——联结片的长；
r——联结片的宽。

图 B.2　常见指环虫联结片形态及测量方法示意图

B.3　指环虫副联结片的几种形态及测量方法示意图

见图 B.3。

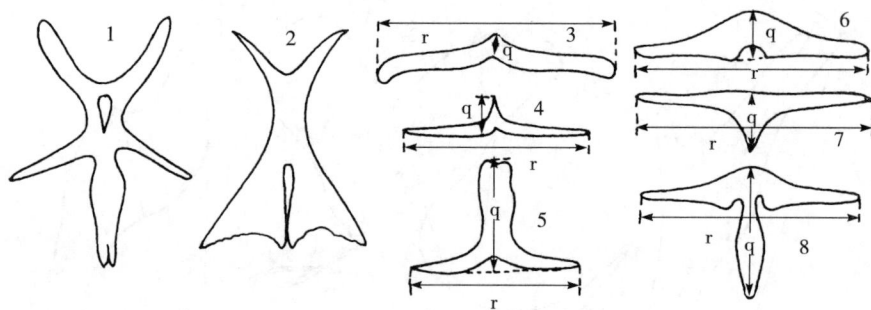

说明：
1~8——指环虫副联结片的几种常见形式；
q　——副联结片的长；
r　——副联结片的宽。

图 B.3　指环虫副联结片的几种形态及测量方法示意图

B.4　页形指环虫的后吸器、交接器形态特征

见图 B.4。

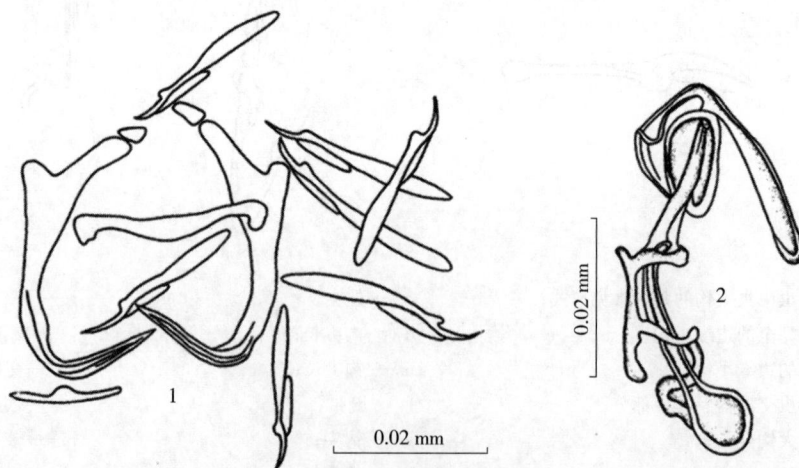

说明：
1——后吸器；
2——交接器。

图 B.4　页形指环虫的后吸器、交接器形态特征

附 录 C
（资料性附录）
页形指环虫核糖体 DNA 内转录间隔区（ITS1）扩增产物的参考序列

页形指环虫核糖体 DNA 内转录间隔区（ITS1）扩增产物的参考序列（1 105 bp），下划线为引物。

```
   1   TTATGTGGAC CTCTGTTCAG GTGCCTCTGG TACTTGGATA GAACCACATA AGCAGGTGAA
  61   ACTTCTTAGA GGAACTGGCG CTCAAAAAGG CGCACGAGAA AGAGCAATAA CAGGTCTGTG
 121   ATGCCCTAAG ATGTCCGGGG CCGCACGCGT GCTACAATGA CGATGCTACT GAGCATGATT
 181   AACTTGTCCG AAAGGATCGG TGAAACTGTT CAATCATCGT CGTGACTGGG ATTGGGGTTT
 241   GCAATTGTCC CCCATGAACC AGGAATTCCT AGTAAGCACA AGTCATAAGC TTGTGCTGAT
 301   TACGTCCCTG CCCTTTGTAC ACACCGCCCG TCGCTACTAC CGATTGAATG GTTTAGCAAG
 361   GACATTGGAT CGAGCCTTTG CGGTTCACAC TGCTTGGGTT TGAGAAGATG TCCGAACTTG
 421   ATCATTTAGA GGAAGTAAAA GTCGTAACAA GGTTTCCGTA GGTGAACCTG CGGAAGGATC
 481   ATTATCAAGT TTCCTAACTC AAACGCTTGG CGTCTAGTGT CTTGGTGATC CTGTGCCTTG
 541   CTCTGTCTCT CGACAGCTTA GAACTGTATT CTCCTATGCG GCAAAGCCTT AAGGTTGGTC
 601   GTGAGGGTGC ATTCTCTAAT GCTGCTCTGT GGGGGCATTG CTCGCTGTAC AGTGTTGCCT
 661   TGCTGCTTAG GCGTCATGTG TTAGATCCGG TCGAGGGACT ATGCCCTCAT GCTGGATCGT
 721   TGTGGTACAG AAATGTACGT TGTGGTGCTG GCTGTAACAC TCTTACGGTC TGTCATTCGC
 781   TTCGTACATC AGCCCGGCTC GACTGGAGCT TCCGACAGGC TGCGTGCAGG TGGTAATGTG
 841   TTGCACGTAG TCTCCGGTTG CACCCTGTTA CTGTTCTATT CAGTCGTCTG CCCGGGTACA
 901   TTACAAACCT CCTCCCTTCG GGTGAGTTCT TGTCTGTGTT CCAAAAGCCT TAAACACTGG
 961   CCGGTTCCGG CTGCTTTTGC TTCGTGGTTA ACCCTGCGTG GCATGGCAGC AGTTCGCAGG
1021   CCCGGTATGC GCCCACTCAG TGCTAACCCG CTGAGAGGTA AACGTGTATC AAACTTTACA
1081   ACTGCAAGTG GTGGATCACT CGGCT
```

ICS 65.020.30
B 50

SC

中华人民共和国水产行业标准

SC/T 7218.3—2015

指环虫病诊断规程
第3部分：鲴指环虫病

Protocols for diagnosis of *Dactylogyriasis*—
Part 3：Infection with *Dactylogyrus aristichthy*

2015-02-09 发布　　　　　　　　　　　　　　　　2015-05-01 实施

中华人民共和国农业部 发布

前　言

SC/T 7218《指环虫病诊断规程》为系列标准：
——第1部分：小鞘指环虫病；
——第2部分：页形指环虫病；
——第3部分：鳙指环虫病；
——第4部分：坏鳃指环虫病；
…………
本部分是《指环虫病诊断规程》的第3部分。

本部分按照 GB/T 1.1—2009 给出的规则起草。

请注意本文件的某些内容可能涉及专利。本文件的发布机构不承担识别这些专利的责任。

本部分由农业部渔业渔政管理局提出。

本部分由全国水产标准化技术委员会(SAC/TC 156)归口。

本部分起草单位：河北省水产养殖病害防治监测总站。

本部分主要起草人：曹杰英、张志华、刘文青、李全振、李凤超、康现江、赵宝华、申红旗、侯金良。

指环虫病诊断规程
第3部分:鳙指环虫病

1 范围

本部分规定了鳙指环虫病的流行情况与临床症状,以及鳙指环虫(*Dactylogyrus aristichthy*)采集与固定、形态学鉴定和分子检测的方法。

本部分适用于鳙等淡水鱼类患鳙指环虫病的流行病学调查、诊断、监测和检疫。

2 规范性引用文件

下列文件对于本文件的应用是必不可少的。凡是注日期的引用文件,仅注日期的版本适用于本文件。凡是不注日期的引用文件,其最新版本(包括所有的修改单)适用于本文件。

GB/T 6682 分析实验室用水规格和试验方法

SC/T 7103 水生动物产地检疫采样技术规范

3 试剂和材料

3.1 水:配置试剂用水应符合 GB/T 6682 中一级的规定。

3.2 乙醇:分析纯。

3.3 Taq 酶:−20℃保存,不得反复冻融或温度剧烈变化。

3.4 dNTPs:含 dATP、dTTP、dGTP、dCTP 各 10 mmol/L 的混合物。

3.5 上游引物 F:5′- TTATGTGGACCTCTGT - 3′。

3.6 下游引物 R:5′- AGCCGAGTGATCCACCA - 3′。

3.7 DNA Marker:2 000 bp、1 000 bp、750 bp、500 bp、250 bp、100 bp。

3.8 其他试剂见附录 A。

4 仪器和设备

4.1 体视显微镜和生物显微镜。

4.2 台微尺、目微尺、显微摄影设备。

4.3 PCR 扩增仪。

4.4 紫外透射仪或凝胶成像仪。

4.5 电泳仪。

4.6 普通冰箱和超低温冰箱。

4.7 离心机和离心管。

4.8 电子天平。

4.9 恒温水浴箱和微波炉。

4.10 微量移液器及吸头。

4.11 解剖盘、剪刀、镊子、解剖针。

4.12 载玻片、盖玻片、橡皮泥、培养皿和吸管。

5 流行情况与临床症状

5.1 流行情况

鳙指环虫能感染鳙(*Aristichthys nobilis*)等。全国各地均可发生,发病高峰水温为 20℃～25℃。

5.2 临床症状

鳙指环虫主要寄生于鱼的鳃部。病鱼鳃组织损伤,鳃丝肿胀、贫血,有斑点状淤血,鳃上有大量黏液。重度感染时,鳃丝显著肿胀,鳃盖张开,病鱼极度不安、窜动、狂游,或游动缓慢、呼吸困难、上浮水面而死。

6 指环虫采集与固定

6.1 病鱼采集

捞取具有典型症状的鱼。如果现场无病原分离条件,将采集的病鱼用 80％乙醇固定。样品封存和运输应符合 SC/T 7103 的规定。

6.2 指环虫样品的采集

用针刺鱼脑,将鱼杀死。完整的取下全鳃,用小剪刀将鳃片分离,取一片鳃置于培养皿中,洒水少许。用解剖针将虫体从鳃丝上剥离,用吸管吸出,放在载玻片上。在盖玻片的四角涂少量橡皮泥避免盖玻片将虫体直接压碎,用镊子轻压盖玻片,显微镜下观察。

6.3 指环虫样品的固定与保存

加一滴清水到载玻片上,用吸管吸取一个虫体置于水滴中,轻轻地盖上盖玻片,用一张滤纸在盖玻片边缘缓慢吸水,直到水基本吸干为止。加上一滴 APG 溶液(见 A.1)到盖玻片边缘,直到浸满盖玻片与载玻片之间的空隙。用于形态学鉴定的虫体样品用 70％乙醇保存,用于分子检测的虫体样品用 95％乙醇保存。

7 鳙指环虫的鉴定

7.1 鳙指环虫的形态学鉴定

显微镜下指环虫前端有 2 对头器、2 对黑色眼点,呈方形排列,此为判断指环虫的简易特征。微调焦距即可观察到指环虫后吸器的中央大钩、联结片和边缘小钩,指环虫靠近头部端可观察到交接器,后吸器与交接器是指环虫鉴定的重要特征。根据需要用镊子轻压盖玻片以凸显几丁质结构进行拍照。

鳙指环虫虫体小型,体长 0.34 mm～0.48 mm,宽 0.08 mm～0.10 mm。中央大钩的内突、外突均极发达,基部宽区很宽,但随即转成较长的狭窄区,钩尖较短。联结片发达,略呈倒"山"字形,中部弯向后方,两端亦向后伸出二略尖的突起。副联结片颇长,做波浪状弯折数次,呈矮 W 形。边缘小钩可明显区分出柄、柄轴及钩尖基突三部分。交接管为弧形尖管,基部呈半圆形膨大。支持器端部似贝壳状,覆盖于交接管,基部略呈三角形。支持器基部由一细小的几丁质片与管基部相接,约于管长度 1/3 处形成一环,于环基部一侧着生一成半桶状的骨片,此外更向前延伸成一倒三角形锥体,其底部与环相接,两侧由二薄片合成,中间留有一窝状空隙,交接管先穿过环孔,然后变细穿入二薄片间空隙内,而终于支持器端部下方。400 倍显微镜下对鳙指环虫进行形态学鉴定,其中央大钩、联结片、交接器的形态特征参见图 B.1、图 B.2、图 B.3、图 B.4。鳙指环虫的形态学测量特征指标见表 1。

表 1 鳙指环虫形态学测量特征指标

单位为微米

测量的特征	变动范围
中央大钩全长	38.0～44.5
中央大钩基部长	35.2～40.0

表1（续）

测量的特征	变动范围
中央大钩外突长	4.5～7.5
中央大钩内突长	8.5～10.5
中央大钩钩尖长	5.0～7.0
边缘小钩全长	28.5～35.5
联结片长	3.0～5.5
联结片宽	26.4～30.6
副联结片长	2.0～3.0
副联结片宽	34.5～40.5
交接管长	26.5～34.5
支持器长	26.5～37.5

7.2 鳙指环虫的分子检测

7.2.1 虫体 DNA 的提取

用吸管吸取乙醇固定的虫体标本1个，充分干燥以除去多余的乙醇后，转移至0.2 mL离心管中。用100 μL TE缓冲液（见A.2）浸洗2 h～3 h，离心后弃上清，加入9 μL裂解液（见A.3），未经乙醇固定保存的虫体则直接加裂解液。65℃水浴30 min后，95℃处理10 min，该裂解产物不需要进一步纯化就可直接作为PCR的模板。也可用同等效用的试剂盒提取虫体DNA。

7.2.2 PCR 扩增

反应在50 μL体系中进行：10倍浓缩缓冲液（见A.4）5 μL，dNTPs 2 μL，引物（10 μmol/L）各2 μL，DNA模板2 μL，Taq酶1 μL，双蒸水36 μL。反应程序为：94℃ 5 min；94℃ 30 s，54℃ 30 s，72℃ 1 min，共25个循环；最后72℃ 10 min。PCR反应应设置阴性对照和阳性对照。

7.2.3 PCR 产物的电泳和测序

用1×TAE电泳缓冲液（见A.5）配成1%琼脂糖凝胶溶液，微波炉加热使琼脂糖完全溶解，待冷却至60℃左右加入核酸染料GoldView（见A.6）至终浓度为3 μL/100 mL～4 μL/100 mL，混匀后倒入封固好的制胶板中，凝胶厚度在3 mm～5 mm，插入宽度适当的梳子。待凝胶完全凝固后，小心拔出梳子，拆去封条，将凝胶放入装有1×TAE电泳缓冲液的电泳槽中，使电泳缓冲液刚好没过胶面（约1 mm）。然后取5 μL PCR产物与1 μL的6倍上样缓冲液（见A.7）混匀，用微量加样器将混合样品加到胶孔中，以5 V/cm的电压电泳。当溴酚蓝电泳至适当位置后，用紫外观察灯或凝胶成像仪观察并记录结果。PCR阳性产物会出现一条与鳙指环虫（1 133 bp）ITS1基因扩增片段一致的目的条带，空白对照没有该目的条带。如存在目的条带，则取PCR扩增产物测序。

8 综合判定

8.1 在显微镜下观察鳙等鱼类的鳃丝，如果观察到虫体，且符合7.1描述的鳙指环虫特征，则判断为鳙指环虫。如果形态鉴定不能完全确定指环虫种类，可进一步用PCR方法扩增其ITS1序列，经测序后与鳙指环虫的参考序列（参见附录C）进行对比，序列相似性在99%以上者，则判断为鳙指环虫。

8.2 鳙等鱼类感染鳙指环虫，且病鱼临床症状符合5.2的描述，则判定为鳙指环虫病。

附 录 A
(规范性附录)
试 剂 及 其 配 制

A.1 APG 溶液

将饱和的苦味酸铵溶液和甘油按照 1∶1 的比例混合即成。

A.2 TE 缓冲液 pH 9.0

Tris-HCl   500 mmol/L
EDTA   200 mmol/L
NaCl   10 mmol/L

A.3 裂解液

0.45% NP-40、0.45% Tween-20、100 mmol/L EDTA 和 100 μg/mL 蛋白酶 K。蛋白酶 K 用 50 mmol/L Tris-HCl(pH 8.0)和 1.5 mmol/L CaAc$_2$ 配置。

A.4 10 倍浓缩缓冲液(10×buffer)pH 8.8

Tris-HCl   100 mmol/L
氯化钾(KCl)   500 mmol/L
氯化镁(MgCl$_2$)   15 mmol/L

A.5 5 倍 TAE 电泳缓冲液(5×TAE buffer)

Tris   54.0 g
硼酸   27.5 g
EDTA   2.9 g
加双蒸水溶解到 1 000.0 mL,用 5.0 mol/L 的盐酸(HCl)调 pH 到 8.0。

A.6 核酸染料(Goldview)

用水配成 10.0 mg/mL 的浓缩缓冲液。用时每 20.0 mL 电泳液或琼脂中加 1.5 μL。

A.7 6 倍上样缓冲液(6×buffer)

溴酚蓝 100 mg,加双蒸水 5 mL,在室温下过夜,待溶解后再称取蔗糖 25 g,加双蒸水溶解后移入溴酚蓝溶液中,摇匀后定容至 50 mL,加入氢氧化钠(NaOH)溶液一滴,调至蓝色。

附 录 B

（资料性附录）

指环虫的中央大钩、联结片、交接器的测量特征

B.1 指环虫几种几丁质结构及测量方法示意图

见图 B.1。

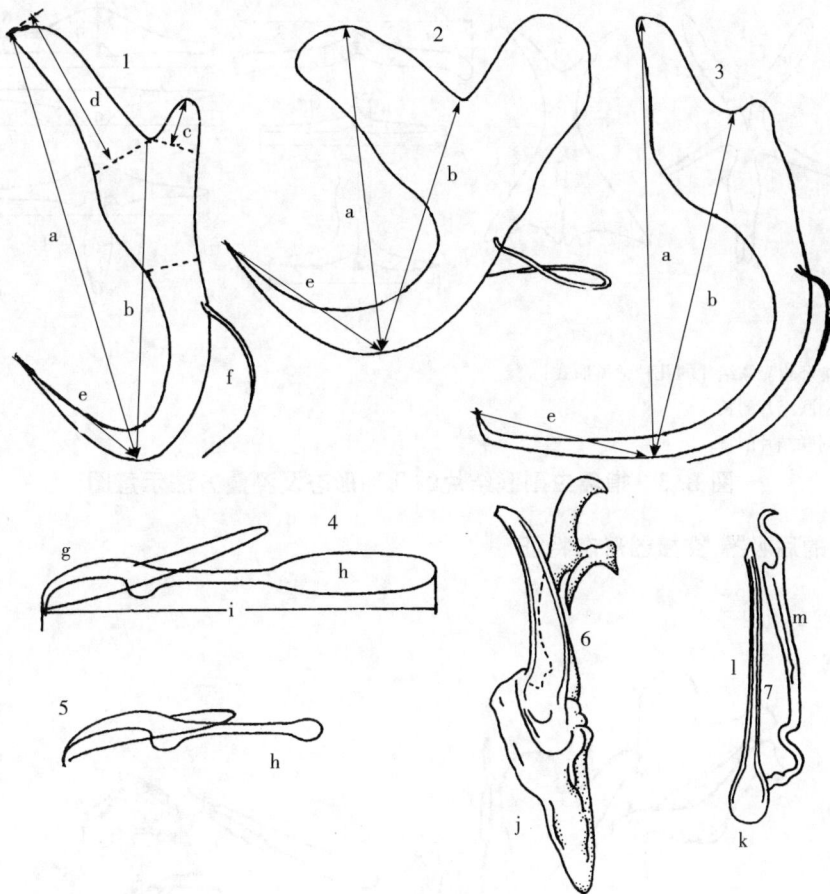

说明：

1～3——指环虫中央大钩的几种常见形式；　　　c——外突长；　　　　　　i——小钩全长；

4——发育完全的边缘小钩；　　　　　　　　d——内突长；　　　　　　j——交接管基座；

5——雏形的边缘小钩；　　　　　　　　　　e——钩尖长；　　　　　　k——交接管基部；

6～7指环虫交接器及其各部分；　　　　　　f——腱带；　　　　　　　l——交接管；

a——中央大钩全长；　　　　　　　　　　　g——钩尖；　　　　　　　m——支持器。

b——基部长；　　　　　　　　　　　　　　h——钩柄；

图 B.1　指环虫几种几丁质结构及测量方法示意图

B.2 常见指环虫联结片形态及测量方法示意图

见图 B.2。

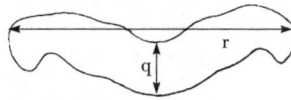

说明:

q——联结片的长;

r——联结片的宽。

图 B.2 常见指环虫联结片形态及测量方法示意图

B.3 指环虫副联结片的几种形态及测量方法示意图

见图 B.3。

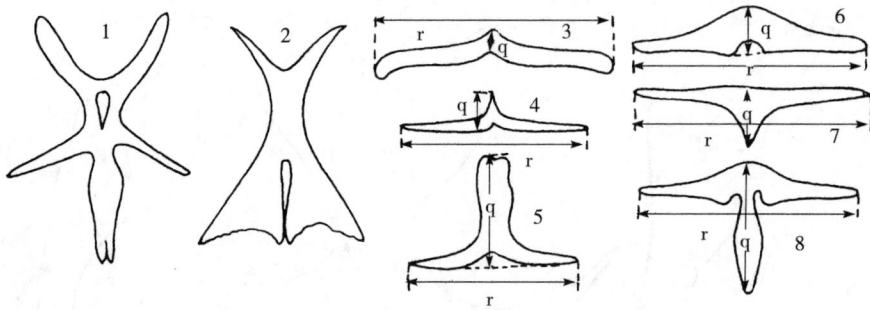

说明:

1~8——指环虫副联结片的几种常见形式;

q ——副联结片的长;

r ——副联结片的宽。

图 B.3 指环虫副联结片的几种形态及测量方法示意图

B.4 鳙指环虫的后吸器、交接器形态特征

见图 B.4。

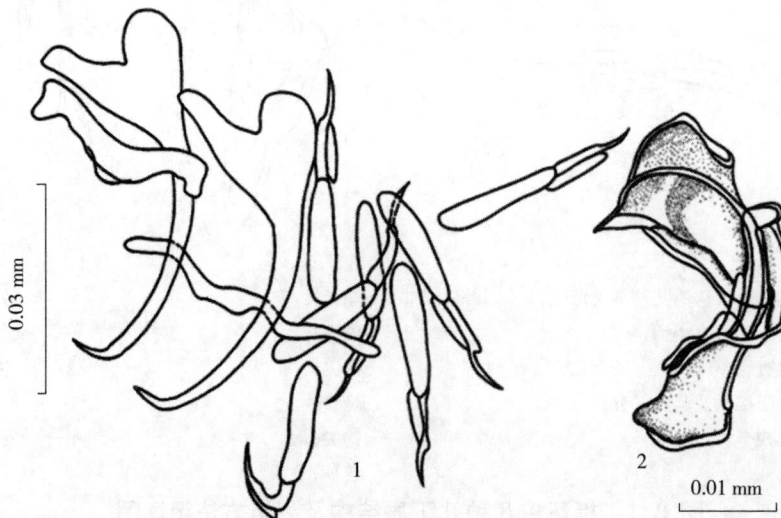

说明:

1——后吸器;

2——交接器。

图 B.4 鳙指环虫的后吸器、交接器形态特征

附　录　C
（资料性附录）
鳚指环虫核糖体 DNA 内转录间隔区（ITS1）扩增产物的参考序列

鳚指环虫核糖体 DNA 内转录间隔区（ITS1）扩增产物的参考序列（1 133 bp），下划线为引物。

```
1    TTATGTGGAC CTCTGTTCAG GTACCTCTGG TGCTTGGATA GAACCACATA AGCAGGTGAA
61   ACTTCTTAGA GGAACTGGCG CTCGAAAAGG CGCACGAGAA AGAGCAATAA CAGGTCTGTG
121  ATGCCCTAAG ATGTCCGGGG CCGCACGCGT GCTACAATGA CGATGCTACT GAGCATGATT
181  AACTTGTCCG AAAGGATCGG TGAAACTGTT CAATCATCGT CGTGACTGGG ATTGGGGTTT
241  GCAATTGTCC CCCATGAACC AGGAATTCCT AGTAAGCACA AGTCATAAGC TTGTGCTGAC
301  TACGTCCCTG CCCTTTGTAC ACACCGCCCG TCGCTACTAC CGATTGAATG GTTTAGCAAG
361  GGCATTGGAT CGAGCCTTTG CGGTTCATAC TGCTTGGGTT TGAGAAGATG TCCGAACTTG
421  ATCATTTAGA GGAAGTAAAA GTCGTAACAA GGTTTCCGTA GGTGAACCTG CGGAAGGATC
481  ATTATCAAGT TCCTATTAAA ATGCACGGTT CAGTGCTTGT GTCGGCAGAG TGTATTGTGT
541  GCTCGACGCG GCAAAGCCTT ATGGCTGGTC GCGAGCGCGC ATTGCCTGTT TAGATACAAG
601  CCCTCCTGGG CTGCTGTGTT AGATCCTACC GAGGGGCTGC GCCCTCATGT GGATCATTGT
661  GGTACAGAAA TGTGCGTAGC AGGGACGGTT GTAACACTCT TACTCCGGCT ACTAGCTACG
721  TACATCCGCC TAGCTCTAAC TGGAGCGTCT GAATGGCTGC GTGCGGGTGG TAATGTGTCG
781  CACGTAGACT TTAGTCGCAA CGTATGTTCT TAAACCGCCA GTTATTGTGA AGGTACATTA
841  CAAACCTTCT CCCTTCGGGT GAGTCCTGTT TGTGCTTTGA AAACTTAAAA ATTGGTCATT
901  ATGGCCGCTG AGTTGCCTGG TCTCCTCGGC ACGATCGCGC GTTCGCTGGT GTGAACTGGT
961  GGGCGTGCGT GTGTCTAATG TCGGGGGGTG TGGCCAGGTG ACGAGGTGAC TATCTAGACC
1021 GGGTATACGC CCGCTCAATG GCTCGGTGTT TGCGCTTAAC CGTGCGGACA TTGGACTGTT
1081 GGACGGTCTA CGTGTATCAA CCTATACAAC TGCAAGTGGT GGATCACTCG GCT
```

ICS 65.020.30
B 50

SC

中华人民共和国水产行业标准

SC/T 7218.4—2015

指环虫病诊断规程
第4部分：坏鳃指环虫病

Protocols for diagnosis of *Dactylogyriasis*—
Part 4：Infection with *Dactylogyrus vastator*

2015-02-09 发布
2015-05-01 实施

中华人民共和国农业部 发布

前　言

SC/T 7218《指环虫病诊断规程》为系列标准：
——第1部分：小鞘指环虫病；
——第2部分：页形指环虫病；
——第3部分：鳙指环虫病；
——第4部分：坏鳃指环虫病；
…………
本部分是《指环虫病诊断规程》的第4部分。
本部分按照GB/T 1.1—2009给出的规则起草。
请注意本文件的某些内容可能涉及专利。本文件的发布机构不承担识别这些专利的责任。
本部分由农业部渔业渔政管理局提出。
本部分由全国水产标准化技术委员会（SAC/TC 156）归口。
本部分起草单位：河北省水产养殖病害防治监测总站。
本部分主要起草人：曹杰英、张志华、刘文青、李全振、李凤超、康现江、赵宝华、申红旗、侯金良。

指环虫病诊断规程
第4部分:坏鳃指环虫病

1 范围

本部分规定了坏鳃指环虫病的流行情况与临床症状,以及坏鳃指环虫(*Dactylogyrus vastator*)采集与固定、形态学鉴定和分子检测的方法。

本部分适用于鲤、鲫、金鱼等淡水鱼类患坏鳃指环虫病的流行病学调查、诊断、监测和检疫。

2 规范性引用文件

下列文件对于本文件的应用是必不可少的。凡是注日期的引用文件,仅注日期的版本适用于本文件。凡是不注日期的引用文件,其最新版本(包括所有的修改单)适用于本文件。

GB/T 6682 分析实验室用水规格和试验方法

SC/T 7103 水生动物产地检疫采样技术规范

3 试剂和材料

3.1 水:配置试剂用水应符合 GB/T 6682 中一级的规定。

3.2 乙醇:分析纯。

3.3 Taq 酶:-20℃保存,不得反复冻融或温度剧烈变化。

3.4 dNTPs:含 dATP、dTTP、dGTP、dCTP 各 10 mmol/L 的混合物。

3.5 上游引物 F:5'- TTATGTGGACCTCTGT - 3'。

3.6 下游引物 R:5'- AGCCGAGTGATCCACCA - 3'。

3.7 DNA Marker:2 000 bp、1 000 bp、750 bp、500 bp、250 bp、100 bp。

3.8 其他试剂见附录 A。

4 仪器和设备

4.1 体视显微镜和生物显微镜。

4.2 台微尺、目微尺、显微摄影设备。

4.3 PCR 扩增仪。

4.4 紫外透射仪或凝胶成像仪。

4.5 电泳仪。

4.6 普通冰箱和超低温冰箱。

4.7 离心机和离心管。

4.8 电子天平。

4.9 恒温水浴箱和微波炉。

4.10 微量移液器及吸头。

4.11 解剖盘、剪刀、镊子、解剖针。

4.12 载玻片、盖玻片、橡皮泥、培养皿和吸管。

5 流行情况与临床症状

5.1 流行情况

坏鳃指环虫能感染鲤(Cyprinus carpio)、鲫(Carassius auratus)、金鱼(Carassius auratus)等。全国各地均可发生,发病高峰水温为20℃~25℃。

5.2 临床症状

坏鳃指环虫主要寄生于鱼的鳃部。病鱼鳃组织损伤,鳃丝肿胀、贫血,有斑点状淤血,鳃上有大量黏液。重度感染时,鳃丝显著肿胀,鳃盖张开,病鱼极度不安、窜动、狂游,或游动缓慢、呼吸困难、上浮水面而死。

6 指环虫采集与固定

6.1 病鱼采集

捞取具有典型症状的鱼。如果现场无病原分离条件,将采集的病鱼用80%乙醇固定。样品封存和运输应符合SC/T 7103的规定。

6.2 指环虫样品的采集

用针刺鱼脑,将鱼杀死。完整的取下全鳃,用小剪刀将鳃片分离,取一片鳃置于培养皿中,洒水少许。用解剖针将虫体从鳃丝上剥离,用吸管吸出,放在载玻片上。在盖玻片的四角涂少量橡皮泥避免盖玻片将虫体直接压碎,用镊子轻压盖玻片,显微镜下观察。

6.3 指环虫样品的固定与保存

加一滴清水到载玻片上,用吸管吸取一个虫体置于水滴中,轻轻地盖上盖玻片,用一张滤纸在盖玻片边缘缓慢吸水,直到水基本吸干为止。加上一滴APG溶液(见A.1)到盖玻片边缘,直到浸满盖玻片与载玻片之间的空隙。用于形态学鉴定的虫体样品用70%乙醇保存,用于分子检测的虫体样品用95%乙醇保存。

7 坏鳃指环虫的鉴定

7.1 坏鳃指环虫样品的形态学鉴定

显微镜下指环虫前端有2对头器、2对黑色眼点,呈方形排列,此为判断指环虫的简易特征。微调焦距即可观察到指环虫后吸器的中央大钩、联结片和边缘小钩,指环虫靠近头部端可观察到交接器,后吸器与交接器是指环虫鉴定的重要特征。根据需要用镊子轻压盖玻片以凸显几丁质结构进行拍照。

坏鳃指环虫虫体中型,体长0.41 mm~0.86 mm,宽0.11 mm~0.18 mm。中央大钩的内突外突均极发达,后吸器只有一联结片,联结片呈直线型。边缘小钩可明显区分出柄、柄轴及钩尖基突三部分。支持器基部与管基部相连,于中部分出一叉,钩抱于交接管,另一叉则向前略超过管端部。400倍显微镜下对坏鳃指环虫进行形态学鉴定,其中央大钩、联结片、交接器的形态特征参见图B.1、图B.2、图B.3。坏鳃指环虫的形态学测量特征指标见表1。

表1 坏鳃指环虫形态学指标

单位为微米

测量的特征	变动范围
中央大钩全长	32.2~35.5
中央大钩基部长	27.2~29.0
中央大钩外突长	12.0~13.0
中央大钩内突长	16.0~19.0
中央大钩钩尖长	22.0~26.0
边缘小钩全长	19.4~38.6

表1（续）

测量的特征	变动范围
联结片长	5.0～6.0
联结片宽	35.0～44.0
交接管长	43.5～45.5
支持器长	24.0～29.0

7.2 坏鳃指环虫的分子检测

7.2.1 虫体 DNA 的提取

用吸管吸取乙醇固定的虫体标本 1 个，充分干燥以除去多余的乙醇后，转移至 0.2 mL 离心管中。用 100 μL TE 缓冲液（见 A.2）浸洗 2 h～3 h，离心后弃上清，加入 9 μL 裂解液（见 A.3），未经乙醇固定保存的虫体则直接加裂解液。65℃水浴 30 min 后，95℃处理 10 min，该裂解产物不需要进一步纯化就可直接作为 PCR 的模板。也可用同等效用的试剂盒提取虫体 DNA。

7.2.2 PCR 扩增

反应在 50 μL 体系中进行：10 倍浓缩缓冲液（见 A.4）5 μL，dNTPs 2 μL，引物（10 μmol/L）各 2 μL，DNA 模板 2 μL，Taq 酶 1 μL，双蒸水 36 μL。反应程序为：94℃ 5 min；94℃ 30 s，54℃ 30 s，72℃ 1 min，共 25 个循环；最后 72℃ 10 min。PCR 反应应设置阴性对照和阳性对照。

7.2.3 PCR 产物的电泳和测序

用 1×TAE 电泳缓冲液（见 A.5）配成 1% 琼脂糖凝胶溶液，微波炉加热使琼脂糖完全溶解，待冷却至 60℃左右加入核酸染料 GoldView（见 A.6）至终浓度为 3 μL/100 mL～4 μL/100 mL，混匀后倒入封固好的制胶板中，凝胶厚度为 3 mm～5 mm，插入宽度适当的梳子。待凝胶完全凝固后，小心拔出梳子，拆去封条，将凝胶放入装有 1×TAE 电泳缓冲液的电泳槽中，使电泳缓冲液刚好没过胶面（约 1 mm）。然后取 5 μL PCR 产物与 1 μL 的 6 倍上样缓冲液（见 A.7）混匀，用微量加样器将混合样品加到胶孔中，以 5 V/cm 的电压电泳。当溴酚蓝电泳至适当位置后，用紫外观察灯或凝胶成像仪观察并记录结果。PCR 阳性产物会出现一条与坏鳃指环虫（989 bp）ITS1 基因扩增片段一致的目的条带，空白对照没有该目的条带。如存在目的条带，则取 PCR 扩增产物测序。

8 综合判定

8.1 在显微镜下观察鲤、鲫、金鱼等鱼类的鳃丝，如果观察到虫体，且符合 7.1 描述的坏鳃指环虫特征，则判断为坏鳃指环虫。如果形态鉴定不能完全确定指环虫种类，可进一步用 PCR 方法扩增其 ITS1 序列，经测序后与坏鳃指环虫的参考序列（参见附录 C）进行对比，序列相似性在 99% 以上者，则判断为坏鳃指环虫。

8.2 鲤、鲫、金鱼等鱼类感染坏鳃指环虫，且病鱼临床症状符合 5.2 的描述，则判定为坏鳃指环虫病。

附 录 A
（规范性附录）
试 剂 及 其 配 制

A.1 APG 溶液

将饱和的苦味酸铵溶液和甘油按照 1∶1 的比例混合即成。

A.2 TE 缓冲液 pH 9.0

Tris‐HCl	500 mmol/L
EDTA	200 mmol/L
NaCl	10 mmol/L

A.3 裂解液

0.45% NP‐40、0.45% Tween‐20、100 mmol/L EDTA 和 100 μg/mL 蛋白酶 K。蛋白酶 K 用 50 mmol/L Tris‐HCl（pH 8.0）和 1.5 mmol/L CaAc$_2$ 配置。

A.4 10 倍浓缩缓冲液（10×buffer）pH 8.8

Tris‐HCl	100 mmol/L
氯化钾（KCl）	500 mmol/L
氯化镁（MgCl$_2$）	15 mmol/L

A.5 5 倍 TAE 电泳缓冲液（5×TAE buffer）

Tris	54.0 g
硼酸	27.5 g
EDTA	2.9 g

加双蒸水溶解到 1 000.0 mL，用 5.0 mol/L 的盐酸（HCl）调 pH 到 8.0。

A.6 核酸染料（Goldview）

用水配成 10.0 mg/mL 的浓缩缓冲液。用时每 20.0 mL 电泳液或琼脂中加 1.5 μL。

A.7 6 倍上样缓冲液（6×buffer）

溴酚蓝 100 mg，加双蒸水 5 mL，在室温下过夜，待溶解后再称取蔗糖 25 g，加双蒸水溶解后移入溴酚蓝溶液中，摇匀后定容至 50 mL，加入氢氧化钠（NaOH）溶液一滴，调至蓝色。

附 录 B
（资料性附录）
指环虫的中央大钩、联结片、交接器的测量特征

B.1 指环虫几种几丁质结构及测量方法示意图

见图 B.1。

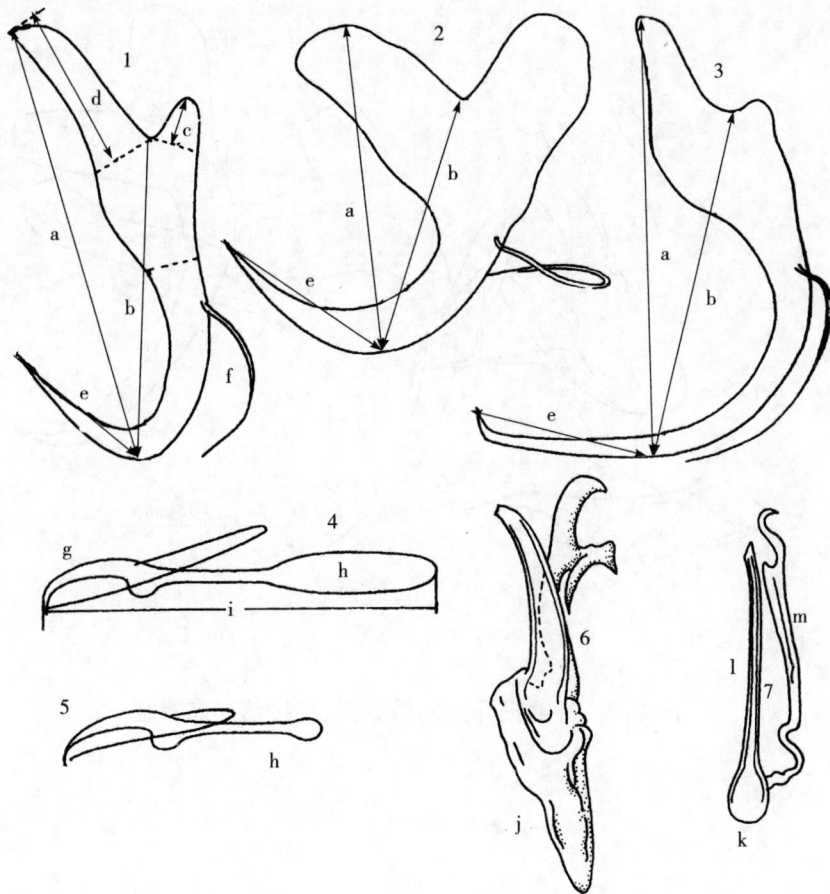

说明：

1~3 ——指环虫中央大钩的几种常见形式；
4 ——发育完全的边缘小钩；
5 ——雏形的边缘小钩；
6~7 ——指环虫交接器及其各部分；
a ——中央大钩全长；
b ——基部长；

c ——外突长；
d ——内突长；
e ——钩尖长；
f ——腱带；
g ——钩尖；
h ——钩柄；

i ——小钩全长；
j ——交接管基座；
k ——交接管基部；
l ——交接管；
m ——支持器。

图 B.1 指环虫几种几丁质结构及测量方法示意图

B.2 常见指环虫联结片形态及测量方法示意图

见图 B.2。

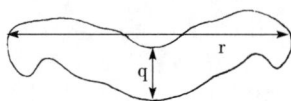

说明：
q——联结片的长；
r——联结片的宽。

图 B.2　常见指环虫联结片形态及测量方法示意图

B.3　坏鳃指环虫的后吸器、交接器形态特征

见图 B.3。

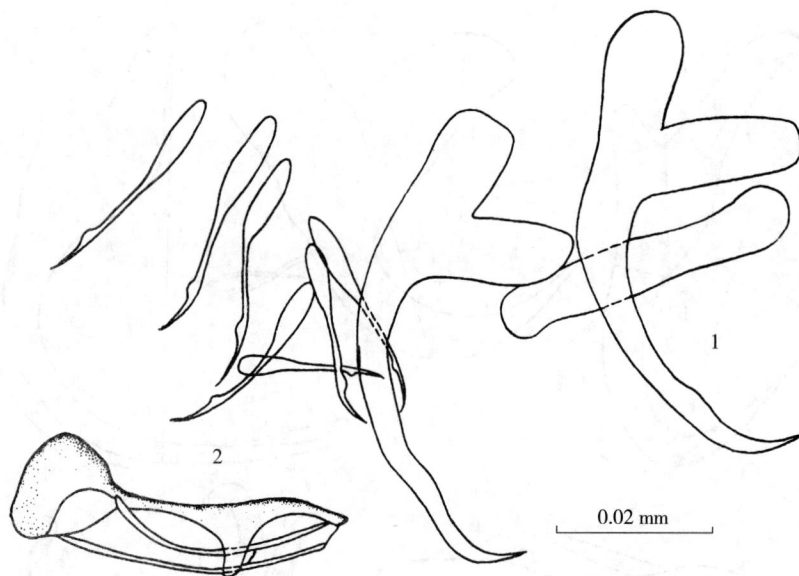

说明：
1——后吸器；
2——交接器。

图 B.3　坏鳃指环虫的后吸器、交接器形态特征

附 录 C

（资料性附录）

坏鳃指环虫核糖体 DNA 内转录间隔区（ITS1）扩增产物的参考序列

坏鳃指环虫核糖体 DNA 内转录间隔区（ITS1）扩增产物的参考序列（989 bp），下划线为引物。

```
1    TTATGTGGAC CTCTGTCTTT GTGCCTCTGG TGCAGAGACG GAACCACATA AGCAGGTGAA
61   ACTTCTTAGA GGAACTGGCG CCCGAAAAGG CGCACGAGAA AGAGCAATAA CAGGTCTGTG
121  ATGCCCTAAG ATGTCCGGGG CCGCACGCGT GCTACAATGA CGATGCTACT GAGCATGATT
181  AACTTGTCCG AAAGGATTGG TGAAACTGTT CAATCATCGT CGTGACTGGG ATTGAGGTTT
241  GTAATTATCC CTCATGAACC AGGAATTCCT AGTAAGCACA AGTCATAAGC TTGTGCTGAT
301  TACGTCCCTG CCCTTTGTAC ACACCGCCCG TCGCTACTAC CGATTGAATG GTTTAGCAAG
361  GACATTGGAT CGAGCCTTTG CGGTTCACGC TGCTTTGGTT TGAGAAGATG TCCGAACTTG
421  ATCATTTAGA GGAAGTAAAA GTCGTAACAA GGTTTCCGTA GGTGAACCTG CGGAAGGATC
481  ATTATCGAGT TCCAAATAAC AAACTGCGCA GTCTGCGGTG CGGGTCAGAA TCTGGAGTTG
541  CGGAACTGAA CCCTAGCCAA GGATCGTGTC AGTCGGCCTT CACCTCGGGA GGCTTACGCC
601  CTCCAAGTTG GCCACCTATG GTACAGAAAT GTACGGTGCG GTCCTGTCAG TAACACTTCT
661  TACCGGCAGC GGCTCGTGTC GTTCATCCGC CGACCCACTG GATCGGCCGT CTGGGCTGTG
721  CGAATTGGTA ACGTGTCGTG CAGTCTGGGC GGTCTGATGA AACCCGTTCA GTGTTGGTCT
781  GGTTCGTTGC AACCTTCTCC CTTCGGGTGA GTCCTGTTTG TGCTTTTCAT TCATGTCCTT
841  TGGTTGCAGA TGGTTTGAAG GTGCTGGAAG TAGCCACGTC TGTTCACGCA GTCTTGGTGA
901  AAACGGTGCC CTCGCCTGAA CGACCCTGCT TCTCTGGCCT CGGCTGGTAA AGCTAAACAT
961  TACAACTGCA AGTGGTGGAT CACTCGGCT
```

ICS 65.020.30
B 50

SC

中华人民共和国水产行业标准

SC/T 7219.1—2015

三代虫病诊断规程
第1部分：大西洋鲑三代虫病

Protocols for diagnosis of Gyrodactylosis —
Part 1: Infection with *Gyrodactylus salaris*

2015-02-09 发布
2015-05-01 实施

中华人民共和国农业部 发布

SC/T 7219.1—2015

前 言

SC/T 7219 《三代虫病诊断规程》为系列标准：
——第1部分：大西洋鲑三代虫病；
——第2部分：鲩三代虫病；
——第3部分：鲢三代虫病；
——第4部分：中型三代虫病；
——第5部分：细锚三代虫病；
——第6部分：小林三代虫病；
…………
本部分为 SC/T 7219 的第1部分。
本部分按照 GB/T 1.1—2009 给出的规则起草。
请注意本文件的某些内容可能涉及专利。本文件的发布机构不承担识别这些专利的责任。
本部分由农业部渔业渔政管理局提出。
本部分由全国水产标准化技术委员会(SAC/TC 156)归口。
本部分起草单位：中国科学院水生生物研究所、全国水产技术推广总站。
本部分主要起草人：李文祥、王桂堂、邹红、吴山功、陈爱平。

三代虫病诊断规程
第1部分：大西洋鲑三代虫病

1 范围

本部分规定了大西洋鲑三代虫病的感染对象与临床症状,大西洋鲑三代虫(*Gyrodactylus salaris*)的采集与固定、形态学鉴定和分子检测的方法以及大西洋鲑三代虫病的综合判定。

本部分适用于鲑、鳟鱼类大西洋鲑三代虫病的流行病学调查、诊断、监测和检疫。

2 规范性引用文件

下列文件对于本文件的应用是必不可少的。凡是注日期的引用文件,仅注日期的版本适用于本文件。凡是不注日期的引用文件,其最新版本(包括所有的修改单)适用于本文件。

GB/T 6682 分析实验室用水规格和试验方法

SC/T 7103 水生动物产地检疫采样技术规范

3 试剂和材料

3.1 水:符合 GB/T 6682 中一级水的规定。

3.2 乙醇:分析纯。

3.3 Taq 酶:−20℃保存,避免反复冻融。

3.4 dNTPs:含 dATP、dTTP、dGTP 和 dCTP 各 10 mmol/L。

3.5 上游引物:5′-TTTCCGTAGGTGAACCT-3′。

3.6 下游引物:5′-TCCTCCGCTTAGTGATA-3′。

3.7 矿物油:不含 DNA 酶和 RNA 酶。

3.8 DNA marker 2 000:2 000 bp、1 000 bp、750 bp、500 bp、250 bp、100 bp。

3.9 其他试剂见附录 A。

4 仪器和设备

4.1 解剖盘、剪刀、镊子、解剖针和手术刀。

4.2 体视显微镜和带测微标尺的光学显微镜。

4.3 盖玻片、载玻片和培养皿。

4.4 电子天平。

4.5 普通台式离心机和高速冷冻离心机。

4.6 普通冰箱和超低温冰箱。

4.7 微量移液器。

4.8 PCR 扩增仪。

4.9 离心管和 PCR 管。

4.10 紫外透射仪。

4.11 水平电泳系统。

5 感染对象与临床症状

5.1 感染对象

大西洋鲑三代虫能感染野生和养殖大西洋鲑（*Salmo salar*）、褐鳟（*Salmo trutta*），还有虹鳟（*Oncorhychus mykiss*）、北极红点鲑（*Salvelinus alpinus*）、溪红点鲑（*S. fontinalis*）、湖红点鲑（*S. namaycush*）和茴鱼（*Thymallus thymallus*）等。

5.2 临床症状

大西洋鲑三代虫主要寄生于体表，病鱼常出现蹭擦池壁、跃出水面的行为；有些病鱼反应迟钝，常在水流缓慢的地方出现，体表因黏液增多变成淡灰色，背鳍、尾鳍和胸鳍的边缘出现糜烂。

6 三代虫采集与固定

6.1 病鱼采集

仔细观察待检鱼类的临床症状和行为，捞取具有典型症状的鱼类，采样方法、样品数量、样品封存和运输应符合 SC/T 7103 的规定。

6.2 三代虫样品的采集

6.2.1 现场采集

剪取鳍条或刮取部分体表黏液，置于载玻片上，滴加数滴清水，置于体视显微镜下观察。用解剖针将三代虫从鳍条或体表黏液中分离，用吸管吸出，放在盛有清水的培养皿中，每尾病鱼至少采集成虫10条。

6.2.2 固定病鱼中的采集

剪取病鱼鳍条放在载玻片上，逐滴加入自来水浸泡 10 min，置于体视显微镜下观察。发现三代虫后，用解剖针将虫体分离，放在盛有清水的培养皿中。同时，镜检固定病鱼所用容器底部的沉淀物。如发现有从鱼体脱落的三代虫，用吸管吸出，放在盛有清水的培养皿中。

6.3 三代虫样品的固定与保存

加一滴清水到载玻片上，用吸管吸取一个虫体置于水滴中，轻轻地盖上盖玻片。用一张滤纸在盖玻片边缘缓慢吸水，直到水基本吸干为止。加上一滴 APG 溶液（见附录 A.1）到盖玻片边缘，直到浸满盖玻片与载玻片之间的空隙。

用于形态学鉴定的虫体样本可用 70%酒精保存，用于 PCR 鉴定的虫体样品可用 95%酒精保存。

7 大西洋鲑三代虫的鉴定

7.1 大西洋鲑三代虫的形态学鉴定

大西洋鲑三代虫运动如尺蠖；虫体呈长叶形，体长 0.5 mm～1.0 mm，体前有 2 个头器，无黑色眼点；虫体后端具几丁质的伞状后吸器，其上有 1 对锚钩、16 个边缘小钩和 1 根腹联结片；腹联结片上端中部凹陷明显，突起间长度稍短于腹联结片长；与寄生于鲑、鳟鱼类的其他 2 种三代虫的主要区别在于，*Gyrodactylus teuchis* 边缘小钩的镰部半月刃要更长且弯，*G. thymalli* 的镰部趾尖与柄部的角度更小，可依此进行鉴定。

大西洋鲑三代虫后吸器的锚钩、边缘小钩和腹联结片的形态特征、测量部位及其大小见附录 B。如果虫体后吸器的形态特征和测量大小与附录 B 相符，则可判定为疑似大西洋鲑三代虫。

7.2 大西洋鲑三代虫的分子检测

7.2.1 虫体 DNA 的提取

将 80%乙醇固定的三代虫（1 个虫体作为 1 个样品）充分干燥去除乙醇，置入 1.5 mL 的离心管中，加入 500 μL DNA 抽提缓冲液 I（见附录 A.4）于 55℃消化 3 h，冷却至室温后加入 500 μL DNA 抽提缓冲液Ⅱ(见附录 A.5),摇匀,11 000 g 离心 10 min,收集上清液。然后,加入 2 倍上清体积的—20℃预冷无水乙醇,4 ℃下 5 000 g 离心 10 min 弃上清液,70 ％乙醇洗涤沉淀 2 次,弃上清液,空气干燥后溶于 40 μL TE 缓冲液(见附录 A.2),—20 ℃保存备用。

7.2.2 rDNA - ITS 的 PCR 扩增

PCR 反应体系(25 μL)中,加入 20 μmol/L 的上游引物和下游引物各 1 μL,dNTPs 2 μL,MgCl$_2$ 2.5 μL,Taq 酶缓冲液 2.5 μL,0.5 U Taq 酶以及模板基因组 DNA 1 μL,最后用无菌去离子水定容到 25 μL,无热盖加的 PCR 仪应加矿物油 25 μL。

在 PCR 扩增仪中,94℃预变性 4 min,再 94℃ 30 s→50℃30 s→72℃1 min,共 35 个循环,最后 72℃延伸 10 min。

PCR 扩增时,应设置阴性对照和阳性对照。

7.2.3 PCR 产物电泳与测序

取 5 μL PCR 产物,加入 1 μL 溴酚蓝指示剂溶液(见附录 A.9),混匀,用 1.0％ 琼脂糖(含 0.5 μg/ mLEB)于 TAE 缓冲溶液(见附录 A.7)中电泳分离,同时设置 DNA 分子量标准作参照,紫外透射仪下检查是否存在大约 1 300 bp 的目的条带。如存在目的条带,则取 PCR 扩增产物测序,其序列参见附录 C。序列相似性在 99％以上者,判定虫体为大西洋鲑三代虫。

8 综合判定

8.1 大西洋鲑三代虫的判定

如果在显微镜下观察到鲑、鳟鱼类的鳍条或体表虫体符合 7.1 的形态特征和测量数据,则判断为疑似大西洋鲑三代虫;并根据 7.2 的方法对 PCR 扩增产物测序,与附录 C 给出的序列进行比对分析,序列相似性在 99％以上者,判定虫体为大西洋鲑三代虫。

8.2 大西洋鲑三代虫病的判定

鲑、鳟鱼类感染大西洋鲑三代虫,且病鱼临床症状符合 5.2 描述,则判定为大西洋鲑三代虫病。

SC/T 7219.1—2015

附　录　A
（规范性附录）
试 剂 及 其 配 制

本附录所有试剂,除特别注明外,均采用分析纯的试剂。

A.1　APG 溶液

将饱和的苦味酸铵溶液和甘油按照 1∶1 的比例混合。

A.2　TE 缓冲液

1 mL Tris‑HCl(1 mol/L,pH 8.0)和 0.2 mL EDTA(0.5 mol/L,pH 8.0)混合,加无菌去离子水定容至 100 mL,高压灭菌后 4℃保存。

A.3　10% SDS 溶液

10 g SDS 溶于 90 mL 蒸馏水中,68℃助溶,用盐酸调 pH 至 7.2,最后加蒸馏水定容至 100 mL,室温保存。

A.4　DNA 抽提缓冲液 Ⅰ

400 μL TE 缓冲液、16 μL 蛋白酶 K(5 mg/mL)和 20 μL10% SDS 的混合溶液。

A.5　DNA 抽提缓冲液 Ⅱ

按 Tris‑HCl 溶液饱和过的重蒸酚、氯仿、异戊醇以 25∶24∶1 的比例混合,密闭避光 4℃保存。

A.6　Taq 酶缓冲液(10 倍 PCR buffer)

0.5 mol/L pH 8.8 的 Tris‑HCl、0.5 mol/L 的氯化钾(KCl)和 1% 的 TritonX‑100 的混合溶液。

A.7　TAE 电泳缓冲液(50 倍)

242.0 g Tris 碱、37.2 g Na$_2$EDTA·2H$_2$O 混合,然后加入 800 mL 的去离子水充分搅拌溶解,再加入 57.1 mL 的冰乙酸,充分混匀,加去离子水定容至 1 L,室温保存。

A.8　核酸染色剂(ethidium bromide,EB)

用水配制成 10.0 mg/mL 的浓缩液。使用时,每 10.0 mL 电泳液或琼脂中加 1.0 μL 的 EB。

A.9　溴酚蓝指示剂溶液

溴酚蓝 100 mg,加双蒸水 5 mL,在室温下过夜。待溶解后再称取蔗糖 25 g,加双蒸水溶解后移入溴酚蓝溶液中。摇匀后,加双蒸水定容至 50 mL,加入氢氧化钠(NaOH)溶液 1 滴,调至蓝色。

196

附　录　B
（规范性附录）
大西洋鲑三代虫后吸器的形态测量

B.1 大西洋鲑三代虫锚钩的测量部位及大小见图 B.1。

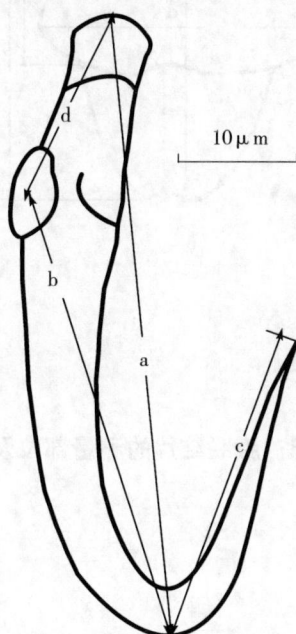

说明：
a——全长(58.0 μm～85.0 μm)；
b——钩柄长(42.8 μm～63.9 μm)；
c——钩尖长(27.8 μm～44.2 μm)；
d——基部长(15.0 μm～32.1 μm)。

图 B.1　锚钩的测量部位及大小

B.2 大西洋鲑三代虫边缘小钩的测量部位及大小见图 B.2。

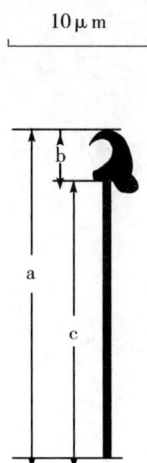

说明：
a——全长(33.0 μm～46.6 μm)；
b——镰部长(7.0 μm～9.5 μm)；
c——柄部长(26.0 μm～38.5 μm)。

图 B.2　边缘小钩的测量部位及大小

B.3 大西洋鲑三代虫腹联结片的测量部位及大小见图 B.3。

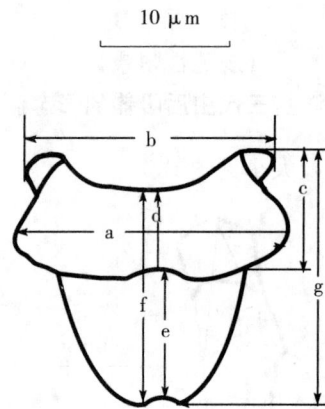

说明:
a——联结片长(19.5 μm～32.0 μm);
b——突起间长(18.5 μm～33.2 μm);
c——基部宽度(7.1 μm～18.7 μm);
d——中间宽度(5.0 μm～15.5 μm);

e——膜长(12.5 μm～23.0 μm);
f——中间总宽度(17.0 μm～35.5 μm);
g——基部总宽度(20.3 μm～36.5 μm)。

图 B.3 腹联结片的测量部位及大小

附 录 C

（资料性附录）

大西洋鲑三代虫核糖体 DNA 内转录间隔区（ITS）扩增产物的参考序列

大西洋鲑三代虫核糖体 DNA 内转录间隔区（ITS）扩增产物的参考序列如下，下划线为引物。

1	<u>tttccgtagg</u>	<u>tgaacct</u>gcg	gaaggatcat	taaacatcgt	ttccttactt	tgtggtgact
61	cagtggtgtc	attgcctaaa	atcaaaggat	tttaaagaat	taaaagcagt	taatggtgat
121	tcgtttgtta	ttgcatggtt	acggtataat	gatatacctt	gaagaataaa	gaataagggt
181	ggtggcgcac	ctattctaca	agcagaactg	gttaataaga	tcgattccga	gtgacgatcg
241	tggggcaaaa	taaatccagc	ttggggaact	ggttaaccat	ggcattatac	gagcaagatg
301	attccgaacg	agattctttt	aacatagcaa	tgaacacacg	ctgtttcatg	cgcaaccaat
361	ctgccctata	aaattggaga	gtgattagat	tgctcaccca	ccgtcgttta	gatggttgac
421	attaaaacgc	tcattggagt	gaactggtag	tcttccgagc	taaaatggta	atggctagtc
481	tcggtaaggt	ctgactatcg	gttcggctac	ggccagctca	atgtagtatc	cgctattacc
541	gaaacataca	ctacagtggt	tcgatagagt	tccacactca	ctgcctctgc	accttcgggt
601	gaacagtccg	tagtgcttag	cgcccccgtca	aaagggaaga	agctttggtt	tattacaact
661	ccatgtggtg	gatcactcgg	ctcacgtgac	gatgaagagt	gcagcaaact	gtgttaacca
721	atgtgaaacg	caaactgctt	cgatcatcgg	tctctcgaac	gcaaatggcg	gctaagggct
781	tgctcttagc	cacgttcgat	cgagtgtcgg	cttttaccta	tcgtaacgct	taattagtta
841	cggattggga	agtataccat	ggctatgcga	ttaacttgtt	gttgaaagtt	gaaacacggg
901	gtattacacg	gcctttacgg	tttgccctgt	ggtgttctga	ttctggtatt	acacggactt
961	tacggtttgc	tagatgaagt	tcacattcga	tgagtatgcg	gcttctgagt	attacacgga
1021	ctttacggtt	tgctcggaag	ttaaagacca	ttctttcata	cacggccttt	acggtttgat
1081	agaatgagaa	atagctctaa	tggttcttcc	ttaattgctt	gggtagtatt	gttgtgtact
1141	ttatggtctg	ctctgcacag	ggtgcgtggc	ttagttcgct	ttgtaacgct	gtactgaagt
1201	agagatagat	ttgtgcatga	tatacccagt	gaaaataagt	cctgacctcg	attcgagcgt
1261	gaatacccgc	tgaacttaag	ca<u>tatcacta</u>	<u>agcggagga</u>		

ICS 65.020.30
B 50

SC

中华人民共和国水产行业标准

SC/T 7219.2—2015

三代虫病诊断规程
第2部分：鲩三代虫病

Protocols for diagnosis of Gyrodactylosis—
Part 2：Infection with *Gyrodactylus ctenopharyngodontis*

2015-02-09 发布   2015-05-01 实施

中华人民共和国农业部 发布

前　言

SC/T 7219《三代虫病诊断规程》为系列标准：
——第 1 部分:大西洋鲑三代虫病；
——第 2 部分:鲩三代虫病；
——第 3 部分:鲢三代虫病；
——第 4 部分:中型三代虫病；
——第 5 部分:细锚三代虫病；
——第 6 部分:小林三代虫病；
…………

本部分为 SC/T 7219 的第 2 部分。

本部分按照 GB/T 1.1—2009 给出的规则起草。

请注意本文件的某些内容可能涉及专利。本文件的发布机构不承担识别这些专利的责任。

本部分由农业部渔业渔政管理局提出。

本部分由全国水产标准化技术委员会(SAC/TC 156)归口。

本部分起草单位:中国科学院水生生物研究所、全国水产技术推广总站。

本部分主要起草人:李文祥、王桂堂、邹红、吴山功、陈爱平。

三代虫病诊断规程
第 2 部分:鲩三代虫病

1 范围

本部分规定了鲩三代虫病的感染对象与临床症状,鲩三代虫(*Gyrodactylus ctenopharyngodontis*)的采集与固定、形态学鉴定的方法以及鲩三代虫病的判定。

本部分适用于草鱼的鲩三代虫病的流行病学调查、诊断、监测和检疫。

2 规范性引用文件

下列文件对于本文件的应用是必不可少的。凡是注日期的引用文件,仅注日期的版本适用于本文件。凡是不注日期的引用文件,其最新版本(包括所有的修改单)适用于本文件。

SC/T 7103 水生动物产地检疫采样技术规范

3 试剂和材料

3.1 乙醇:分析纯。

3.2 甘油。

3.3 饱和苦味酸铵:分析纯。

4 仪器和设备

4.1 解剖盘、剪刀、镊子、解剖针和手术刀。

4.2 体视显微镜和带测微标尺的光学显微镜。

4.3 盖玻片、载玻片和培养皿。

4.4 电子天平。

4.5 样品管。

5 感染对象与临床症状

5.1 感染对象

鲩三代虫能感染草鱼(*Ctenopharyngodon idellus*)和青鱼(*piceus*)等。

5.2 临床症状

鲩三代虫主要寄生于体表,病鱼常出现蹭擦池壁、跃出水面的行为;有些病鱼反应迟钝,常在水流缓慢的地方出现,体表因黏液增多变成淡灰色,背鳍、尾鳍和胸鳍的边缘出现糜烂。

6 三代虫采集与固定

6.1 病鱼采集

仔细观察待检鱼类的临床症状和行为,捞取具有典型症状的鱼类。采样方法、样品数量、样品封存和运输应符合 SC/T 7103 的规定。

6.2 三代虫样品的采集

6.2.1 现场采集

剪取鳍条、鳃丝或刮取部分体表黏液,置于载玻片上;滴加数滴清水,置于体视显微镜下观察。用解剖针将三代虫从鳍条或鳃丝或体表黏液中分离,用吸管吸出,放在盛有清水的培养皿中,每尾病鱼至少采集成虫10条。

6.2.2 固定病鱼中的采集

剪取病鱼鳍条或鳃丝放在载玻片上,逐滴加入自来水浸泡10 min,置于体视显微镜下观察。发现三代虫后,用解剖针将虫体分离,放在盛有清水的培养皿中;同时,镜检固定病鱼所用容器底部的沉淀物。如发现有从鱼体脱落的三代虫,用吸管吸出,放在盛有清水的培养皿中。

6.3 三代虫样品的固定与保存

加一滴清水到载玻片上,用吸管吸取一个虫体置于水滴中,轻轻地盖上盖玻片。用一张滤纸在盖玻片边缘缓慢吸水,直到水基本吸干为止。加上一滴APG溶液(饱和苦味酸铵溶液与甘油等比例混合液)到盖玻片边缘,直到浸满盖玻片与载玻片之间的空隙。

用于形态学鉴定的虫体样本可用70%酒精保存,用于PCR鉴定的虫体样品可用95%酒精保存。

7 皖三代虫的形态学鉴定

皖三代虫运动如尺蠖;虫体呈长叶形,体长0.3 mm～0.6 mm,体前有2个头器,无黑色眼点;虫体后端具几丁质的伞状后吸器,其上有1对锚钩、16个边缘小钩和1根腹联结片,可依此进行鉴定。

皖三代虫后吸器的锚钩、边缘小钩和腹联结片的形态特征、测量部位及其大小见附录A。如果虫体后吸器的形态特征和测量大小与附录A相符,则可判定为皖三代虫。

8 皖三代虫病的判定

草鱼感染皖三代虫,且病鱼临床症状符合5.2描述,则判定为皖三代虫病。

附　录　A
（规范性附录）
鲩三代虫后吸器的形态测量

A.1 鲩三代虫后吸器锚钩的测量部位及大小见图 A.1。

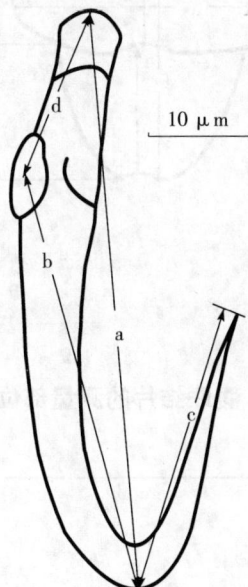

说明：
a——全长（49.0 μm～66.0 μm）；
b——钩柄长（30.0 μm～38.0 μm）；
c——钩尖长（20.0 μm～28.0 μm）；
d——基部长（15.0 μm～24.0 μm）。

图 A.1　锚钩的测量部位及大小

A.2 鲩三代虫后吸器边缘小钩的测量部位及大小见图 A.2。

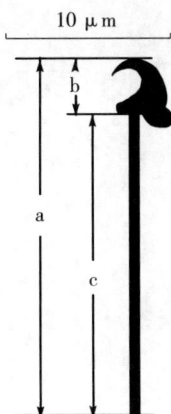

说明：
a——全长（25.0 μm～30.0 μm）；
b——镰部长（5.0 μm～6.0 μm）；
c——柄部长（20.0 μm～24.0 μm）。

图 A.2　边缘小钩的测量部位及大小

A.3 鲩三代虫后吸器腹联结片的测量部位及大小见图 A.3。

10 μm

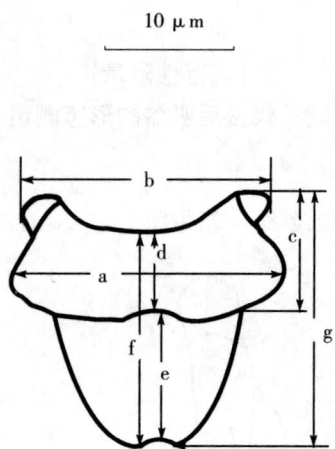

说明：
a——联结片长(24.0 μm～32.0 μm)；
b——突起间长(22.5 μm～31.0 μm)；
c——基部宽度(8.0 μm～12.0 μm)；
d——中间宽度(7.0 μm～11.0 μm)；

e——膜长(14.0 μm～21.0 μm)；
f——中间总宽度(21.0 μm～32.0 μm)；
g——基部总宽度(22.0 μm～33.0 μm)。

图 A.3 腹联结片的测量部位及大小

ICS 65.020.30
B 50

SC

中华人民共和国水产行业标准

SC/T 7219.3—2015

三代虫病诊断规程
第3部分：鲢三代虫病

Protocols for diagnosis of Gyrodactylosis—
Part 3: Infection with *Gyrodatylus hypophthalmichthysi*

2015-02-09 发布   2015-05-01 实施

中华人民共和国农业部 发布

前　言

SC/T 7219《三代虫病诊断规程》为系列标准：
——第1部分：大西洋鲑三代虫病；
——第2部分：鲩三代虫病；
——第3部分：鲢三代虫病；
——第4部分：中型三代虫病；
——第5部分：细锚三代虫病；
——第6部分：小林三代虫病；
……………

本部分为 SC/T 7219 的第 3 部分。

本部分按照 GB/T 1.1—2009 给出的规则起草。

请注意本文件的某些内容可能涉及专利。本文件的发布机构不承担识别这些专利的责任。

本部分由农业部渔业渔政管理局提出。

本部分由全国水产标准化技术委员会(SAC/TC 156)归口。

本部分起草单位：中国科学院水生生物研究所、全国水产技术推广总站。

本部分主要起草人：李文祥、王桂堂、邹红、吴山功、陈爱平。

三代虫病诊断规程
第3部分：鲢三代虫病

1 范围

本部分规定了鲢三代虫病的感染对象与临床症状，鲢三代虫（*Gyrodatylus hypophthalmichthysi*）的采集与固定、形态学鉴定的方法以及鲢三代虫病的判定。

本部分适用于鲢、鳙的鲢三代虫病的流行病学调查、诊断、监测和检疫。

2 规范性引用文件

下列文件对于本文件的应用是必不可少的。凡是注日期的引用文件，仅注日期的版本适用于本文件。凡是不注日期的引用文件，其最新版本（包括所有的修改单）适用于本文件。

SC/T 7103 水生动物产地检疫采样技术规范

3 试剂和材料

3.1 乙醇：分析纯。

3.2 甘油。

3.3 饱和苦味酸铵：分析纯。

4 仪器和设备

4.1 解剖盘、剪刀、镊子、解剖针和手术刀。

4.2 体视显微镜和带测微标尺的光学显微镜。

4.3 盖玻片、载玻片和培养皿。

4.4 电子天平。

4.5 样品管。

5 感染对象与临床症状

5.1 感染对象

鲢三代虫能感染鲢（*Silver carp*）和鳙（*Aristichthys nobilis*）等。

5.2 临床症状

鲢三代虫主要寄生于体表，病鱼常出现蹭擦池壁、跃出水面的行为；有些病鱼反应迟钝，常在水流缓慢的地方出现，体表因黏液增多变成淡灰色，背鳍、尾鳍和胸鳍的边缘出现糜烂。

6 三代虫采集及固定

6.1 病鱼采集

仔细观察待检鱼类的临床症状和行为，捞取具有典型症状的鱼类。采样方法、样品数量、样品封存和运输应符合 SC/T 7103 的规定。

6.2 三代虫样品的采集

6.2.1 现场采集

剪取鳍条、鳃丝或刮取部分体表黏液,置于载玻片上。滴加数滴清水,置于体视显微镜下观察。用解剖针将三代虫从鳍条或鳃丝或体表黏液中分离,用吸管吸出,放在盛有清水的培养皿中,每尾病鱼至少采集成虫 10 条。

6.2.2 固定病鱼中的采集

剪取病鱼鳍条或鳃丝放在载玻片上,逐滴加入自来水浸泡 10 min,置于体视显微镜下观察。发现三代虫后,用解剖针将虫体分离,放在盛有清水的培养皿中;同时,镜检固定病鱼所用容器底部的沉淀物。如发现有从鱼体脱落的三代虫,用吸管吸出,放在盛有清水的培养皿中。

6.3 三代虫样品的固定与保存

加一滴清水到载玻片上,用吸管吸取一个虫体置于水滴中,轻轻地盖上盖玻片。用一张滤纸在盖玻片边缘缓慢吸水,直到水基本吸干为止。加上一滴 APG 溶液(饱和苦味酸铵溶液与甘油等比例混合液)到盖玻片边缘,直到浸满盖玻片与载玻片之间的空隙。

用于形态学鉴定的虫体样本可用 70%酒精保存,用于 PCR 鉴定的虫体样品可用 95%酒精保存。

7 鲢三代虫的鉴定

鲢三代虫运动如尺蠖;虫体呈长叶形,体长 0.2 mm~0.5 mm,体前有 2 个头器,无黑色眼点;虫体后端具几丁质的伞状后吸器,其上有 1 对锚钩、16 个边缘小钩和 1 根腹联结片;锚钩基部较长,约为锚钩全长的 1/2,腹联结片上宽下窄,突起间长大于腹联结片长,可依此进行鉴定。

鲢三代虫后吸器的锚钩、边缘小钩和腹联结片的形态特征、测量部位及其大小见附录 A。如果虫体后吸器的形态特征和测量大小与附录 A 相符,则可判定为鲢三代虫。

8 鲢三代虫病的判定

鲢、鳙感染鲢三代虫,且病鱼临床症状符合 5.2 描述,则判定为鲢三代虫病。

附　录　A
（规范性附录）
鲢三代虫后吸器的形态测量

A.1　鲢三代虫后吸器锚钩的测量部位及大小见图 A.1。

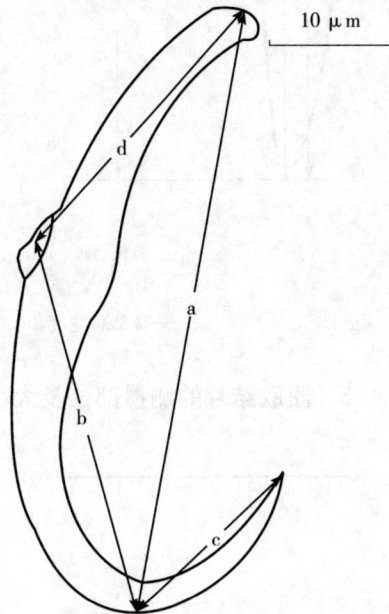

说明：
a——全长（60.0 μm～65.0 μm）；　　　　　　c——钩尖长（22.8 μm～26.6 μm）；
b——钩柄长（42.0 μm～44.0 μm）；　　　　　d——基部长（32.3 μm～35.6 μm）。

图 A.1　锚钩的测量部位及大小

A.2　鲢三代虫后吸器边缘小钩的测量部位及大小见图 A.2。

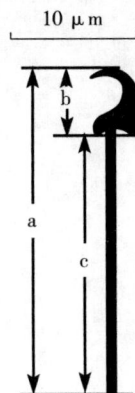

说明：
a——全长（24.0 μm～26.0 μm）；　　　　　　c——柄部长（19.0 μm～20.0 μm）。
b——镰部长（5.0 μm～6.0 μm）；

图 A.2　边缘小钩的测量部位及大小

A.3 鲢三代虫后吸器腹联结片的测量部位及大小见图 A.3。

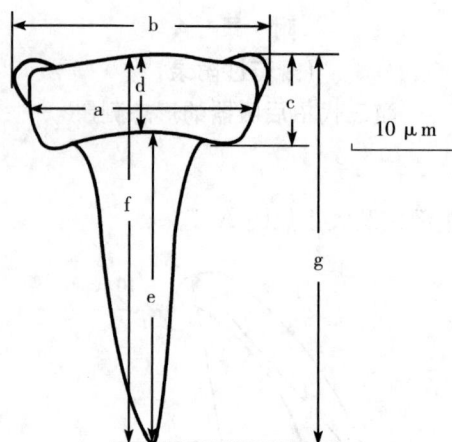

说明：
a——联结片长(16.0 μm～19.0 μm)；　　　　　e——膜长(19.0 μm～25.0 μm)；
b——突起间长(18.0 μm～21.0 μm)；　　　　　f——中间总宽度(25.0 μm～33.0 μm)；
c——基部宽度(7.0 μm～10.0 μm)；　　　　　　g——基部总宽度(26.0 μm～35.0 μm)。
d——中间宽度(5.7 μm～7.6 μm)；

图 A.3　腹联结片的测量部位及大小

ICS 65.020.30
B 50

SC

中华人民共和国水产行业标准

SC/T 7219.4—2015

三代虫病诊断规程
第4部分：中型三代虫病

Protocols for diagnosis of Gyrodactylosis—
Part 4: Infection with *Gyrodactylus medius*

2015-02-09 发布   2015-05-01 实施

中华人民共和国农业部 发布

SC/T 7219.4—2015

前　言

SC/T 7219《三代虫病诊断规程》为系列标准：
——第1部分：大西洋鲑三代虫病；
——第2部分：鲩三代虫病；
——第3部分：鲢三代虫病；
——第4部分：中型三代虫病；
——第5部分：细锚三代虫病；
——第6部分：小林三代虫病；
…………
本部分为 SC/T 7219 的第4部分。

本部分按照 GB/T 1.1—2009 给出的规则起草。

请注意本文件的某些内容可能涉及专利。本文件的发布机构不承担识别这些专利的责任。

本部分由农业部渔业渔政管理局提出。

本部分由全国水产标准化技术委员会(SAC/TC 156)归口。

本部分起草单位：中国科学院水生生物研究所、全国水产技术推广总站。

本部分主要起草人：李文祥、王桂堂、邹红、吴山功、陈爱平。

三代虫病诊断规程
第4部分:中型三代虫病

1 范围

本部分规定了中型三代虫病的感染对象与临床症状,中型三代虫(*Gyrodactylus medius*)的采集与固定、形态学鉴定和分子检测的方法以及中型三代虫病的判定。

本部分适用于鲤、鲫的中型三代虫病的流行病学调查、诊断、监测和检疫。

2 规范性引用文件

下列文件对于本文件的应用是必不可少的。凡是注日期的引用文件,仅注日期的版本适用于本文件。凡是不注日期的引用文件,其最新版本(包括所有的修改单)适用于本文件。

SC/T 7103 水生动物产地检疫采样技术规范

3 试剂和材料

3.1 乙醇:分析纯。

3.2 甘油。

3.3 饱和苦味酸铵:分析纯。

4 仪器和设备

4.1 解剖盘、剪刀、镊子、解剖针和手术刀。

4.2 体视显微镜和带测微标尺的光学显微镜。

4.3 盖玻片、载玻片和培养皿。

4.4 电子天平。

4.5 样品管。

5 感染对象与临床症状

5.1 感染对象

中型三代虫能感染鲤(*Cyprinus carpio*)、鲫(*Carassius auratus auratus*)和柏氏鲤(*Cyprinus pelleprini* Tchang)等。

5.2 临床症状

中型三代虫主要寄生于体表,病鱼常出现蹭擦池壁、跃出水面的行为;有些病鱼反应迟钝,常在水流缓慢的地方出现,体表因黏液增多变成淡灰色,背鳍、尾鳍和胸鳍的边缘出现糜烂。

6 三代虫采集与固定

6.1 病鱼采集

仔细观察待检鱼类的临床症状和行为,捞取具有典型症状的鱼类。采样方法、样品数量、样品封存和运输应符合 SC/T 7103 的规定。

6.2 三代虫样品的收集

6.2.1 现场采集

剪取鳍条、鳃丝或刮取部分体表黏液,置于载玻片上。滴加数滴清水,置于体视显微镜下观察。用解剖针将三代虫从鳍条或鳃丝或体表黏液中分离,用吸管吸出,放在盛有清水的培养皿中,每尾病鱼至少采集成虫10条。

6.2.2 固定病鱼中的采集

剪取病鱼鳍条或鳃丝放在载玻片上,逐滴加入自来水浸泡10 min,置于体视显微镜下观察。发现三代虫后,用解剖针将虫体分离,放在盛有清水的培养皿中;同时,镜检固定病鱼所用容器底部的沉淀物。如发现有从鱼体脱落的三代虫,用吸管吸出,放在盛有清水的培养皿中。

6.3 三代虫样品的固定与保存

加一滴清水到载玻片上,用吸管吸取一个虫体置于水滴中,轻轻地盖上盖玻片。用一张滤纸在盖玻片边缘缓慢吸水,直到水基本吸干为止。加上一滴 APG 溶液(见附录 A.1)到盖玻片边缘,直到浸满盖玻片与载玻片之间的空隙。

用于形态学鉴定的虫体样本可用70%酒精保存,用于PCR鉴定的虫体样品可用95%酒精保存。

7 中型三代虫的鉴定

中型三代虫运动如尺蠖;虫体呈长叶形,体长 0.3 mm~0.5 mm,体前有 2 个头器,无黑色眼点;虫体后端具几丁质的伞状后吸器,其上有 1 对锚钩、16 个边缘小钩和 1 根腹联结片;锚钩钩尖较短,与基部几乎等长,耳状突起略尖,突起间长与腹联结片几乎等长,可依次进行鉴定。

中型三代虫后吸器的锚钩、边缘小钩和腹联结片的形态特征、测量部位及其大小见附录 A。如果虫体后吸器的形态特征和测量大小与附录 A 相符,则可判定为中型三代虫。

8 中型三代虫病的判定

鲤、鲫(包括金鱼)感染中型三代虫,数量多于其他三代虫种类的,且病鱼临床症状符合 5.2 描述,则判定为中型三代虫病。

附 录 A
（规范性附录）
中型三代虫后吸器的形态测量

A.1 中型三代虫后吸器锚钩的测量部位及大小见图 A.1。

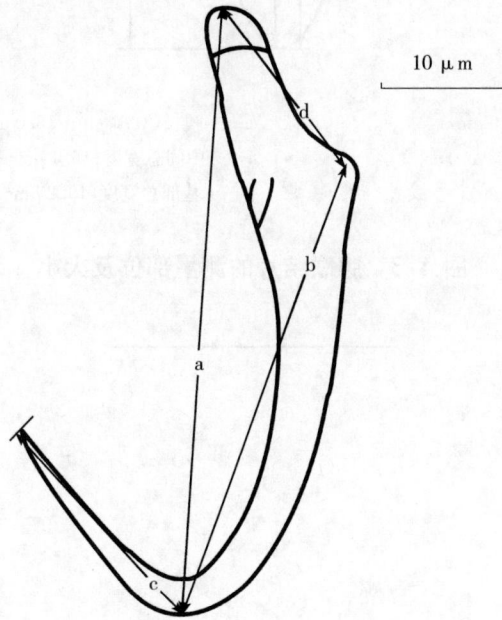

说明：
a——全长(48.4 μm～52.1 μm)；
b——钩柄长(35.4 μm～39.8 μm)；
c——钩尖长(24.1 μm～26.6 μm)；
d——基部长(13.9 μm～16.4 μm)。

图 A.1 锚钩的测量部位及大小

A.2 中型三代虫后吸器边缘小钩的测量部位及大小见图 A.2。

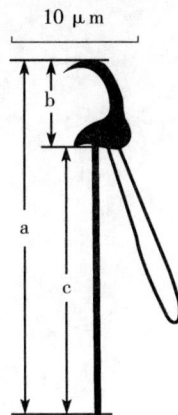

说明：
a——全长(21.6 μm～28.4 μm)；
b——镰部长(3.8 μm～5.4 μm)；
c——柄部长(17.3 μm～23.5 μm)。

图 A.2 边缘小钩的测量部位及大小

A.3 中型三代虫后吸器腹联结片的测量部位及大小见图 A.3。

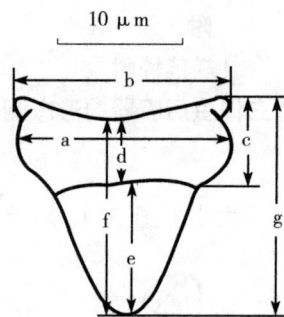

说明：
a——联结片长（17.1 μm～20.0 μm）；
b——突起间长（17.3 μm～21.8 μm）；
c——基部宽度（7.0 μm～9.1 μm）；
d——中间宽度（4.1 μm～6.2 μm）；
e——膜长（12.0 μm～13.0 μm）；
f——中间总宽度（16.1 μm～19.2 μm）；
g——基部总宽度（19.2 μm～22.5 μm）。

图 A.3　腹联结片的测量部位及大小

ICS 65.020.30

B 50

SC

中华人民共和国水产行业标准

SC/T 7219.5—2015

三代虫病诊断规程
第5部分：细锚三代虫病

Protocols for diagnosis of Gyrodactylosis—

Part 5:Infection with *Gyrodactylus sprostonae*

2015-02-09 发布

2015-05-01 实施

中华人民共和国农业部 发布

前　言

SC/T 7219《三代虫病诊断规程》为系列标准：
——第1部分：大西洋鲑三代虫；
——第2部分：鲩三代虫病；
——第3部分：鲢三代虫病；
——第4部分：中型三代虫病；
——第5部分：细锚三代虫病；
——第6部分：小林三代虫病；
…………
本部分为 SC/T 7219 的第5部分。

本部分按照 GB/T 1.1—2009 给出的规则起草。

请注意本文件的某些内容可能涉及专利。本文件的发布机构不承担识别这些专利的责任。

本部分由农业部渔业渔政管理局提出。

本部分由全国水产标准化技术委员会(SAC/TC 156)归口。

本部分起草单位：中国科学院水生生物研究所、全国水产技术推广总站。

本部分主要起草人：李文祥、王桂堂、邹红、吴山功、陈爱平。

三代虫病诊断规程
第5部分:细锚三代虫病

1 范围

本部分规定了细锚三代虫病的感染对象与临床症状,细锚三代虫(也叫史若兰三代虫,*Gyrodacty-lus sprostonae*)的采集与固定、形态学鉴定和分子检测的方法以及细锚三代虫病的综合判定。

本部分适用于鲤、鲫的细锚三代虫病的流行病学调查、诊断、监测和检疫。

2 规范性引用文件

下列文件对于本文件的应用是必不可少的。凡是注日期的引用文件,仅注日期的版本适用于本文件。凡是不注日期的引用文件,其最新版本(包括所有的修改单)适用于本文件。

GB/T 6682 分析实验室用水规格和试验方法

SC/T 7103 水生动物产地检疫采样技术规范

3 试剂和材料

3.1 水:符合 GB/T 6682 中一级水的规格。

3.2 乙醇:分析纯。

3.3 Taq 酶:—20℃保存,避免反复冻融。

3.4 dNTPs:含 dATP、dTTP、dGTP 和 dCTP 各 10 mmol/L。

3.5 上游引物:5′- TTTCCGTAGGTGAACCT - 3′。

3.6 下游引物:5′- TCCTCCGCTTAGTGATA - 3′。

3.7 矿物油:不含 DNA 酶和 RNA 酶。

3.8 DNA marker 2 000:2 000 bp、1 000 bp、750 bp、500 bp、250 bp、100 bp。

3.9 其他试剂见附录 A。

4 仪器和设备

4.1 解剖盘、剪刀、镊子、解剖针、手术刀。

4.2 体视显微镜和带测微标尺的光学显微镜。

4.3 盖玻片、载玻片、培养皿。

4.4 电子天平。

4.5 普通台式离心机和高速冷冻离心机。

4.6 普通冰箱和超低温冰箱。

4.7 微量移液器。

4.8 PCR 扩增仪。

4.9 离心管和 PCR 管。

4.10 紫外透射仪。

4.11 水平电泳系统。

5 感染对象与临床症状

5.1 感染对象

细锚三代虫能感染鲫(*Carassius auratus auratus*)、东北鲤(*Cyprinus carpio hematopterus*)、翘嘴红鲌(*Erythroculter ilishaeformis*)和鲶(*Silurus* spp.)等。

5.2 临床症状

细锚三代虫主要寄生于体表,病鱼常出现蹭擦池壁、跃出水面的行为;有些病鱼反应迟钝,常在水流缓慢的地方出现,体表因黏液增多变成淡灰色,背鳍、尾鳍和胸鳍的边缘出现糜烂。

6 三代虫采集与固定

6.1 病鱼采集

仔细观察待检鱼类的临床症状和行为,捞取具有典型症状的鱼类。采样方法、样品数量、样品封存和运输应符合 SC/T 7103 的规定。

6.2 三代虫样品的收集

6.2.1 现场采集

剪取鳍条、鳃丝或刮取部分体表黏液,置于载玻片上。滴加数滴清水,置于体视显微镜下观察。用解剖针将三代虫从鳍条或鳃丝或体表黏液中分离,用吸管吸出,放在盛有清水的培养皿中,每尾病鱼至少采集成虫 10 条。

6.2.2 固定病鱼中的采集

剪取病鱼鳍条或鳃丝放在载玻片上,逐滴加入自来水浸泡 10 min,置于体视显微镜下观察。发现三代虫后,用解剖针将虫体分离,放在盛有清水的培养皿中;同时,镜检固定病鱼所用容器底部的沉淀物。如发现有从鱼体脱落的三代虫,用吸管吸出,放在盛有清水的培养皿中。

6.3 三代虫样品的固定与保存

加一滴清水到载玻片上,用吸管吸取一个虫体置于水滴中,轻轻地盖上盖玻片。用一张滤纸在盖玻片边缘缓慢吸水,直到水基本吸干为止。加上一滴 APG 溶液(见附录 A.1)到盖玻片边缘,直到浸满盖玻片与载玻片之间的空隙。

用于形态学鉴定的虫体样本可用 70%酒精保存,用于 PCR 鉴定的虫体样品可用 95%酒精保存。

7 细锚三代虫的鉴定

7.1 细锚三代虫的形态学鉴定

细锚三代虫运动如尺蠖;虫体呈长叶形,体长 0.2 mm～0.5 mm,体前有 2 个头器,无黑色眼点;虫体后端具几丁质的伞状后吸器,其上有 1 对锚钩、16 个边缘小钩和 1 根腹联结片;锚钩基部较长,与钩尖几乎等长,腹联结片上窄下宽,突起间长小于腹联结片长,可依次进行鉴定。

细锚三代虫后吸器的锚钩、边缘小钩和腹联结片的形态特征、测量部位及其大小见附录 B。如果虫体后吸器的形态特征和测量大小与附录 B 相符,则可判定为细锚三代虫。

7.2 细锚三代虫的分子检测

7.2.1 虫体 DNA 的提取

将 80%乙醇固定的三代虫(1 个虫体作为 1 个样品)充分干燥去除乙醇,置入 1.5 mL 的离心管中,加入 500 μL DNA 抽提缓冲液Ⅰ(见附录 A.4)于 55℃消化 3 h,冷却至室温后加入 500 μL DNA 抽提缓冲液Ⅱ(见附录 A.5),摇匀,11 000 g 离心 10 min,收集上清液。然后,加入 2 倍上清液体积的-20℃预冷无水乙醇,4℃下 5 000 g 离心 10 min 弃上清液,70%乙醇洗涤沉淀 2 次,弃上清液,空气干燥后溶于 40 μL TE 缓冲液(见附录 A.2),-20℃保存备用。

7.2.2 rDNA - ITS 的 PCR 扩增

PCR 反应体系(25 μL)中,加入 20 μmol/L 的上游引物和下游引物各 1 μL,dNTPs 2 μL,MgCl₂ 2.5 μL,Taq 酶缓冲液 2.5 μL,0.5 U Taq 酶以及模板基因组 DNA 1 μL,最后用无菌去离子水定容到25 μL,无热盖加的 PCR 仪应加矿物油 25 μL。PCR 扩增时,应设置阴性对照和阳性对照。

在 PCR 扩增仪中,94℃预变性 4 min,再 94℃ 30 s→50℃ 30 s→72℃ 1 min,共 35 个循环;最后 72℃ 延伸 10 min。

7.2.3 PCR 产物电泳与测序

取 5 μL PCR 产物,加入 1 μL 溴酚蓝指示剂溶液(见附录 A.9),混匀。用 1.0%琼脂糖(含0.5 μg/mL EB)于 TAE 缓冲溶液(见附录 A.7)中电泳分离,同时设置 DNA 分子量标准作参照,紫外透射仪下检查是否存在大约 1 300 bp 的目的条带。如存在目的条带,则取 PCR 扩增产物测序,其序列参见附录 C。序列相似性在 99%以上者,判定虫体为细锚三代虫。

8 综合判定

8.1 细锚三代虫的判定

如果在显微镜下观察到鲤、鲫的鳍条或鳃丝或体表的三代虫符合 7.1 的形态特征和测量数据,或根据 7.2 的方法对 PCR 扩增产物测序,与附录 C 给出的序列进行比对分析,序列相似性在 99%以上者均可判定虫体为细锚三代虫。

8.2 细锚三代虫病的判定

鲤、鲫(包括金鱼)感染细锚三代虫,数量多于其他三代虫种类的,且病鱼临床症状符合 5.2 描述,则判定为细锚三代虫病。

附　录　A
（规范性附录）
试　剂　及　其　配　制

本附录所有试剂，除特别注明外，全部采用分析纯的试剂。

A.1　APG 溶液

将饱和的苦味酸铵溶液和甘油按照 1：1 的比例混合。

A.2　TE 缓冲液

1 mL Tris-HCl(1 mol/L,pH 8.0)和 0.2 mL EDTA(0.5 mol/L,pH 8.0)混合,加无菌去离子水定容至 100 mL,高压灭菌后 4℃保存。

A.3　10% SDS 溶液

10 g SDS 溶于 90 mL 蒸馏水中,68℃助溶,用盐酸调 pH 至 7.2,最后加蒸馏水定容至 100 mL,室温保存。

A.4　DNA 抽提缓冲液 I

400 μL TE 缓冲液、16 μL 蛋白酶 K(5 mg/mL)和 20 μL 10% SDS 的混合溶液。

A.5　DNA 抽提缓冲液 II

按 Tris-HCl 溶液饱和过的重蒸酚、氯仿、异戊醇以 25：24：1 的比例混合,密闭避光 4℃保存。

A.6　Taq 酶缓冲液(10 倍 PCR buffer)

0.5 mol/L pH8.8 的 Tris-HCl、0.5 mol/L 的氯化钾(KCl)和 1% 的 TritonX-100 的混合溶液。

A.7　TAE 电泳缓冲液(50 倍)

242.0 g Tris 碱、37.2 g Na$_2$EDTA·2H$_2$O 混合,然后加入 800 mL 的去离子水充分搅拌溶解,再加入 57.1 mL 的冰乙酸,充分混匀,加去离子水定容至 1 L,室温保存。

A.8　核酸染色剂(ethidium bromide,EB)

用水配制成 10.0 mg/mL 的浓缩液。使用时,每 10.0 mL 电泳液或琼脂中加 1.0 μL 的 EB。

A.9　溴酚蓝指示剂溶液

溴酚蓝 100 mg,加双蒸水 5 mL,在室温下过夜。待溶解后再称取蔗糖 25 g,加双蒸水溶解后移入溴酚蓝溶液中。摇匀后加双蒸水定容至 50 mL,加入氢氧化钠(NaOH)溶液 1 滴,调至蓝色。

附　录　B
（规范性附录）
细锚三代虫后吸器的形态测量

B.1　细锚三代虫后吸器锚钩的测量部位及大小见图 B.1。

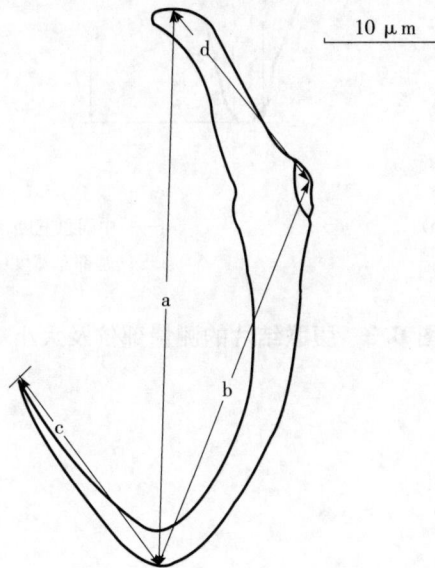

说明：
a——全长(42.0 μm~53.0 μm)；
b——钩柄长(36.0 μm~40.0 μm)；
c——钩尖长(17.0 μm~23.0 μm)；
d——基部长(13.0 μm~21.0 μm)。

图 B.1　锚钩的测量部位及大小

B.2　细锚三代虫后吸器边缘小钩的测量部位及大小见图 B.2。

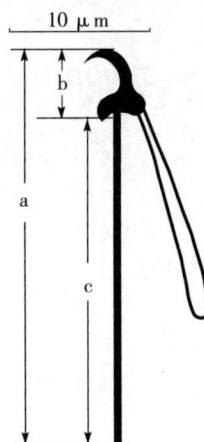

说明：
a——全长(18.1 μm~25.8 μm)；
b——镰部长(3.9 μm~6.0 μm)；
c——柄部长(11.0 μm~19.0 μm)。

图 B.2　边缘小钩的测量部位及大小

B.3 细锚三代虫后吸器腹联结片见图 B.3。

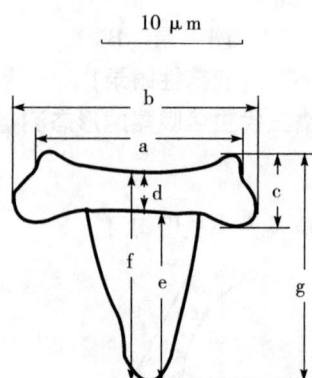

说明：
a——联结片长(15.0 μm~21.0 μm)；
b——突起间长(12.5 μm~18.2 μm)；
c——基部宽度(6.0 μm~7.0 μm)；
d——中间宽度(4.1 μm~6.2 μm)；
e——膜长(15.0 μm~18.0 μm)；
f——中间总宽度(19.0 μm~25.0 μm)；
g——基部总宽度(21.0 μm~25.0 μm)。

图 B.3　腹联结片的测量部位及大小

附　录　C
（资料性附录）
细锚三代虫核糖体 DNA 内转录间隔区(ITS)扩增产物的参考序列

细锚三代虫核糖体 DNA 内转录间隔区(ITS)扩增产物的参考序列如下，下划线为引物。

1	**tttccgtagg**	**tgaacct**gcg	gaaggatcat	taaacatagt	ttcctgtttg	tgtgtaattc
61	agttgtgatt	gctaacagct	aatatagctg	agctctatga	gcgagtgaga	gattaacgaa
121	atgaaacctg	aataataccc	aaggttatca	taaataatgc	cacccaataa	tactgcacgt
181	ttgccacacg	cagtaaaaag	aaaccaaacg	aacgagatac	gaacgagatt	cgaacgagat
241	aataagcgca	tcgcgcaaaa	gcaatcacac	tgttttattc	gcatttcatc	tgccctataa
301	aattaggggt	gaactatgta	gtaacccctc	actgtcattc	agacagttgc	tatttacaat
361	acgcaatgtg	gtgaactggt	aatcttccgt	gctaaaatgg	taatggctag	ctacggtaag
421	gtctgattat	cggtttggct	acggccagcc	cattggtgta	tccgctatta	ccaaaacctt
481	ctctacagtg	gttcgttgga	gttccacact	cactgcctcg	gcaccttcgg	gtgaactgat
541	cgtagtgctt	agcgccccgt	aaaaagggaa	gaagctttgc	ttattacaac	tccatgtggt
601	ggatcactcg	gctcacgtat	cgatgaagag	tgcagcaaac	tgtgttaacc	aatgtgaaac
661	gcaaactgct	tcgatcatcg	gtctctcgaa	cgcaaatggc	ggctaagggc	ttgctcttag
721	ccacgttcga	tcgagtgtcg	gcttttacct	atcgtaacgc	ttaattagtt	acggattggg
781	aagcatacca	tggctacgcg	attaacttgt	tgctgaaagt	gggaacagtg	ggtattacac
841	ggtctttacg	gtttgcccat	tggtgttcgg	attctggtat	tacacggtct	ttttacggtt
901	tgccagatga	attcacgctc	ttacaagtaa	gcgcttcaaa	gtattacacg	gtctctacgg
961	tttgctttga	agtaaagacc	tctatatcat	acacgacttc	tacggtttga	tatggagtga
1021	agtagctcta	gtggttcttc	cttaattact	tgggtagtat	tgttgtatac	tttatggtct
1081	gctctgcaca	gggtgcgtgg	cttagttcgc	tttgtaacgc	tgtactgttg	tggatagatt
1141	tgtgtatgat	atacccagtg	aaataaagtc	ctgacctcga	ttcgagcgtg	aatacccgct
1201	gaacttaagc	a**tatcactaa**	**gcggagga**			

ICS 65.020.30
B 50

SC

中华人民共和国水产行业标准

SC/T 7219.6—2015

三代虫病诊断规程
第6部分：小林三代虫病

Protocols for diagnosis of Gyrodactylosis—
Part 6: Infection with *Gyrodactylus kobayashii*

2015-02-09 发布

2015-05-01 实施

中华人民共和国农业部 发布

前　言

SC/T 7219《三代虫病诊断规程》为系列标准:
——第1部分:大西洋鲑三代虫病;
——第2部分:鲩三代虫病;
——第3部分:鲢三代虫病;
——第4部分:中型三代虫病;
——第5部分:细锚三代虫病;
——第6部分:小林三代虫病;
···········
本部分为 SC/T 7219 的第6部分。

本部分按照 GB/T 1.1—2009 给出的规则起草。

请注意本文件的某些内容可能涉及专利。本文件的发布机构不承担识别这些专利的责任。

本部分由农业部渔业渔政管理局提出。

本部分由全国水产标准化技术委员会(SAC/TC 156)归口。

本部分起草单位:中国科学院水生生物研究所、全国水产技术推广总站。

本部分主要起草人:李文祥、王桂堂、邹红、吴山功、陈爱平。

三代虫病诊断规程
第6部分:小林三代虫病

1 范围

本部分规定了小林三代虫病的感染对象与临床症状,小林三代虫(*Gyrodactylus kobayashii*)的采集与固定、形态学鉴定和分子检测的方法以及小林三代虫病的综合判定。

本部分适用于鲫的小林三代虫病的流行病学调查、诊断、监测和检疫。

2 规范性引用文件

下列文件对于本文件的应用是必不可少的。凡是注日期的引用文件,仅注日期的版本适用于本文件。凡是不注日期的引用文件,其最新版本(包括所有的修改单)适用于本文件。

GB/T 6682 分析实验室用水规格和试验方法

SC/T 7103 水生动物产地检疫采样技术规范

3 试剂和材料

3.1 水:符合 GB/T 6682 中一级水的规定。

3.2 乙醇:分析纯。

3.3 Taq 酶:−20℃保存,避免反复冻融。

3.4 dNTPs:含 dATP、dTTP、dGTP 和 dCTP 各 10 mmol/L。

3.5 上游引物:5′-TTTCCGTAGGTGAACCT-3′。

3.6 下游引物:5′-TCCTCCGCTTAGTGATA-3′。

3.7 矿物油:不含 DNA 酶和 RNA 酶。

3.8 DNA marker 2 000:2 000 bp、1 000 bp、750 bp、500 bp、250 bp、100 bp。

3.9 其他试剂见附录 A。

4 仪器和设备

4.1 解剖盘、剪刀、镊子、解剖针、手术刀。

4.2 体视显微镜和带测微标尺的光学显微镜。

4.3 盖玻片、载玻片、培养皿。

4.4 电子天平。

4.5 普通台式离心机和高速冷冻离心机。

4.6 普通冰箱和超低温冰箱。

4.7 微量移液器。

4.8 PCR 扩增仪。

4.9 离心管和 PCR 管。

4.10 紫外透射仪。

4.11 水平电泳系统。

5 感染对象与临床症状

5.1 感染对象

小林三代虫能感染鲫(*Carassius auratus auratus*)和东北雅罗鱼(*Leuciscus waleckii*)等。

5.2 临床症状

小林三代虫主要寄生于体表,病鱼常出现蹭擦池壁、跃出水面的行为;有些病鱼反应迟钝,常在水流缓慢的地方出现,体表因黏液增多变成淡灰色,背鳍、尾鳍和胸鳍的边缘出现糜烂。

6 三代虫采集与固定

6.1 病鱼采集

仔细观察待检鱼类的临床症状和行为,捞取具有典型症状的鱼类。采样方法、样品数量、样品封存和运输应符合 SC/T 7103 的规定。

6.2 三代虫样品的收集

6.2.1 现场采集

剪取鳍条、鳃丝或刮取部分体表黏液,置于载玻片上。滴加数滴清水,置于体视显微镜下观察。用解剖针将三代虫从鳍条或鳃丝或体表黏液中分离,用吸管吸出,放在盛有清水的培养皿中,每尾病鱼至少采集成虫 10 条。

6.2.2 固定病鱼中的采集

剪取病鱼鳍条或鳃丝放在载玻片上,逐滴加入自来水浸泡 10 min,置于体视显微镜下观察。发现三代虫后,用解剖针将虫体分离,放在盛有清水的培养皿中;同时,镜检固定病鱼所用容器底部的沉淀物。如发现有从鱼体脱落的三代虫,用吸管吸出,放在盛有清水的培养皿中。

6.3 三代虫样品的固定与保存

加一滴清水到载玻片上,用吸管吸取一个虫体置于水滴中,轻轻地盖上盖玻片。用一张滤纸在盖玻片边缘缓慢吸水,直到水基本吸干为止。加上一滴 APG 溶液(见附录 A.1)到盖玻片边缘,直到浸满盖玻片与载玻片之间的空隙。

用于形态学鉴定的虫体样本可用 70%酒精保存,用于 PCR 鉴定的虫体样品可用 95%酒精保存。

7 小林三代虫的鉴定

7.1 小林三代虫的形态学鉴定

小林三代虫运动如尺蠖;虫体呈长叶形,体长 0.3 mm～0.7 mm,体前有 2 个头器,无黑色眼点;虫体后端具几丁质的伞状后吸器,其上有 1 对锚钩、16 个边缘小钩和 1 根腹联结片;锚钩钩尖较长,长于基部,腹联结片的耳状突起短而钝,突起间长小于腹联结片长,边缘小钩的钩尖较平直,可依次进行鉴定。

小林三代虫后吸器的锚钩、边缘小钩和腹联结片的形态特征、测量部位及其大小见附录 B。如果虫体后吸器的形态特征和测量大小与附录 B 相符,则可判定为小林三代虫。

7.2 小林三代虫的分子检测

7.2.1 虫体 DNA 的提取

将 80%乙醇固定的三代虫(1 个虫体作为 1 个样品)充分干燥去除乙醇,置入 1.5 mL 的离心管中,加入 500 μL DNA 抽提缓冲液 I(见附录 A.4)于 55℃消化 3 h,冷却至室温后加入 500 μL DNA 抽提缓冲液 II(见附录 A.5),摇匀,11 000 g 离心 10 min,收集上清液。然后,加入 2 倍上清液体积的 −20℃预冷无水乙醇,4℃下 5 000 g 离心 10 min 弃上清液,70%乙醇洗涤沉淀 2 次,弃上清液,空气干燥后溶于 40 μL TE 缓冲液(见附录 A.2),−20℃保存备用。

7.2.2 rDNA-ITS 的 PCR 扩增

PCR 反应体系(25 μL)中,加入 20 μmol/L 的上游引物和下游引物各 1 μL,dNTPs 2 μL,$MgCl_2$ 2.5 μL,Taq 酶缓冲液 2.5 μL,0.5 U Taq 酶以及模板基因组 DNA 1 μL,最后用无菌去离子水定容到 25 μL,无热盖加的 PCR 仪应加矿物油 25 μL。PCR 扩增时,应设置阴性对照和阳性对照。

在 PCR 扩增仪中,94℃预变性 4 min,再 94℃ 30 s→50℃ 30 s→72℃ 1 min,共 35 个循环;最后 72℃延伸 10 min。

7.2.3 PCR 产物电泳与测序

取 5 μL PCR 产物,加入 1 μL 溴酚蓝指示剂溶液(见附录 A.9),混匀,用 1.0% 琼脂糖(含 0.5 μg/mL EB)于 TAE 缓冲溶液(见附录 A.7)中电泳分离,同时设置 DNA 分子量标准作参照,紫外透射仪下检查是否存在大约 1 300 bp 的目的条带。如存在目的条带,则取 PCR 扩增产物测序,其序列参见附录 C。序列相似性在 99% 以上者,判定虫体为小林三代虫。

8 综合判定

8.1 小林三代虫的判定

如果在显微镜下观察到鲤、鲫的鳍条或鳃丝或体表的三代虫符合 7.1 的形态结构和测量数据,或根据 7.2 的方法对 PCR 扩增产物测序,与附录 C 给出的序列进行比对分析,序列相似性在 99% 以上者,均可判定虫体为小林三代虫。

8.2 小林三代虫病的判定

鲫(包括金鱼)感染小林三代虫,数量多于其他三代虫种类的,且病鱼临床症状符合 5.2 描述,则判定为小林三代虫病。

附　录　A
（规范性附录）
试　剂　及　其　配　制

本附录所有试剂,除特别注明外,全部采用分析纯的试剂。

A.1　APG 溶液

将饱和的苦味酸铵溶液和甘油按照 1∶1 的比例混合。

A.2　TE 缓冲液

1 mL Tris-HCl(1 mol/L, pH 8.0)和 0.2 mL EDTA(0.5 mol/L, pH 8.0)混合,加无菌去离子水定容至 100 mL,高压灭菌后 4℃保存。

A.3　10% SDS 溶液

10 g SDS 溶于 90 mL 蒸馏水中,68℃助溶,用盐酸调 pH 至 7.2,最后加蒸馏水定容至 100 mL,室温保存。

A.4　DNA 抽提缓冲液 I

400 μL TE 缓冲液、16 μL 蛋白酶 K(5 mg/mL)和 20 μL10% SDS 的混合溶液。

A.5　DNA 抽提缓冲液 II

按 Tris-HCl 溶液饱和过的重蒸酚、氯仿、异戊醇以 25∶24∶1 的比例混合,密闭避光 4℃保存。

A.6　Taq 酶缓冲液(10 倍 PCR buffer)

0.5 mol/L pH 8.8 的 Tris-HCl、0.5 mol/L 的氯化钾(KCl)和 1%的 TritonX-100 的混合溶液。

A.7　TAE 电泳缓冲液(50 倍)

242.0 g Tris 碱、37.2 g Na_2EDTA·$2H_2O$ 混合,然后加入 800 mL 的去离子水充分搅拌溶解,再加入 57.1 mL 的冰乙酸,充分混匀,加去离子水定容至 1 L,室温保存。

A.8　核酸染色剂(ethidium bromide,EB)

用水配制成 10.0 mg/mL 的浓缩液。使用时,每 10.0 mL 电泳液或琼脂中加 1.0 μL 的 EB。

A.9　溴酚蓝指示剂溶液

溴酚蓝 100 mg,加双蒸水 5 mL,在室温下过夜。待溶解后再称取蔗糖 25 g,加双蒸水溶解后移入溴酚蓝溶液中。摇匀后,加双蒸水定容至 50 mL,加入氢氧化钠(NaOH)溶液 1 滴,调至蓝色。

附 录 B
（规范性附录）
小林三代虫后吸器的形态测量

B.1 小林三代虫后吸器锚钩的测量部位及大小见图 B.1。

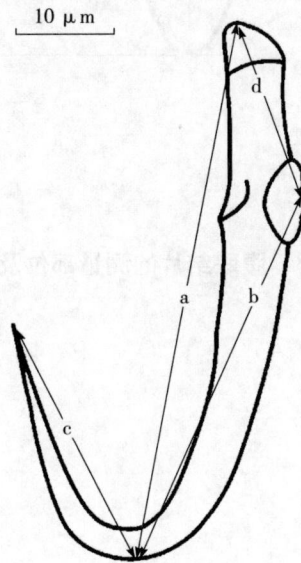

说明：
a——全长(55.2 μm~65.7 μm)；　　　　　　　c——钩尖长(25.2 μm~29.9 μm)；
b——钩柄长(40.3 μm~48.2 μm)；　　　　　　d——基部长(15.9 μm~22.5 μm)。

图 B.1　锚钩的测量部位及大小

B.2 小林三代虫后吸器边缘小钩的测量部位及大小见图 B.2。

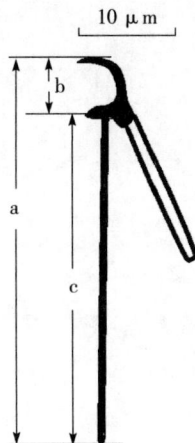

说明：
a——全长(24.3 μm~28.7 μm)；　　　　　　　c——柄部长(19.1 μm~23.6 μm)。
b——镰部长(5.1 μm~6.2 μm)；

图 B.2　边缘小钩的测量部位及大小

B.3 小林三代虫后吸器腹联结片的测量部位及大小见图 B.3。

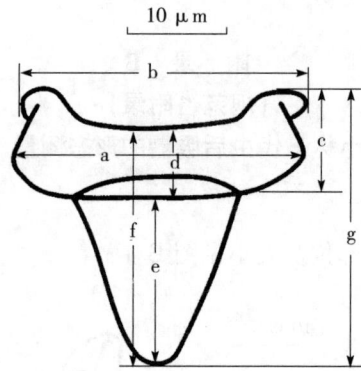

说明：
a——联结片长(21.6 μm～25.2 μm)；
b——突起间长(17.3 μm～21.8 μm)；
c——基部宽度(6.6 μm～10.2 μm)；
d——中间宽度(5.1 μm～7.3 μm)；

e——膜长(14.1 μm～16.3 μm)；
f——中间总宽度(19.2 μm～23.6 μm)；
g——基部总宽度(21.4 μm～37.3 μm)。

图 B.3 腹联结片的测量部位及大小

附　录　C
（资料性附录）
小林三代虫核糖体 DNA 内转录间隔区(ITS)扩增产物的参考序列

小林三代虫核糖体 DNA 内转录间隔区(ITS)扩增产物的参考序列如下,下划线为引物。

1	tttccgtagg	tgaacctgcg	gaaggatcat	taaacatagt	ttccaatttg	tgtgtgattc
61	agtgtgtttg	ctacaaaagt	gctcaccaat	ataaagagta	actttcgtcc	cgaatgaatt
121	tgcagggcgt	gttaaaacgt	ctgatatttc	cgttacgtgg	tgcatgtata	tagggaggcc
181	tcatttcttt	gcgacaattg	agtgcctcct	ttcatctgac	taagatacag	tcttcaatta
241	attctaaaac	gaacgagatt	ccttagtaag	agtctaagag	aacgaacgag	attcctggcg
301	accgagaatc	gcctagcaaa	cacactgttt	tattcgcatc	caatctgccc	taaaattcag
361	gggcgtataa	tcgtgtttac	atggtttaac	ccctcaccgt	cgtttagacg	gttgctcttt
421	aacatactca	ttggagtgaa	ctggtaatct	tccgtgctaa	aatggtaatg	gctagcgtcg
481	gaatggtctg	attatcggtt	cggctacggc	cagctcaatg	tagtaaccgc	tattaccaaa
541	cccatctcta	cagtggttcg	ttggagttcc	acactcactg	cctcggcacc	ttcgggtgaa
601	ctgaacgtag	tgcttagcgc	cccgtaaaaa	gggaagaagc	tttgctaatt	acaactccat
661	gtggtggatc	actcggctca	cgtaacgatg	aagagtgcag	caaactgtgt	taaccaatgt
721	gaaacgcaaa	ctgcttcgat	catcggtctc	tcgaacgcaa	atggcggcta	agggcttgct
781	cttagccacg	ttcgatcgag	tgtcggcttt	tacctatcgt	aacgcttaat	tagttgcgga
841	ttgggaagca	taccatggct	acgcgattaa	cttgttgttg	aaagtattga	cactgggtat
901	tacacggtct	tgacggtttg	cccagtggtg	ttcggatttt	ggtattacac	ggtctttgcg
961	gtttgccaat	tgatgttcac	gcctttacta	gtaagcagct	tcagagtatt	acacggtctt
1021	gacggtttgc	tctgaagtaa	agacctccat	atcatacacg	acctttacgg	tttgatgtgg
1081	agtgtagtgg	ctctagtggt	tcttccttaa	ttacttgggt	agtattgttg	tgtactttaa
1141	tgtctgctct	gcacagggtg	cgtggcttag	ttcgcttcgt	aacgctgtac	tgctgtagag
1201	agacttgtat	acaatatacc	cagagaaagc	tagtcctgac	ctcgattcga	gcgtgaatac
1261	ccgctgaact	taagcatatc	actaagcgga	gga		

ICS 65.020.30
B 50

SC

中华人民共和国水产行业标准

SC/T 7220—2015

中华绒螯蟹螺原体 PCR 检测方法

PCR detection method of Spiroplasma eriocheiris

2015-02-09 发布
2015-05-01 实施

中华人民共和国农业部 发布

前　言

本标准按照 GB/T 1.1—2009 给出的规则起草。

本标准由农业部渔业渔政管理局提出。

本标准由全国水产标准化技术委员会(SAC/TC 156)归口。

本标准起草单位:南京师范大学。

本标准主要起草人:王文、孟庆国、顾伟、吴霆、李文杰、任乾、丁正峰。

引　言

　　本文件的发布机构提请注意如下事实，声明符合本文件时，可能涉及 7.2 中华绒螯蟹螺原体 PCR 检测与《螺原体病原微生物的 PCR 快速检测技术》（专利号：ZL 2005 1 0041005 X）等相关的专利的使用。

　　本文件的发布机构对于该专利的真实性、有效性和范围无任何立场。

　　该专利持有人已向本文件的发布机构保证，他愿意同任何申请人在合理且无歧视的条款和条件下，就专利授权许可进行谈判。该专利持有人的声明已在本文件的发布机构备案。相关信息可以通过以下联系方式获得：

　　专利持有人：南京师范大学

　　地址：江苏省南京市文苑路 1 号南京师范大学生命科学学院

　　请注意除上述专利外，本文件的某些内容仍可能涉及专利。本文件的发布机构不承担识别这些专利的责任。

中华绒螯蟹螺原体 PCR 检测方法

1 范围

本标准规定了对中华绒螯蟹螺原体病原分离、纯化以及 PCR 检测的方法。

本标准适用于中华绒螯蟹等水生甲壳动物（包括中华绒螯蟹 *Eriocheir sinensis*、凡纳滨对虾 *Litopenaeus vannamei*、克氏原螯虾 *Procambarus clarkii*、罗氏沼虾 *Macrobrachium rosenbergii*，下文均是以中华绒螯蟹为对象）中华绒螯蟹螺原体感染的流行病学调查、检疫和监测。

2 规范性引用文件

下列文件对于本文件的应用是必不可少的。凡是注日期的引用文件，仅注日期的版本适用于本文件。凡是不注日期的引用文件，其最新版本（包括所有的修改单）适用于本文件。

SC/T 7103　水生动物产地检疫采样技术规范

SC/T 7202.2—2007　斑节对虾杆状病毒（MBV）病诊断规程　第 2 部分：PCR 检测方法

3 术语和定义

下列术语和定义适用于本文件。

3.1

中华绒螯蟹螺原体　*spiroplasma eriocheiris*

具有体积小（可以滤过 0.22 μm 孔径滤膜）、会运动、有螺旋结构、没有细胞壁、可以用人工培养基培养等特征。该病原侵染中华绒螯蟹血淋巴细胞后在其内大量繁殖形成包涵体，该病原还广泛侵染中华绒螯蟹机体内所有器官（包括鳃、心脏、肝胰腺、肌肉、神经、消化道等）的结缔组织。螺原体侵染神经时，可以引起宿主附肢颤抖，最终导致被感染宿主死亡。

4 试剂和材料

4.1　Chelex-100 悬浊液（5%）：称取 5.0 g Chelex-100 混于 100 mL 去离子水中，常温保存。

4.2　酒精：100%，分析纯。

4.3　蛋白酶 K：20 mg/mL。

4.4　DL2000 DNA 分子量标准。

4.5　溴化乙啶（EB）：10 mg/mL。

4.6　琼脂糖：电泳级。

4.7　dNTP：10 mmol/L，含 dATP、dTTP、dCTP、dGTP 各 10 mmol/L 的混合物，−20℃保存。

4.8　Taq DNA 聚合酶：5 U/μL，−20℃保存。

4.9　10×PCR 缓冲液：−20℃保存。

4.10　5×TBE 电泳缓冲液。

4.11　6×上样缓冲液。

4.12　引物 F1：5′-GATCAATCAATTGGTTTA-3′，R1：5′-GGTTAGTTCTCTCAGATAGTA-AGAA-3′用无菌去离子水配制成 10 μmol/L，−20℃保存，用以扩增中华绒螯蟹螺原体 16 s rRNA-23 s rRNA 间区序列。

4.13　0.01 mol/L 磷酸盐缓冲液 PBS。

4.14 R2 液体培养基:2.5 g HIB,8 g 蔗糖,加双蒸水至 84 mL,121℃高压灭菌 20 min;15 mL 胎牛血清(56℃灭活 0.5 h),1 mL 酚红,100 mg 青霉素,0.22 μm 滤器过滤灭菌;高压灭菌部分冷却至 50℃以下与过滤灭菌部分混匀即得 100 mL R2 液体培养基。

4.15 阳性对照为已知感染中华绒螯蟹螺原体且中华绒螯蟹螺原体分离培养和 PCR 结果显示阳性的中华绒螯蟹肌肉组织提取的 DNA,−20℃保存。

4.16 阴性对照为已知未感染中华绒螯蟹螺原体且中华绒螯蟹螺原体分离培养和 PCR 结果显示阴性的中华绒螯蟹肌肉组织提取的 DNA,−20℃保存。

5 仪器设备

5.1 医用镊子、医用解剖刀、医用剪刀。

5.2 1 mL 一次性注射器。

5.3 台式高速离心机:最高转速可达 12 000 r/min 以上。

5.4 恒温培养箱:能满足 30℃要求。

5.5 普通冰箱:具有冷藏箱,−18℃以下冷冻箱体。

5.6 微量移液器:量程 0.1 μL~2.5 μL、1 μL~10 μL、2 μL~20 μL、20 μL~200 μL、100 μL~1 000 μL。

5.7 微量离心管:1.5 mL。

5.8 PCR 仪。

5.9 电泳仪和水平电泳槽:输出直流电压 0 V~600 V。

5.10 凝胶成像仪。

5.11 水浴锅或者金属浴。

5.12 微波炉。

5.13 PCR 管:0.2 mL。

5.14 滤器:0.22 μm。

5.15 涡旋振荡器。

6 采样

采样数量、运输以及保存按 SC/T 7103 的规定执行。中华绒螯蟹体表用 70%酒精消毒,用 1 mL 一次性注射器抽取第三步足基部的血淋巴液,与两倍体积的 PBS 缓冲液混匀后用 0.22 μm 孔径滤器过滤,滤液用于中华绒螯蟹螺原体的分离培养;而后用无菌剪刀剪取中华绒螯蟹一条步足,去掉外壳后,取肌肉约 0.1 g 用于 DNA 提取。中华绒螯蟹以外的水生甲壳动物取样方法类似。

7 检测方法

7.1 中华绒螯蟹螺原体分离、培养

7.1.1 待测个体体表 70%酒精消毒,1 mL 一次性注射器抽取血淋巴液与灭菌处理后的 PBS 缓冲液 1∶2 体积比混匀。

7.1.2 将上述混匀的血淋巴液通过 0.22 μm 孔径滤器,收集滤过液。

7.1.3 将上述滤液 50 μL 无菌接种至 1 mL R2 液体培养基,30℃恒温培养 20 d。

7.1.4 逐日观察培养基颜色变化,培养基颜色由红变黄且澄清透明,可初步判断为中华绒螯蟹螺原体阳性;若恒温培养 15 d 以上培养基仍无颜色变化,可判断待测样品为中华绒螯蟹螺原体阴性。

7.1.5 分离培养物 PCR 检测:见 7.2。

7.2 PCR 检测

7.2.1 DNA 模板的提取

7.2.1.1 取所检测动物肌肉组织一小块(约 0.1 g)切碎,转移到灭菌的 1.5 mL 微量离心管中(分离培养物 PCR 检测时,取分离培养物 1 mL,10 000 r/min 离心 10 min 取样)。

7.2.1.2 用 200 μL 5% 的 chelex-100 悬浊液重悬,加入 5 μL (20 mg/mL)的蛋白酶 K 溶液,涡旋振荡器混合均匀后 56℃ 水浴锅孵育,期间不断颠倒混匀。如 1.5 h 后仍见溶液浑浊,可再补加相同浓度蛋白酶 K 溶液 2 μL 混合均匀后继续孵育,2 h 时观察溶液的浑浊程度。如果澄清,则取出进行下一步的实验;若仍然显示浑浊状态,延长孵育时间到 2.5 h。

7.2.1.3 颠倒混匀,转移至 98℃ 水浴锅内孵育 8 min。

7.2.1.4 颠倒混匀,4℃,12 000 r/min 离心 30 min。

7.2.1.5 离心后的上清液转移到一新的 1.5 mL 灭菌 Eppendorf 管中,此上清液即需要进行 PCR 鉴定的 DNA 的溶液。

7.2.2 PCR 反应体系的准备

7.2.2.1 PCR 反应体系的准备必须在洁净的区域完成。

7.2.2.2 PCR 反应体系中使用引物 F1 和 R1,模板为提取的样品 DNA,其反应预混物见表 1。

表 1　100 份 PCR 反应预混物所需试剂组成

试　剂	25 μL 体系	50 μL 体系	100 μL 体系	试剂终浓度
10×PCR 缓冲液(无 Mg^{2+})	250 μL	500 μL	1 000 μL	1×
MgCl$_2$(25 mmol/L)	150 μL	300 μL	600 μL	1.5 mmol/L
dNTP(10 mmol/L)	50 μL	100 μL	200 μL	0.2 mmol/L
10 μmol/L 引物 F1	250 μL	500 μL	1 000 μL	1 μmol/L
10 μmol/L 引物 R1	250 μL	500 μL	1 000 μL	1 μmol/L
灭菌双蒸水	1 300 μL	2 600 μL	5 200 μL	
Taq DNA 聚合酶(5 U/μL)	50 μL	100 μL	200 μL	0.1 U/μL
注:25 μL 体系模板量 2 μL/反应管;50 μL 体系模板量 4 μL/反应管;100 μL 体系模板量 8 μL/反应管。				

7.2.2.3 检测前,在洁净区按比例分别加入 PCR 试剂,同时带入样品区待用。

7.2.3 PCR 操作

7.2.3.1 对每份样品用单独的枪头定量吸取待测模板,待测模板除抽提的样品 DNA 外同时设阳性对照、阴性对照和以无菌双蒸水为模板的空白对照。分别将各模板溶液加到各支 PCR 反应预混物中,盖严管盖(样品区完成)。

7.2.3.2 将 PCR 管带入扩增区,PCR 管在手掌型离心机上离心 1 s~2 s,放入 PCR 仪中,盖上 PCR 仪。首先进行预热反应 90℃ 2 min,再按以下程序进行扩增反应:94℃ 1 min,52℃ 1 min,72℃ 1.5 min,35 个循环,72℃ 延伸 10 min。4 ℃保温(扩增区完成)。

7.2.4 PCR 产物的分析

按照 SC/T 7202.2—2007 中 7.1.5~7.1.8 的规定执行。

7.2.5 PCR 产物序列测定

PCR 产物可以用引物 F1 和 R1 进行序列测定,以判断该序列的正确性。中华绒螯蟹螺原体 PCR 检测产物序列参见附录 A。

7.2.6 结果判定

7.2.6.1 阳性对照在 246 bp 处会有一条特定条带出现(参见图 B.1 lane 2);阴性对照在 246 bp 处不出

现条带(参见图 B. 1lane 3～5),以无菌水为模板设立的空白对照不出现任何条带(参见图 B. 1lane 6)。阳性对照在 246 bp 处无特定条带出现或阴性对照在 246 bp 处有条带出现都表明 PCR 失败,应在排除故障和清除污染后,重新取样检测。

7.2.6.2 样品的电泳结果参照阳性对照和阴性对照进行判读。在 246 bp 处有条带出现,表示样品检测 PCR 结果为阳性;在 246 bp 处无条带出现,表示样品检测结果 PCR 为阴性。

7.2.6.3 阳性结果经过测序验证其正确性后,表明被检测样品中存在中华绒螯蟹螺原体的 DNA。

附　录　A

（资料性附录）

螺原体 PCR F1/R1 扩增的产物序列

螺原体 PCR F1/R1 扩增的产物序列如下：

GATCAATCAATTGGTTTAAATAACCAAAGGTTTTTTTGTTTTGAGAATCATTTACAAATAAATAAC
TGTGAAATTTCAGTTTTAAAAGTTAATTTTAAAAATAACAGAAATTTGATTGTTAATTTGTTATATAA
ATAAATTTATATAACTAGATGTCTATTATCCAGTTTTCAAAGAACAATTCATAGTAATTTAAAAATACT
GTTTGACGAGTATTGATT**TTCTTACTATCTGAGAGAACTAACC**

附　录　B
（资料性附录）
中华绒螯蟹螺原体特异性 PCR 琼脂糖电泳图

中华绒螯蟹螺原体特异性 PCR 琼脂糖电泳图见图 B.1。

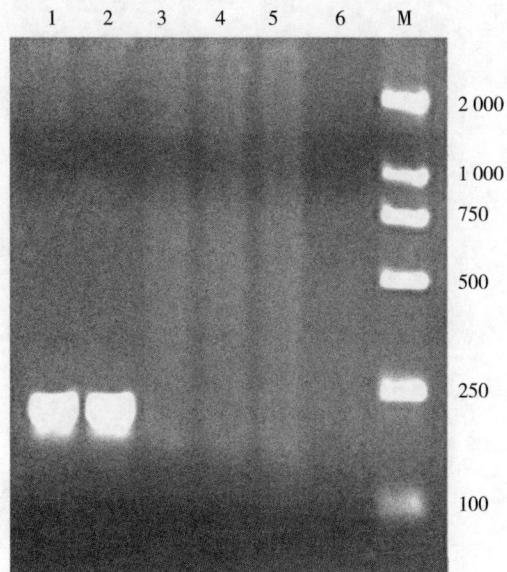

说明：
1～2——阳性结果；　　　　　　　　　　　　6 ——空白对照；
3～5——阴性结果；　　　　　　　　　　　　M——DNA Mark。

图 B.1　中华绒螯蟹螺原体特异性 PCR 琼脂糖电泳图

ICS 47.020.60
U 66

SC

中华人民共和国水产行业标准

SC/T 8045—2015
代替 SC/T 8045—1994

渔船无线电通信设备修理、安装及调试
技术要求

Technical requirements for the repair, installation and debugging of
fishing vessel radio communication equipments

2015-02-09 发布

2015-05-01 实施

中华人民共和国农业部 发布

SC/T 8045—2015

目　次

前　言

本标准按照 GB/T 1.1—2009 给出的规则起草。

请注意本文件的某些内容可能涉及专利。本文件的发布机构不承担识别这些专利的责任。

本标准代替 SC/T 8045—1994《渔船无线电通信设备修理、安装及调试技术要求》。与 SC/T 8045—1994 相比,除编辑性修改外,主要技术变化如下:

——将主收发信机改为规范的标准名称:中频/高频(MF/HF)无线电装置,并增加了部分内容(见 4.1、5.1、6.1,1994 年版 4.1、5.1、6.1);

——删除备用收发信机的内容(见 1994 年版 4.2、5.2、6.2);

——将超短波无线电话机改为规范的标准名称:甚高频(VHF)无线电装置,并对内容进行修订(见 4.2、5.2、6.2,1994 年版 4.3、5.3、6.3);

——删除无线电话遇险频率值班接收机的内容(见 1994 年版 4.4、5.4、6.4);

——重新修订应急无线电示位标(EPIRB)内容(见 4.3、5.3、6.3);

——增加渔船用调频无线电话(27.50 MHz～39.50 MHz)的修理、安装及调试技术要求(见 4.4、5.4、6.4);

——增加救生艇筏双向甚高频无线电话(Two-way VHF)的修理、安装及调试技术要求(见 4.5、5.5、6.5);

——增加搜救雷达应答器(SART)的修理、安装及调试技术要求(见 4.6、5.6、6.6);

——增加渔船船载北斗终端的修理、安装及调试技术要求(见 4.7、5.7、6.7);

——增加海事卫星 C 船舶地球站的修理、安装及调试技术要求(见 4.8、5.8、6.8);

——增加海事卫星 FB 船舶地球站的修理、安装及调试技术要求(见 4.9、5.9、6.9);

——增加渔船射频识别(RFID)电子标签的修理、安装及调试技术要求(见 4.10、5.10、6.10);

——增加渔船自动识别系统(AIS)B 类设备的修理、安装及调试技术要求(见 4.11、5.11、6.11);

——增加渔船 CDMA 手机的修理技术要求(见 4.12);

——增加航行警告接收机(NAVTEX)的修理、安装及调试技术要求(见 4.13、5.12、6.12)。

本标准由农业部渔业渔政管理局提出。

本标准由全国渔船标准化技术委员会(SAC/TC 157)归口。

本标准起草单位:农业部南海区渔政局、武汉理工大学。

本标准主要起草人:李平、陈伟、何瞿秋、李向舜、庞兆勇。

本标准的历次版本发布情况为:

——SC 45—1979;

——SC 97—1982;

——SC/T 8045—1994。

渔船无线电通信设备修理、安装及调试技术要求

1 范围

本标准规定了渔业船舶的中频/高频(MF/HF)无线电装置、甚高频(VHF)无线电装置、应急无线电示位标(EPIRB)、渔船用调频无线电话(27.50 MHz～39.50 MHz)、救生艇筏双向甚高频(Two - way VHF)无线电话、搜救雷达应答器(SART)、渔船船载北斗终端、海事卫星 C 船舶地球站、海事卫星 FB 船舶地球站、渔船射频识别(RFID)电子标签、渔船自动识别系统(AIS)B 类终端设备、渔船 CDMA 手机、航行警告接收机(NAVTEX)的修理、安装及调试技术要求。

本标准适用于渔业船舶的无线电通信设备修理、安装及调试。

2 规范性引用文件

下列文件对于本文件的应用是必不可少的。凡是注日期的引用文件,仅注日期的版本适用于本文件。凡是不注日期的引用文件,其最新版本(包括所有的修改单)适用于本文件。

GB/T 3454　数据终端设备(DTE)和数据电路终接设备(DCE)之间的接口电路定义表

GB/T 9391　船用导航雷达技术要求、测试方法和要求的测试结果

GB 15216　全球海上遇险安全系统(GMDSS)搜救雷达应答器(SATR)性能要求

GB/T 16982　国际海事卫星 C 船舶地球站技术要求

GB/T 18766　奈伏泰斯系统技术要求

GB/T 28925　信息技术 射频识别 2.45 GHz 空中接口协议

CB/T 3908　船舶电缆敷设工艺

CB/T 3909　船舶电气设备安装工艺

SC/T 6070　渔业船舶船载北斗卫星导航系统终端技术要求

SC/T 8145　渔业船舶自动识别系统 B 类船载设备技术要求

ITU　无线电规则　附录 15:全球海上遇险和安全系统(GMDSS)的遇险和安全通信频率[Radio Regulations Appendix 15:Distress and safety communication frequency of the Global Maritime Distress and Safety System (GMDSS)]

ITU　无线电规则　附录 17:水上移动业务高频频段内的频率和频道配置(Radio Regulations Appendix 17:the channel and channel configuration of the maritime mobile service in high frequency band)

ITU　无线电规则　附录 18:VHF 水上移动频段内的发射频率表(Radio Regulations Appendix 18:launch frequency table in VHF maritime mobile band)

IMO　A.694(17)号决议　作为全球海上遇险与安全系统(GMDSS)组成部分的船载无线电设备和电子导航设备的一般要求[General requirements of ship born radio equipment forming part of the Global Maritime Distress and Safety System (GMDSS) and for electronic navigational aids]

C/S　T.001　COSPAS—SARSAT 406 MHz 遇险示位标规范(Specification for COSPAS—SARSAT 406 MHz Distress Beacons)

渔业船舶法定检验规则

3 总则

3.1 无线电通信设备的修理、安装及调试,应严格按照其设备说明书规定的程序进行。

3.2 无线电通信设备接地,应满足《渔业船舶法定检验规则》的要求。

3.3 其他有关电气设备的安装技术要求,应按 CB/T 3909 中的有关规定执行。

3.4 电缆的敷设应按 CB/T 3908 中的有关规定执行。

3.5 对整机的机体接插件、紧固件、电器元件、连接电缆及机械传动部分应满足规定的技术标准要求。

3.6 对整机的性能进行全面测试,应达到说明书中规定的技术标准要求。

3.7 在设备修理、安装及调试过程中,不应影响正常的安全通信,防止产生误报警。所有设备的故障、维修及调试情况均应详细记录在无线电日志中,以备查阅。

3.8 有特殊安全要求的船舶,在实施设备修理、安装及调试和使用液化气烙铁前,应征得船上主管人员同意方可实施和使用。

3.9 修理渔船无线电通信设备的单位或个人应具备一定的资质,在维修、安装及调试过程中应保证人身和设备安全。

3.10 经修理的无线电通信设备在提交检验和移交时,承修部门应提供"修复证明书"。证明书中应列出修理内容、仪器设备经测试已达到的主要技术指标和航行效用试验情况。

3.11 无线电通信设备的航行效用试验中,应遵循以下技术管理要求:

　　a) 船舶一切无线电发信设备的试验与测试,应尽可能避免在遇险频率、公用呼叫频率和当地岸台专用频道上进行试验和发射,并应避免干扰正进行中的通信;

　　b) 船舶停泊期间,发信设备的测试应严格遵守当地港口的有关规定;

　　c) 进行发信机试验与测试时,应使用假天线,并将输出功率减至最低挡;

　　d) 当有必要发送试验或者调整信号时,这种信号不应超过 10 s;

　　e) 非专业人员不得对遇险功能进行试验。

4 无线电通信设备的修理

4.1 中频/高频(MF/HF)无线电装置

4.1.1 中频/高频(MF/HF)无线电发射装置

4.1.1.1 用面板公用电表检查各挡电压、电流及电平值,应基本符合说明书的规定。

4.1.1.2 应能使用话音和 DSC、NBDP 进行呼叫和通信,各项工作模式在相应的频率上能正常工作。

4.1.1.3 频道转换时,在规定的捕捉时间内应锁定在正确的频率上。在任何情况下,所用时间不应超过 15 s。设备在进行频道转换时应不能发射。

4.1.1.4 功率管在全功率工作时间的阴流(或屏流)应基本符合说明书规定数值。

4.1.1.5 面板上各开关、按键、旋钮应操作灵活,功能正常。

4.1.1.6 机内温升正常,无高压打火等现象。

4.1.1.7 显示屏上的文字、字母、符号应清晰可辨。

4.1.1.8 检查"修复证明书"中所记录的主要技术性能参数应符合该设备出厂说明书中所规定的指标。

4.1.2 中频/高频(MF/HF)无线电接收装置

4.1.2.1 电源部分的输入和输出电压应符合该机规定的数值。

4.1.2.2 各开关、按键、旋钮应操作灵活,功能正常。

4.1.2.3 机内接插件连接良好。

4.1.2.4 至少能接收 J3E、H3E、F1B 和 J2B 等发射类别的上边带信号。

4.1.2.5 无特殊的机器噪声,语音清晰。

4.1.2.6 在频道转换时,能在规定捕捉时间内迅速锁定到正确频率。对有微型计算器控制的设备,要求其功能正常。

4.1.2.7 机器接收灵敏度、选择性、频率误差、频率稳定性、失真等主要技术数据,应符合说明书的规定。

4.1.2.8 检查"修复证明书"中所记录的主要技术性能参数应符合设备出厂说明书的规定。

4.1.2.9 收发天线结构的技术要求,参照《渔业船舶法定检验规则》中的有关规定。

4.2 甚高频(VHF)无线电装置

4.2.1 维护人员应能利用产品说明书排除设备的简单故障。

4.2.2 维护人员应能根据面板或显示屏上的指示状态,检查和判断设备的工作情况。

4.2.3 有2台甚高频无线电装置时,操作人员可通过他们之间的通话来检查设备的状态和故障情况。

4.2.4 检查甚高频无线电装置的功率。在港内可用小功率发射与港内较远的话台联络,双方的通信效果应达到收、发语音清晰,无背景噪声。

4.2.5 甚高频无线电装置送厂修理时,修理人员在排除故障后,应对设备的主要指标进行测试,如发射部分的功率、调制系数、音频响应、失真、频率偏差;接收部分的灵敏度、选择性、寄生响应、音频响应、音频输出的失真等,以上指标在出厂前都应符合说明书要求。船舶通信设备负责人应对厂修的甚高频无线电装置进行验收,并做好相关记录登记。

4.2.6 甚高频无线电装置修复并安装在船上后,应测试天线的驻波比或发射功率和反射功率指标,该技术指标应符合产品说明书的要求。

4.2.7 甚高频无线电装置的某些频率不予发射或只能小功率发射、双重守候及16频道的优先接收的功能都要经过试验,证明其完好无误。

4.2.8 设备进厂修复后,应有设备维修人员和使用人员双方认可的详细的测试记录和修理报告,并在设备上船时一并交给船舶通信设备负责人。

4.2.9 甚高频无线电装置修复后,应按照说明书的要求,重新对VHF DSC设备进行初始化设置。

4.2.10 甚高频无线电装置修复后,应按照说明书的要求,对VHF DSC设备的电话模式(如设备具有此项功能)和DSC模式进行自检测试。对DSC功能的自检测试应确保不致出现误报警的发射。

4.2.11 甚高频无线电装置修复后,在启用前应检查显示DSC功能的面板指示是否正常。

4.3 应急无线电示位标(EPIRB)

4.3.1 维护人员应能按说明书要求检查、判断设备的故障情况。

4.3.2 应急无线电示位标应由原生产厂家或具有资质的专业部门进行修理,其他人员不应随意移动或打开应急无线电示位标机壳(更换电池除外)。

4.3.3 检测维修后的应急无线电示位标的各项主要技术性能须满足该设备出厂说明书的规定,并应有相应的记录或其他文件。

4.4 渔船用调频无线电话(27.50 MHz~39.50 MHz)

4.4.1 维护人员应按照说明书要求检查、判断设备的简单故障情况,如插头是否接触良好、接口是否渗水等。

4.4.2 维护人员应按照说明书进行简单的故障排除和修复。

4.4.3 维护人员对故障无法排除时,应报告有关负责人员,交由原生产厂家或具有一定修理能力和资质的专业部门进行修理。

4.4.4 修理后的无线电话应能满足相关性能指标。

4.5 救生艇筏双向甚高频(Two-way VHF)无线电话

4.5.1 维护人员或具有维修资质的专业部门的技术员,应能按说明书要求检查、判断设备的故障情况。

4.5.2 维护人员对故障无法排除时,应将设备的故障情况记录于无线电日志,并报告有关负责人员。

4.5.3 设备应由原生产厂家或具有一定修理能力和资质的专业部门进行修理,其他人员不得打开机壳。

4.5.4 修复后的设备需经有关负责人员或船上设备维护人员验收,各项指标应满足说明书规定的要求。验收情况需记入无线电日志。

4.6 搜救雷达应答器(SART)

4.6.1 维护人员应能按说明书要求检查、判断雷达应答器的简单故障情况。

4.6.2 维护人员对故障无法排除时,应做好记录,并报告有关负责人员。

4.6.3 设备应由原生产厂家或具有一定修理能力和资质的专业部门进行修理,其他人员不应打开机壳(更换电池除外)。

4.6.4 设备修复后,各项指标应满足 GB 15216 规定及相关的性能要求,应有相应文件的记录。

4.7 渔船船载北斗终端

4.7.1 维护人员应能按照说明书判断设备的故障情况。

4.7.2 维护人员对故障无法排除时,维护人员应将故障情况录入无线电日志,并报告有关负责人员。

4.7.3 设备应由原生产厂家或具有一定修理能力和资质的专业部门进行修理,其他人员不应打开机壳。

4.7.4 修复后的设备应能满足 SC/T 6070 规定的相关性能指标要求。

4.8 海事卫星 C 船舶地球站

4.8.1 维护人员应能按照说明书要求,对一些简单常见故障进行排除,如电源插头是否接触良好、电压是否稳定等。

4.8.2 检查操作是否正确、设置是否准确。

4.8.3 启动自检功能发现故障后,维护人员应将故障情况录入无线电日志,并报告有关负责人员。

4.8.4 设备应由原生产厂家或具有一定修理能力和资质的专业部门修理。

4.8.5 修复后的海事卫星 C 船舶地球站,应能满足 GB/T 16982 规定的相关性能指标要求。

4.9 海事卫星 FB 船舶地球站

4.9.1 维护人员应按照说明书要求检查、判断设备的简单故障情况,如插头是否接触良好,接口是否渗水、SIM 卡是否松动等。

4.9.2 出现天线指向不正常、无法跟踪卫星、天线故障指示灯亮时,维护人员应检查天线支架各轴的控制单元是否正常,找出原因,用备件置换,排除故障。

4.9.3 接收信号电平值下降或为 0 时而无法通信,应检查天线控制系统是否正常,正常即可判断接收信道有问题,可进一步检查怀疑故障部位是否有异样、异味或烧焦痕迹。

4.9.4 发射状态指示异常或发射电平低于特定值(可查使用手册)而无法发射时,应检查室内各单元、天线单元是否有异样、异味或烧焦痕迹,接线、插头是否松动等。

4.9.5 因渔船供电电压不稳定导致电源模块部分烧坏或受损时,如可置换则应更换模块。

4.9.6 维护人员对故障无法排除时,应做好记录,并报告有关负责人员联系专业人员修理。

4.10 渔船射频识别(RFID)电子标签

4.10.1 渔船电子标签的损坏不可修理,应由具有更换资质的专业部门技术人员进行拆卸更换。

4.10.2 更换后的渔船电子标签内部芯片应存储渔船船名、渔船编码、船舶类型、船主姓名、主机功率等基本数据。

4.11 渔船自动识别系统(AIS)B 类设备

4.11.1 维护人员应能按照说明书要求,对一些简单常见故障进行排除,如电源插头是否接触良好等。

4.11.2 测试电源电压波动范围是否在技术指标规定的范围内。

4.11.3 没有检测设备时,不得随意调整内部参数。

4.11.4 除有资质的专业维修人员外,其他人员不应打开设备。

4.11.5 维护人员对故障无法排除时,维护人员应将故障情况录入相关文件,并报告有关负责人员联系专业人员修理。

4.11.6 修复后的设备应能满足 SC/T 8145 规定的相关性能指标要求。

4.12 渔用 CDMA 手机终端

4.12.1 维护人员应能按说明书要求,检查、判断手机的简单故障情况。

4.12.2 如手机不能定位,检查是否开通 GPSone 定位业务。

4.12.3 非专业人员不得拆开手机,以免损坏手机。

4.12.4 设备应由原生产厂家或具有一定修理能力和资质的专业部门进行修理,其他人员不应打开机壳。

4.12.5 修复后的手机应能满足相关性能指标要求。

4.13 航行警告接收机(NAVTEX)

4.13.1 维护人员应能按照说明书判断设备的简单故障情况。但不应随意拆解设备,以免造成触电危险。

4.13.2 应能根据电报的接收、打印或自检的情况,确定接收机是否处于正常工作状态。

4.13.3 检查操作是否正确、设置是否准确。

4.13.4 维护人员对故障无法排除时,应将故障情况录入无线电日志,并报告有关负责人员。

4.13.5 设备应由原生产厂家或具有一定修理能力和资质的专业部门修理。

4.13.6 修复后的航行警告接收机应能满足 GB/T 18766 规定的相关性能指标要求。

5 无线电通信设备的安装

5.1 中频/高频(MF/HF)无线电装置

5.1.1 主机

5.1.1.1 设备的安装位置应选在便于调试、通风、干燥、工作时操作人员能看清面板上屏幕显示的地方,周围应有较大的空隙,背面和两侧均应有 50 mm 以上的空隙,以利于散热和维修。

5.1.1.2 设备的天线转换开关应安装在设备发射装置附近,使设备输出端到天线开关的距离最短。

5.1.1.3 设备天线的室内部分越短越好,应有适当的屏蔽,以减少室内的高频辐射。

5.1.1.4 设备的高频接地线应独立接地,接地铜排应取最短的路线(总长度不超过 1.5 m,总接地电阻不超过 0.02 Ω)。

5.1.1.5 设备的电源应由无线电分电箱直接供电,电压变化范围不超过额定值的±10%,频率变化范围不超过额定值的±5%。直流 24 V 供电时,其端电压允许变化范围为－15%～＋10%。

5.1.1.6 应严格按说明书的安装要求固定设备,接好有关线路。

5.1.1.7 对于设备的控制部分、电源部分、天线匹配部分和机体部分,如是各自分开或部分分开安装的,则应根据天线匹配部分尽量装在靠近天线端。电源部分装在机体附近,控制部分装在便于操作处,机体部分装在易于散热和便于拆卸检修处。

5.1.1.8 安装完毕,开启电源试机,在所有工作频率上均应正常工作,且无明显的电气干扰。

5.1.1.9 安装完毕后,应将船检证书、说明书等有关资料完整移交船上责任人妥善保管。

5.1.2 天线

5.1.2.1 天线对船体绝缘电阻:气候干燥时不小于10 MΩ,气候潮湿时不小于1 MΩ。必要时,安装避雷装置。

5.1.2.2 天线装置与烟囱、通风筒、桅杆及上层建筑的其他金属物体的距离应不小于1 m。应能承受11级的风力(风速29 m/s)。

5.1.2.3 天线结构的技术要求应参照《渔业船舶法定检验规则》的有关规定执行。

5.2 甚高频(VHF)无线电装置

5.2.1 安装应满足产品说明书的要求。

5.2.2 安装天线应注意其辐射体不能与其他金属物体接触或接近,位置应远离高于它的大体积金属体。

5.2.3 天线馈线引入室内处及天线与馈线的连接处不应有渗漏水现象,且天线馈线引入室内处与船体间应做好绝缘。天线馈线与插头应按操作要求焊牢。

5.2.4 设备安装在驾驶室内操作使用方便、干燥、通风的地方,与天线之间连接的馈线长度应尽量短。安装2台设备时,天线架设除考虑发射效率外,还应减少同时工作时的相互干扰。

5.2.5 设备应从船舶主电源、应急电源(如设有)或无线电分电箱供电;主电源和应急电源发生故障时,由备用电源供电。机壳应有良好的接地。

5.2.6 应按照说明书的要求,对VHF DSC设备进行初始化设置,包括日期、时间、船舶MMSI识别码等。

5.2.7 应按照说明书的要求,对VHF DSC设备的电话模式(如设备具有此项功能)和DSC模式进行自检测试。对DSC功能的自检测试应确保不致出现误报警的发射。

5.2.8 设备发射前,检查显示DSC功能的面板或屏幕指示是否正常。

5.2.9 安装完毕后,应将船检证书、说明书等有关资料完整移交船上责任人妥善保管。

5.3 应急无线电示位标(EPIRB)

5.3.1 安装应符合IMO A.694(17)号决议和《渔业船舶法定检验规则》的要求。

5.3.2 安装前应确认设备中输入的信息与船舶相关数据是否相符,电池及释放器是否在有效期内,并做好记录。

5.3.3 应急无线电示位标应尽可能安装在便于自动释放的空旷位置,周围和上方应避免有碍设备取出和释放自浮的遮挡物。

5.3.4 检查应急无线电示位标的施放绳索是否妥善盘起,并与设备一同放入外套内。

5.3.5 安装完毕后,应将船检证书、说明书等有关资料完整移交船上责任人妥善保管。

5.4 渔船用调频无线电话(27.5 MHz~39.5 MHz)

5.4.1 按照说明书要求安装,设备应安置在便于取用的位置。

5.4.2 天线应按照说明书要求架设,并且应尽量避开金属物体和周围架设的其他同类天线,保持1 m以上的距离。

5.4.3 安装完毕后,应将船检证书、说明书等有关资料完整移交船上责任人妥善保管。

5.5 救生艇筏双向甚高频(Two-way VHF)无线电话

5.5.1 海洋各航区的船舶安装与配备双向无线电话应满足SOLAS公约、ITU《无线电规则》附录15、附录17、附录18和《渔业船舶法定检验规则》的相关要求。

5.5.2 安装前,船舶主管单位应按照使用说明书规定检查工作是否正常,电池是否有效,并将验收情况予以记录。

5.5.3　应放置在船舶驾驶台并能在紧急状态和日常通信时便于取用的位置,附近应有醒目标志。

5.5.4　安装完毕后,应将船检证书、说明书等有关资料完整移交船上责任人妥善保管。

5.6　搜救雷达应答器(SART)

5.6.1　安装前,主管部门应认真做好设备的测试,并做好型号、序号、电池的有效期登记。

5.6.2　可安装在驾驶室靠近左右门内侧墙适当位置。如安装2台时,左、右侧对称各装1台。应不借助任何工具即可提起雷达应答器。

5.6.3　如安装在救生艇(筏)上,使用时天线高度应高于水面至少1 m。

5.6.4　雷达应答器应在外壳上标明船名和船舶呼号。

5.6.5　配备可用作系绳的浮索应将其妥善盘起、防止损坏。

5.6.6　安装完毕后,应将船检证书、说明书等有关资料完整移交船上责任人妥善保管。

5.7　渔船船载北斗终端

5.7.1　定位通信单元

5.7.1.1　安装在舱外空旷位置,不宜安装在工作甲板周围的护栏杆、烟囱附近,以及可能产生遮挡卫星信号的位置。

5.7.1.2　船舶上直立金属物体对定位通信单元仰角方向的遮挡角不宜大于10°。

5.7.1.3　安装位置应避开本船舶上雷达天线辐射波束的直接辐射。

5.7.1.4　选择牢固的安装支点用于固定设备。

5.7.1.5　设备架设高度因船而异,为防因摇摆折断,高度以大于0.4 m且小于1 m为宜。

5.7.2　显控单元

5.7.2.1　应使用配套的固定支架,安装于舱内,位置应便于观察和操作。

5.7.2.2　按照安装说明书要求进行正确连接,固定牢靠。

5.7.2.3　安装完毕后,应将说明书等有关资料完整移交船上责任人妥善保管。

5.8　海事卫星C船舶地球站

5.8.1　天线倾角:天线向任意方向倾斜与水平夹角为20°时,其对卫星的仰角不小于5°。

5.8.2　设备应按照设计图纸或根据渔船实际情况安装在便于操作位置。

5.8.3　数据终端设备(DTE)与数据电路终接设备(DCE)间的数据互换电路应符合GB 3454的要求。

5.8.4　安装完毕后,应将说明书等有关资料完整移交船上责任人妥善保管。

5.9　海事卫星FB船舶地球站

5.9.1　天线应安装在甲板上,周围尽量无遮挡,位置应选择低振动的地方。

5.9.2　基座和天线底座之间不能铺上橡胶垫。

5.9.3　天线宜远离烟囱及雷达、GPS等其他通信导航设备天线,与雷达天线要保持安全角度不少于15°。

5.9.4　桅杆支架和法兰盘应能承受船舶振动及11级(风速29 m/s)大风。

5.9.5　接地螺栓应保证可靠接地,以防止静电及雷击。

5.9.6　同轴电缆缠绕成环状时,直径应设定在200 mm以上,以免芯线折断。

5.9.7　电缆接头、接地端子应做好防水处理。

5.9.8　在天线杆下显著地方张贴辐射危险标记,提醒不得靠近,FB500型安全距离为1.3 m,FB250型安全距离为0.6 m。

5.9.9　各部件接线后,应进行压线测试,拉伸导线进行确认。

5.9.10 安装完毕后,应将说明书等有关资料完整移交船上责任人妥善保管。

5.10 渔船射频识别(RFID)电子标签

5.10.1 应带有安装紧固部件,安装应方便、可靠、不易拆卸。

5.10.2 应牢固安装在渔船桅杆中部以上,平行于船体纵向;无桅杆有驾驶室的渔船,应安装于驾驶室正面左上角;无桅杆无驾驶室的渔船,应安装于左舷内侧。

5.10.3 安装位置应远离各种渔业作业设施,附近无较大遮挡物。

5.10.4 应严格按照渔船电子标签或电子标识牌外壳的指示方向安装。

5.10.5 安装完毕后,应将说明书等有关资料完整移交船上责任人妥善保管。

5.11 渔船自动识别系统(AIS)B类设备

5.11.1 依据产品使用手册或铭牌上的罗经安全距离要求安装 AIS 设备。

5.11.2 安装在船舱设备舱室内或通过安装座安装在船舱侧壁上,与天线连接的电缆长度应尽量短,方便操作和使用。

5.11.3 安装位置应尽量避免受到船舶发动机振动的影响,远离过热或潮湿的位置,避免阳光直接照射。如受阳光直接照射,应采用遮阳罩进行遮挡。

5.11.4 天线架设位置尽量高,水平方向应距离导体结构 2 m 以上,雷达、高功率源天线(如 INMAR-SAT 系统)应距离发射波束 3 m 以外。

5.11.5 安装完毕后,应将说明书等有关资料完整移交船上责任人妥善保管。

5.12 航行警告接收机(NAVTEX)

5.12.1 应按说明书要求,利用安装支架,将接收机安装在桌上、墙上或顶板上。安装的地方应避免被水溅湿或被阳光直射。

5.12.2 接收机的背面应至少预留 100 mm,以便背后电缆接线。

5.12.3 天线无需安装在高的位置,但应尽量远离其他发射天线,以免射频信号通过接收天线损坏内部器件。一般应离 MF/HF 天线 6 m 以上,离 VHF 天线 1 m 以上。

5.12.4 天线放大器安装可利用随机的专用夹将其固定船体上,并有专门的接地线。安装完毕,将鞭状天线旋紧,并使用水密橡胶带将接头密封。

5.12.5 如有外置报警盒,应安装在容易识别的地方。

5.12.6 按图纸接入相应的电缆、电源、天线和其他附属线路。

5.12.7 安装完毕后,应将说明书等有关资料完整移交船上责任人妥善保管。

6 无线电通信设备的航行效用试验

6.1 中频/高频(MF/HF)无线电装置

6.1.1 中频/高频(MF/HF)无线电发射装置

6.1.1.1 试验前应仔细阅读说明书,熟悉面板上各按钮的名称、功能和操作方法及注意事项。

6.1.1.2 检查天线、地线是否接好,电源电压是否正常。

6.1.1.3 开机后初始状态应和产品说明书阐述一致。

6.1.1.4 开机后 1 min 内应能在 2 182 kHz(SSB 单边带)和 2 187.5 kHz(DSC 数字选呼)频率上工作。

6.1.1.5 正确选择工作频率、工作模式,能在单频道或在单频和双频道上工作。

6.1.1.6 当转换到规定的 NBDP 和 DSC 给定的(中心)遇险频率上时,应自动选择 J2B 或 F1B 发射类别。

6.1.1.7 在一定的调谐功率上,将设备调到最佳状态,各有关调谐指示的读数均应符合相应的数值。

6.1.1.8 根据实际通信情况,选择不同功率,与远近、方位不同的多个电台试机,确认对本机的信号无异常反应。

6.1.1.9 频道转换后,应重新调谐(自动调谐除外)才能工作,禁止失谐状态工作。选定的发射频率应在显控面板上清晰可辨。

6.1.1.10 带微型计算器的设备,应将常用的工作频率及相应的工作模式预先录入,并试验其功能是否可靠。

6.1.2 中频/高频(MF/HF)无线电接收装置

6.1.2.1 试验前应仔细阅读说明书,熟悉面板上各按钮的名称、功能和操作方法及注意事项。

6.1.2.2 检查天线、地线是否接好,电源电压是否正常。

6.1.2.3 开机后初始状态应和产品说明书阐述一致。

6.1.2.4 AGC 增益旋钮放在最大,NB 消噪开关和 SQL 静噪开关打开,正确选择工作波段、频率及工作模式。

6.1.2.5 选好频率及工作模式后进行调谐。

6.1.2.6 根据需要分别测试 J3E、H3E、F1B 和 J2B 等发射类别的上边带信号。

6.1.2.7 有微型计算器控制的设备,应将常用工作频率及其相应工作模式和 AGC 方式等预先存入,便于在工作时自动扫描接收;或把工作频率设为自定的频道,可以快速转换工作频率。

6.2 甚高频(VHF)无线电装置

6.2.1 试验前仔细阅读使用说明,熟悉面板上各开关和旋钮的名称、功能和操作方法。

6.2.2 检查天线、地线是否接好,电源电压是否正常。

6.2.3 开机后初始状态应和产品说明书阐述一致。

6.2.4 通话前,首先将各控制开关和旋钮置于正确位置,检查所选择的频道是否正确,各指示灯是否正常。双工状态工作时,应按说明书要求操作发送键,以免损坏设备。

6.2.5 设备处于双重守候工作状态时,若收听到其他台的呼叫,应先根据面板指示判别来自 16 频道还是任选频道,然后操作相应的开关,沟通联络。

6.2.6 单工呼叫时,应在该频道空闲时进行,以免扰乱空中秩序。

6.2.7 港内试验时,应把面板上的功率开关置于"小功率"位置。

6.2.8 使用语音或语音和 DSC 进行遇险、紧急和安全通信测试,但应避免发生误报警。同时,确认 DSC 70 频道上能连续值守。

6.2.9 频道转换任何情况下应在 5 s 内完成。

6.2.10 收、发状态的转换所需时间应不超过 0.3 s。

6.2.11 接收机应具有对无用信号的抗干扰能力。

6.3 应急无线电示位标(EPIRB)

6.3.1 试验前应仔细阅读说明书,熟悉面板上各按钮的名称、功能和操作方法及注意事项。

6.3.2 加电后初始状态应和产品说明书阐述一致。

6.3.3 测试一般以手持工作方法为主,特定情况下应急无线电示位标能自动释放,并飘浮于水面上工作。

6.3.4 测试报警等功能是否正常,但不超过规定时间 6 s,以免造成误报警。

6.3.5 测试后,把应急无线电示位标重新安装在释放器上,并确认设备处于正常状态。

6.4 渔船用调频无线电话(27.50 MHz～39.50 MHz)

6.4.1 试验前应仔细阅读说明书,熟悉面板上各按钮的名称、功能和操作方法及注意事项。

6.4.2 检查天线、地线是否接好,电源电压是否正常。

6.4.3 开机后,初始状态应和产品说明书阐述一致。

6.4.4 选择好通信信道,确认能否正常通信。

6.5 救生艇筏双向甚高频(Two - way VHF)无线电话

6.5.1 试验前应仔细阅读说明书,熟悉面板上各个按键和旋钮的名称、功能和操作方法及注意事项。

6.5.2 开机后,初始状态应和产品说明书阐述一致。

6.5.3 选择好通信信道,确认能否正常通信。

6.5.4 近距离通信试验时,应将功率开关置于"小功率"位置以节省电池的功耗,并减少对周围其他通信设备的干扰。

6.6 搜救雷达应答器(SART)

6.6.1 试验前应仔细阅读说明书,熟悉面板上各个按键和旋钮的名称、功能和操作方法及注意事项。

6.6.2 将 SART 从释放器中取下,准备进行测试。

6.6.3 开启后,初始状态应和产品说明书阐述一致。

6.6.4 从 20 m 高处落入水中不致损坏;在水中应能正向浮起;应能在 10 m 水深处最少停留 5 min 而仍保持水密。

6.6.5 可人工启动与关闭,也能自动启动。

6.6.6 搜救雷达上可清楚显示一系列等间隔的点,即应答器发射位置,但试验时应注意避免影响和干扰附近航行船舶的安全。

6.6.7 退出测试,将 SART 放回释放器中。

6.7 渔船船载北斗终端

6.7.1 试验前应仔细阅读说明书,熟悉面板上各个按键和旋钮的名称、功能和操作方法及注意事项。

6.7.2 检查天线、地线、定位单元与显控单元连接电缆是否连接良好,电源电压是否正常。

6.7.3 加电后初始状态应和产品说明书阐述一致。设备终端 ID 号应准确。

6.7.4 进行船舶定位(通过北斗卫星或 GPS 卫星)、指令发送、动态数据采集和存储以及位置信息自动接收和发送。

6.7.5 进行包括汉字、数字和英文等内容的短报文通信畅顺快捷。

6.7.6 可进行紧急报警或带有附加信息的紧急报警。

6.7.7 对卫星信号状态可进行监测。

6.8 海事卫星 C 船舶地球站

6.8.1 试验前应仔细阅读说明书,熟悉面板上各个按键和旋钮的名称、功能和操作方法及注意事项。

6.8.2 检查天线、地线是否接好,电源电压是否正常。

6.8.3 开启 C 站电源,初始状态应和产品说明书阐述一致,并能自动进行洋区登记。

6.8.4 处于空闲状态时应保持在 NCS 公共信道上,并能在通信完成后返回 NCS 公共信道。

6.8.5 从 NCS 公共信道至 LES TDM 信道,LES TDM 信道至 NCS 公共信道以及 NCS 公共信道到另一条 NCS 公共信道的调谐,应在 25 s 内完成。

6.8.6 在突发脉冲结束和新的帧开始之后所需的再同步时间应不少于 478 ms。在报文传送的同时,应能正确接收帧同步信号。

6.8.7 G/T 天线增益 G 与接收机噪声温度比应为 -23 dB/K(仰角 5°)。

6.8.8 EIRP 等效全向辐射功率应为 12 dBW(仰角 5°)。

6.8.9 发射时,应能符合 GB/T 16982 中要求的其他发射信号特性。

6.9 海事卫星 FB 船舶地球站

6.9.1 试验前应仔细阅读说明书,熟悉面板上各个按键和旋钮的名称、功能和操作方法及注意事项。

6.9.2 检查天线、地线、各部件连接线是否接好,电源电压是否正常。

6.9.3 加电后,初始状态应和产品说明书阐述一致。

6.9.4 开机应能自动进行洋区登记,卫星跟踪应正常,信号电平值不低于设备固定值。

6.9.5 遇险、紧急报警功能正常。

6.9.6 语音、传真、上网、水上宽带数据传输、视频、手机短信、标准文本短信等通信测试效果符合操作手册具体要求。

6.9.7 语音和数据、传真和数据、数据和数据、短信和数据等多连接可同时在线。

6.10 渔船射频识别(RFID)电子标签

可由电子标签读写器对电子标签进行自动识别,检查电子标签内用户数据是否完整。

6.11 渔船自动识别系统(AIS)B 类终端设备

6.11.1 试验前应仔细阅读说明书,熟悉面板上各个按键和旋钮的名称、功能和操作方法及注意事项。

6.11.2 检查天线、馈线、地线是否接好,电源电压是否正常。

6.11.3 测试 AIS 主、应急电源能否自动切换,稳压器电压是否稳定。

6.11.4 开机后 2 min 内应能正常启动,初始状态应和产品说明书阐述一致。显示屏应有数据、图标等显示,屏幕背光从最亮到全暗应可调。

6.11.5 试验 AIS 的发射和接收情况,确认设备工作是否正常。

6.11.6 正常工作情况下,开启驾驶台中高频及雷达等设备发射时,AIS 应仍能正常工作。

6.11.7 检查船舶静态数据是否准确,如船名、呼号、船舶识别号、船舶种类等是否与证书中数据一致。

6.11.8 检查船上使用的定位天线的位置(船艏后和中心线的左/右舷)A、B、C、D 设置是否与实际安装情况一致。

6.11.9 检查船舶动态数据是否准确,如船位、航向、航速、船艏向等与其他航行设备的数据是否一致。

6.12 航行警告接收机(NAVTEX)

6.12.1 试验前应仔细阅读说明书,熟悉面板上各个按键和旋钮的名称、功能和操作方法及注意事项。

6.12.2 检查天线、地线、各部件连接线是否接好,电源电压是否正常。

6.12.3 开启电源,测试接收机、打印机是否运转正常。

6.12.4 接收机在检测各个频率时,左上角的天线符号会闪烁,说明当前设备正处于接收信号状态。

6.12.5 当屏幕出现"OK"时,表示接收正常,基本没有误码;当出现"ERROR"时,表示信息收到,有误码,但误码率低于 33%;当出现"FAIL"时,信息收不到,或误码率超过 33%。

6.12.6 若接收机在检测各个频率时,左上角的天线符号不闪烁或亮度微弱,可能超出信号覆盖范围无法接收或设备故障。

附　录　A

（资料性附录）

渔船无线电通信设备主要技术性能

A.1 中频/高频(MF/HF)无线电装置性能指标

A.1.1 基本要求包括以下内容：

    a) 应符合 IMO A.694(17)号决议对本设备的相关要求；

    b) 频率：发射 1.6 MHz~27.5 MHz，接收 0.1 MHz~29.99 MHz；

    c) 频偏：±10 Hz；

    d) 采用 ITU 频道；

    e) 具有预置的 ITU 信道；

    f) 具有信道扫描功能。

A.1.2 发射方式符合如下几种：

    a) Tel：J3E、H3E；

    b) DSC/TLX：F1B；

    c) CW：A1A、H2B。

A.1.3 工作模式包括如下几类：单工、半双工或双工。

A.1.4 接收灵敏度符合如下要求：

    a) J3E(TEL)：6.3 μV(1.6 MHz~4 MHz)；3.5 μV(4.0 MHz~27.5 MHz)。

    b) F1B(DSC/TLX)：1.8 μV(1.6 MHz~4 MHz)；1.0 μV(4.0 MHz~27.5 MHz)。

A.1.5 天线阻抗参数：50 Ω。

A.1.6 环境温度和相对湿度：−15℃~+55℃，95%。

A.1.7 DSC(数字选择性呼叫)值班接收性能如下：

    a) 频率：2 187.5 kHz、4 207.5 kHz、6 342 kHz、8 414.5 kHz、12 577 kHz、16 804.5 kHz；

    b) 发射种类：F1B；

    c) 调制信号载波：(1 700±80)Hz；

    d) 数据传送速率：100 bps。

A.1.8 DSC/NBDP 终端发射模式：F1B 100 bps。

A.1.9 电源：12 V~36 V，±10%。

A.1.10 带自检功能。

A.2 406 MHz 卫星应急无线电示位标的主要性能

A.2.1 遇险报警

应急无线电示位标应能向卫星发射遇险报警。发射信号特性和电文格式应符合 COSPAS−SAR-SAT 系统文件 C/S T.001 的要求。

A.2.2 121.5 MHz 归航信号

在发射 406 MHz 遇险时，除 121.5 MHz 归航信号可以被中断至 2 s 外，应具有持续的工作循环。

A.2.3 储存温度

应急无线电示位标储存温度：—30℃～＋70℃。

A.2.4　水密性

应急无线电示位标从 20 m 的高度落入水中而不应受损坏，并应在水下 10 m 至少有保持 5 min 的水密性。

A.2.5　低循环灯

应急无线电示位标配有低循环灯(0.75 cd)，在暗处应启动，为附近幸存者和救助者指示位置。

A.2.6　释放和自浮

应急无线电示位标在任何角度的横倾、纵横的情况下，在尚未达到 4 m 水深前应自动释放和自浮。

A.2.7　颜色及反光材料

除应符合 IMO A.694(17)号决议规定的项目外，还应在外部有高度可见性的黄色/橙色，并配有逆向反光材料。

A.3　渔船用调频无线电话(27.50 MHz～39.50 MHz)技术性能指标

A.3.1　整机部分应包括以下内容：

a)　频率范围：27.5 MHz～39.5 MHz；

b)　频道间隔：25 kHz；

c)　频道数目：480 个；

d)　调制方式：调频(16KO J3E)；

e)　工作电压：直流 13.8 V。

A.3.2　发射部分应符合如下要求：

a)　频率容差：≤20 ppM；

b)　载波功率：≤25 W；

c)　调制限制：≤5 kHz；

d)　音频失真：≤7%；

e)　调制特性：±3 dB(相对每倍频程 6 dB)；

f)　调制灵敏度：≤15 mV；

g)　杂散射频分量：≤5 μW。

A.3.3　接收部分应符合如下要求：

a)　参考灵敏度：≤0.2 μV(SINAD 12 dB)；

b)　深静噪开启灵敏度：≤0.6 μV；

c)　深静噪阻塞门限：≥5 kHz；

d)　音频输出功率：≥2 W；

e)　音频失真：≤7%；

f)　音频响应：＋2 dB～—8 dB(相对每倍频程 6 dB)；

g)　调制接收带宽：≥2×5 kHz；

h)　邻道选择性：≥65 dB；

i)　杂散响应抗扰性：≥65 dB；

j)　互调抗扰性：≥58 dB。

A.4　救生艇筏双向甚高频(Two‐way VHF)无线电话的主要性能

双向无线电话的主要性能如下：

a)　双向无线电话可以从 1 m 高处向硬表面跌落不致损坏，在 1 m 水深处能保持水密至少 5 min；

b) 在浸没状况下受到45℃的热冲击时能保持水密性,不受海水或油的损坏;

c) 双向无线电话长时期暴露于阳光下不至性能减退,应有明显的黄/橙颜色或标志;

d) 应能在156.800 MHz频率(甚高频16频道)和至少另外一个频道上工作,所有选配的频道只用于单一的话音通信;

e) 双向无线电话发射类型和频道指示应符合ITU《无线电规则》附录18的相关要求;

f) 设备应能够在任何光线环境下指示出被选的16频道,应在开机后5 s内可以工作;

g) 设备有效辐射功率的最小值应为0.25 W。如果辐射功率超过1 W时,则有一功率降低开关使功率低至1 W或更小。当双向无线电话用于船上通信时,输出功率在工作频率上不得超过1 W;

h) 在设备输出端,当信噪比为12 dB时,接收机的灵敏度应等于2 μV,接收机的抗干扰性应达到无用信号不会对有用信号产生严重影响;

i) 双向无线电话设备的天线应当是垂直极化,并尽可能在水平面上为全面的,天线应在工作频率上对信号可进行有效的发射和接受;

j) 双向无线电话音频输出应能够在船上和救生艇(筏)上可能遇到的噪声环境中被听到;

k) 双向无线电话设备应能在−20℃～+55℃的温度范围内工作,在−30℃～+70℃的温度范围内存放时不应有损坏;

l) 双向无线电话在工作周期为1:9时,电源容量应足以确保其以最高额定功率工作8 h(工作周期定义为6 s发射,高于静噪电平6 s接收、低于静噪电平48 s接收)。

A.5 搜救雷达应答器主要性能

A.5.1 频率范围

搜救雷达应答器的频率范围:9 200 MHz～9 500 MHz,扫描频率为200 MHz/5 μs。

A.5.2 温度要求

搜救雷达应答器在−20℃～+55℃环境温度下工作,在−30℃～+65℃环境条件储存而不至损坏。

A.5.3 水密要求

在规定浸水状态和45℃的热冲击下保持水密。从20 m高度掉入水中不损坏,在水深10 m时至少5 min保持水密。

A.5.4 工作要求

如果不是安装在救生艇上的固定设备时,能漂浮在海面上,并不受海水、油的影响。在阳光较长的时间照射下不损坏。

A.5.5 外观要求

外部结构光滑,并有便于辨认明显的黄色/橙色的标志。

A.5.6 电池要求

应有充足的电池能量,保持96 h工作在准备状态;还能在1 kHz脉冲重复频率的连续询问下,提供8 h的应答发射。

A.5.7 功能要求

当符合GB/T 9391要求的航海雷达使用15 m高的天线,对距离至少5 n mile处的SART询问时,SART应能正常响应。当峰值输出功率不低于10 kW的飞机雷达,在914.4 m(3 000 ft)上空相距不少于30 n mile处对SART询问时,SART应能正常响应。

A.6 海事卫星FB船舶地球站主要性能

A.6.1 频率范围应符合以下要求:

a) 发射:1 626.5 MHz~1 660.5 MHz;

b) 接收:1 525.0 MHz~1 559.0 MHz。

A.6.2 信道间隙:1.25 kHz。

A.6.3 语音:4 kbps AMBE+2,3.1 kHz音频。

A.6.4 传真:3.1 kHz音频信道传真。

A.6.5 标准IP速率:最高可达432 kbps。

A.6.6 流IP速率:最高可达256 kbps。

A.6.7 手机短信:标准文本短信,每条最多160字符。

A.6.8 多连接同时在线:语音与数据、传真与数据、数据与数据、短信与数据。

A.6.9 工作温度:室外−25℃~+55℃,室内−15℃~+50℃。

A.6.10 电源:DC 10 V~32 V。

A.7 渔船射频识别(RFID)电子标签技术性能

A.7.1 RFID工作频率

应符合GB/T 28925规定的频段及频率,即工作频段为2 400 MHz~2 483.5 MHz,工作频率为2.45 GHz。

A.7.2 RFID空中接口协议

RFID空中接口协议应符合GB/T 28925的规定。

A.7.3 调制解调方式:O-QPSK、DBPSK、GFSK、DSSS、CSS多种方式可选,并符合GB/T 28925的规定。

A.7.4 传输速率:≥200 kbps。

A.7.5 误码率:在1 024 kbps传输速率下,误码率应≤0.1%。

A.7.6 接收灵敏度:在1 024 kbps传输速率,误码率≤0.1%情况下,接收灵敏度应<−90 dBm。

A.7.7 识别速度:50 km/h以内。

A.7.8 微波通信校验检错方式:CRC16。

A.7.9 渔船电子标签还应达到以下性能指标:

a) 发射周期:电子标签信息主动发射周期2 s,被动监听间隔4 s;

b) 工作方式:被动、主动可调;

c) 发射功率:≤10 mW,≥4挡可调;

d) 识别距离:≥1 000 m;

e) 天线极化方向:垂直极化方向;

f) 识别方式:全方向识别;

g) 频道切换时间:<100 μs;

h) 数据存储空间:≥512 Bytes;

i) 工作电压:2.7 V~5.7 V;

j) 工作电流:≤15 mA;

k) 睡眠电流:<5 μA。

A.8 渔船CDMA手机技术性能

渔船CDMA手机性能要求应包括如下内容:

a) 具有语音、短信等手机基本通信功能;

b)   具有一键报警功能,机身表面明显位置设有红色报警键;

c)   能实现 GPSone 定位,定位经纬度能在屏幕上显示;

d)   具有一次定位功能,由 GPSone 定位平台下发定位令后,手机进行定位,并把定位信息上传到定位平台;

e)   具有防水、防盐雾、防碰撞功能,把手机放入海水中 1 m,30 min 后能打能用;

f)   配 2 组电池,每组容量要求在 2 000 mAh,待机至少大于 48 h,通话约 5 h。充电方式为双充,其中一种为手摇充电。

参 考 文 献

[1] JT/T 680.1—2007　船用通信导航设备的安装、使用、维护、修理技术要求　第1部分:总则

[2] JT/T 680.10—2007　船用通信导航设备的安装、使用、维护、修理技术要求　第10部分:甚高频(VHF)无线电装置

[3] JT/T 680.11—2007　船用通信导航设备的安装、使用、维护、修理技术要求　第11部分:蓄电池与充电设备

[4] JT/T 680.12—2007　船用通信导航设备的安装、使用、维护、修理技术要求　第12部分:船舶电台天线与接地

[5] JT/T 680.13—2007　船用通信导航设备的安装、使用、维护、修理技术要求　第13部分:406 MHz卫星应急无线电示位标

[6] JT/T 680.14—2007　船用通信导航设备的安装、使用、维护、修理技术要求　第14部分:9 GHz搜救雷达应答器

[7] JT/T 680.15—2007　船用通信导航设备的安装、使用、维护、修理技术要求　第15部分:救生艇(筏)双向甚高频无线电话

[8] JT/T 8101—1992　雷达指向标的安装、使用、维护、修理技术要求

[9] SC/T 8012—2011　渔业船舶无线电通信、航行及信号设备配备要求

[10] SC/T 8044—1994　渔船电气设备修理技术要求

[11] SC/T 8046—1994　渔船导航设备修理、安装及调试技术要求

ICS 47.020.50
U 27

SC

中华人民共和国水产行业标准

SC/T 8149—2015

渔业船舶用气胀式工作救生衣

Working inflatable lifejacket for fishing vessel

2015-05-21 发布

2015-08-01 实施

中华人民共和国农业部 发布

SC/T 8149—2015

前　言

本标准按照 GB/T 1.1—2009 给出的规则起草。

请注意本文件的某些内容可能涉及专利。本文件的发布机构不承担识别这些专利的责任。

本标准由农业部渔业渔政管理局提出。

本标准由全国渔船标准化技术委员会(SAC/TC 157)归口。

本标准起草单位:中国水产科学研究院渔业机械仪器研究所、宁波振华救生设备有限公司。

本标准起草人:何雅萍、顾海涛、陶旭、曹建军、王君。

渔业船舶用气胀式工作救生衣

1 范围

本标准规定了渔业船舶用气胀式工作救生衣的产品分类和结构、技术要求、检验规则、试验方法和标志、包装、存储等。

本标准适用于渔业船舶船员工作时使用的工作救生衣。

2 规范性引用文件

下列文件对于本文件的应用是必不可少的。凡是注日期的引用文件,仅注日期的版本适用于本文件。凡是不注日期的引用文件,其最新版本(包括所有的修改单)适用于本文件。

GB/T 3512 硫化橡胶或热塑性橡胶 热空气加速老化和耐热试验

GB/T 3920 纺织品 色牢度试验 耐摩擦色牢度

GB/T 5714 纺织品 色牢度试验 耐海水色牢度

GB/T 8427 纺织品 色牢度试验 耐人造光色牢度:氙弧

GB/T 8430 纺织品 色牢度试验 耐人造气候色牢度:氙弧

GB/T 12586 橡胶或塑料涂覆织物 耐屈挠破坏性的测定

HG/T 2580 橡胶或塑料涂覆织物 拉伸强度和拉断伸长率的测定

HG/T 2581.1 橡胶或塑料涂覆织物 耐撕裂性能的测定 第1部分:恒速撕裂法

HG/T 3052 橡胶或塑料涂覆织物 涂覆层黏合强度的测定

JT 346 船用气胀式救生衣

AATCC Method30 抗菌性:纺织材料防酶防腐性的评定

IMO A.658(16) 在救生设备上使用和装贴逆向反光材料的建议

3 型式和型号

3.1 型式

渔业船舶气胀式工作救生衣分为背心式(B)和套头式(T)。救生衣主体由气室、充气系统和气瓶组成。每件救生衣有一个独立气室。充气系统包括自动充气装置、手动充气装置、嘴吹气管和放气装置。救生衣附件主要包括反光带、哨笛。背心式气胀式工作救生衣型式见图1,套头式气胀式工作救生衣型式见图2。

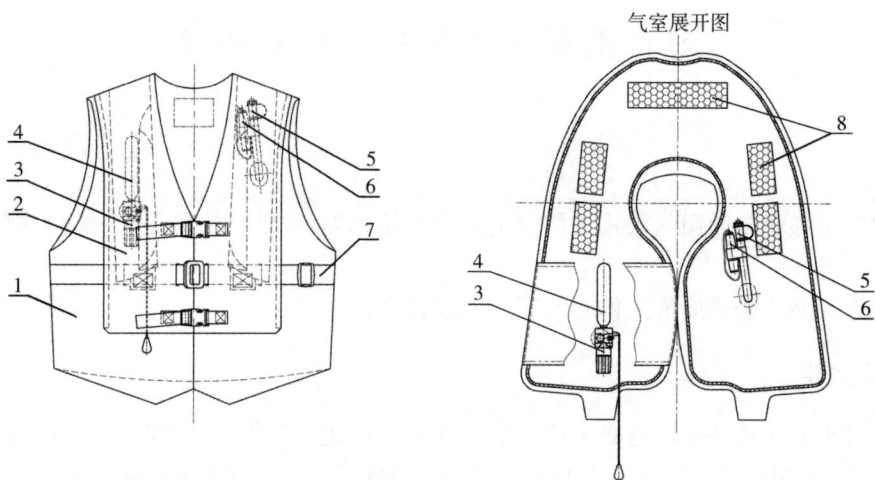

说明：
1——外衣套；   5——嘴吹气管；
2——气室；   6——哨笛；
3——自动充气装置；   7——腰带；
4——CO₂ 气瓶；   8——反光带。

图 1　背心式气胀式工作救生衣型式

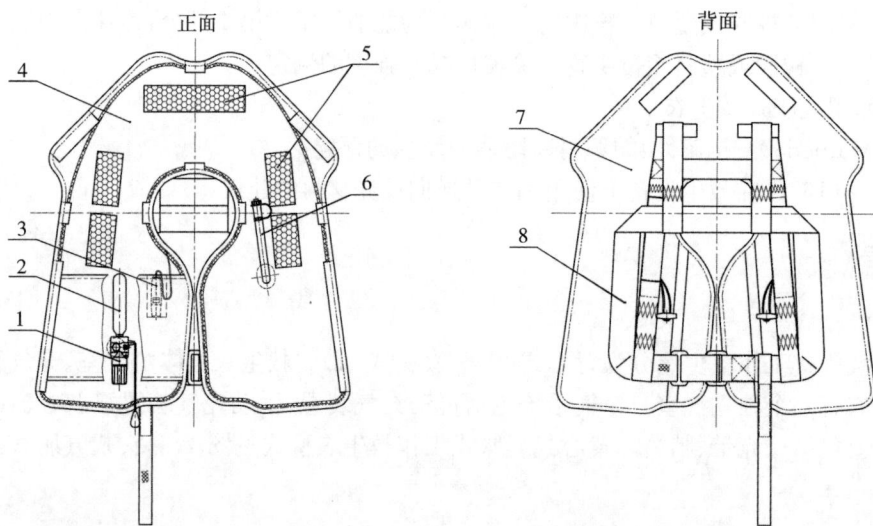

说明：
1——自动充气装置；   5——反光带；
2——CO₂ 气瓶；   6——嘴吹气管；
3——哨笛；   7——外衣套；
4——气室；   8——腰带。

图 2　套头式气胀式工作救生衣型式

3.2　型号

渔业船舶气胀式工作救生衣型号表述为："YC"为渔业船舶用代号，"Q"为气胀式工作救生衣代号，"□"为类型及生产代号。

```
YC-Q-□
        │ │ └─ 类型及生产代号
        │ └─── 气胀式工作救生衣代号
        └───── 渔业船舶代号
```

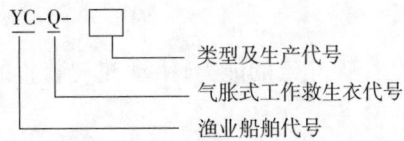

示例1:渔船气胀式工作救生衣背心式Ⅰ型:YCQBⅠ。
示例2:渔船气胀式工作救生衣套头式Ⅱ型:YCQTⅡ。

4 技术要求

4.1 基本要求

a) 救生衣应轻便而舒适,带结及扣件宜少而简单;
b) 尺寸应能适合于各种体形的成人穿着,包括衣服多穿者、少穿者;救生衣应标注"工作衣"三字;
c) 颜色应为橙红色;
d) 在平静的水线上方应装贴不小于 200 cm² 的符合 IMO A.658(16)规定的逆向反光带;
e) 应配备达到 90dB 的口哨一只;口哨的材料应是非金属、无毛刺且不依赖任何移动物体发出声响;口哨在浸于淡水后应能立即在空气中发出声音。哨笛应有足够长度和强度的线索连接在救生衣上并插入哨笛袋中,使用时,穿着者左右手都能方便地将哨笛取出和插入;
f) 金属零件和部件应耐海水腐蚀;
g) 有效期为 6 年,3 年全面检修一次,每年对气瓶中 CO_2 的质量进行一次测量。

4.2 耐燃烧性能

救生衣应耐燃烧,被火完全包围 2 s 后,不致燃烧。

4.3 水中性能

4.3.1 穿着者在水中应保持竖直或后倾状态,且口部露出水面,不应有将穿着者面部浸入水中的倾向。

4.3.2 穿着者从至少 4.5 m 高处垂直跳入水中,救生衣应能自动充气,不得移位和损坏;穿着者应不受伤害。

4.4 耐温度性

救生衣应能承受高温 65℃、低温 -30℃ 变化,其材料应无损坏迹象,无破裂,无胀大或力学性能的改变,自动充气系统工作正常。

4.5 气室和充气系统的性能

4.5.1 压力试验

4.5.1.1 超压试验

气室应能在室温环境下承受内部超压并维持这个压力 30 min,救生衣无损坏迹象,无破裂,胀大或力学性能的改变。充气部件应无影响使用性能的损坏,同时应确保释放阀工作的有效性。

4.5.1.2 空气保持试验

充气后的救生衣在空气中经 12 h 后,压力降低应不大于 10%。

4.5.2 受压试验

正常包装好的救生衣,应能承受 75 kg 的动载荷和静载荷后而无胀大或机械性质的改变,且无漏气现象。

4.5.3 充气头子载荷试验

充气头子应能承受来自各个方向的大小为(220±10)N 的作用力后,救生衣应能保持完好。

4.5.4 充气试验

在 15℃～25℃ 环境温度下,救生衣应在手动充气装置触发后 5s 内充气完毕。救生衣入水计时,自动充气时间不大于 8 s。

4.5.5 防止误充气试验

自动充气装置应可靠,且具有防止误充气的能力;手动充气装置的手动拉力应不超过 68 N,但应超过 20 N。

4.5.6 浮力

在淡水中浸泡 24 h 后,其浮力应不小于 100 N。

4.5.7 放气装置

放气装置应简单,且能快速放气。

4.5.8 嘴吹气管试验

4.5.8.1 嘴吹气管应无毛口,并带一个单向阀。单向阀初始打开压力应为 1.0 kPa～3.0 kPa。当嘴吹气管在压力为 7 kPa 时的最低流量为 85 L/min。

4.5.8.2 嘴吹救生衣时,一个成人应能在 1 min 内充气至设计压力,且肺功能不受损坏。

4.6 救生衣用材料

4.6.1 充气室、充气系统及组件材料

4.6.1.1 充气室、充气系统及组件材料应具有耐腐烂性、颜色稳定性、耐光照性和具有耐海水、油类及霉菌的特性。

4.6.1.2 气胀救生衣的主体材料色泽应一致、厚度均匀,表面平整光滑,不应有影响制品质量的气泡、凹凸、缺胶、褶皱、机械损伤。

4.6.2 充气室的涂层织物

4.6.2.1 涂层的干态附着力、湿态附着力均应不小于 50 N/50 mm。

4.6.2.2 撕裂强度应不小于 35 N。

4.6.2.3 经抗挠裂后,不应有可见裂纹或损坏。

4.6.2.4 干态断裂强度、湿态断裂强度均应不小于 200 N/50 mm。

4.6.2.5 干态延伸断裂率、湿态延伸断裂率应不大于 60%。

4.6.2.6 干态和湿态抗摩擦性应不小于三级。

4.6.2.7 耐海水性应不小于四级,试样的颜色变化应不小于四级。

4.6.2.8 受光照与不受光照试样间的对比度不小于四级。

4.7 气瓶

4.7.1 用于制造气瓶的材料,应由制造商提供材质证明书。

4.7.2 气瓶应做耐腐蚀处理。

4.7.3 气瓶应无缝,表面应光洁、无折叠、夹杂、裂纹、严重划痕等影响气瓶强度的缺陷。表面印字应清晰、完整、耐久。

4.7.4 瓶体爆破压力应不小于 45 MPa,破口应在瓶体上呈塑性,无碎片。

4.7.5 气瓶封口应采用高频焊接一次性封口。封盖膜片应光洁平整,爆破压力应不小于 45 MPa。

4.7.6 整体爆破时,爆破压力应不小于 45 MPa,破口不应在焊接处。

4.7.7 气瓶成品应进行 60℃水浴试验,不得泄漏。

4.7.8 气瓶内的 CO_2 纯度应不小于 99%,含水率应不大于 0.1%。

4.7.9 CO_2 充装系数应不大于 0.67 kg/L。

4.7.10 气瓶内 CO_2 经存放一年后应不少于其原储气质量的 85%。

4.7.11 气瓶限一次性使用。

4.7.12 在镀锌后的气瓶表面应清晰、完整地印有：

    a) 制造厂标志及产品代号；

    b) CO_2 储量；

    c) 气瓶成品的总质量；

    d) 制造年份及生产批号。

5 试验方法

5.1 一般检查

5.1.1 用目测方法检查救生衣外观，应符合 4.1 a)、4.1 b)、4.1 c)的要求。

5.1.2 用测量方法检查反光带的总面积和装贴情况，应符合 4.1 d)的要求。

5.1.3 当参试者正确穿着救生衣落入水中，左、右手分别从哨笛袋中取出哨笛放至嘴部，又从嘴部放入哨笛袋，哨笛放置的位置和线绳的长度应满足 4.1 e)的要求。

5.2 耐燃烧试验

耐燃烧试验应依据 JT 346 的试验方法。离开火焰后检查救生衣外观，结果应符合 4.2 的要求。

5.3 水中性能试验

5.3.1 试验应由至少 6 名符合下列条件的体格健全人员进行，受试人员的身高和体重见表 1。

表 1 救生衣试验的受试者

身高，m	体重，kg
1.40～1.60	1 人：60 以下；1 人：60 以上
1.60～1.80	1 人：70 以下；1 人：70 以上
超过 1.80	1 人：80 以下；1 人：80 以上
注 1：至少一人但不多于两人应为女性，但每一身高档中不应多于一名女性。	
注 2：每名受试者应穿着日常衣服受试，并使受试者改穿恶劣天气服装重复进行试验。	

5.3.2 受试者穿着救生衣在水中采取面部向下的姿势，然后身体放松，双手放在身体两侧，让身体自由转动，稳定后检查受试人员浮态状态。结果应符合 4.3.1 的要求。

5.3.3 受试者穿着救生衣，应从高度不低于 4.5 m 处以双脚向下垂直跳落水中，结果应符合 4.3.2 的要求。

5.4 耐温度性

5.4.1 将 6 个试样交替地放置在最低温度为 65℃的高温试验环境下和最高温度为 −30℃的低温试验环境下历时 8 h，但交替循环无需一个接一个进行，按下述程序为一个高低温循环试验：

    a) 将救生衣放入温室，在最低温度为 65℃的高温环境中，连续 8 h；

    b) 8 h 后，将试样从温室中取出，并在(20±3)℃的常温条件下敞开放置 24 h；

    c) 将救生衣放入冷室，在最高温度为 −30℃的低温环境中，连续 8 h；

    d) 8 h 后，将试样从冷室中取出，并在(20±3)℃的常温条件下敞开放置 24 h。

重复 5 个高低温循环试验后，检查救生衣外观，结果应符合 4.4 的要求。

5.4.2 在每一温度循环后应立即按如下要求对自动充气系统进行试验：

    a) 在高温循环后，自 65℃的存放温度中将一件救生衣取出，放入 30℃的海水中采用自动充气系统充满气；

    b) 在低温循环后，自 −30℃的存放温度中将一件救生衣取出，放入 −1℃的海水中采用自动充气系统充满气。

5.5 气室和充气系统的性能试验

5.5.1 压力试验

5.5.1.1 超压试验

应依据 JT 346 的试验方法。结果应满足 4.5.1.1 的要求。

5.5.1.2 空气保持试验

应依据 JT 346 的试验方法。结果应满足 4.5.1.2 的要求。

5.5.2 受压试验

受压试验应依据 JT 346 的试验方法。检查该救生衣应满足 4.5.2 的要求。

5.5.3 充气头子载荷试验

充气头子载荷试验应依据 JT 346 的试验方法,符合 4.5.3 的要求。

5.5.4 将一件成品救生衣在 15℃～25℃ 环境温度下进行充气试验,应满足 4.5.4 的要求。

5.5.5 防止误充气试验

防止误充气试验应依据 JT 346 的试验方法。结果应满足 4.5.5 的要求。

5.5.6 浮力

浮力试验应依据 JT 346 的试验方法。结果应符合 4.5.6 的要求。

5.5.7 检验救生衣的放气装置,应符合 4.5.7 的要求。

5.5.8 嘴吹气管气流测试

嘴吹气管气流试验应依据 JT 346 的试验方法。结果应满足 4.5.8.1 的要求。用嘴对准嘴吹气管充胀救生衣时,应满足 4.5.8.2 的要求

5.6 充气室、充气系统及组件材料的试验

5.6.1 材料试验

5.6.1.1 充气室、充气系统及组件材料的耐腐烂和耐光照试验应按 AATCC Method 30 和 GB/T 8430 进行。光照按 Class4～Class5 调定,应满足 4.5.1.1 的要求。

5.6.1.2 目测救生衣的主体胶布,应满足 4.5.1.2 的要求。

5.6.2 涂层织物的性能试验

5.6.2.1 涂层的附着力应按 HG/T 3052 所述方法试验,取值 100 mm/min,应满足 4.6.2.1 的要求。

5.6.2.2 涂层的湿态附着力先按 GB/T 3512 进行老化试验,在(70.0±1.0)℃的淡水中浸泡(336±0.5)h 后,按 HG/T 3052 所述方法试验,取值 100 mm/min,应满足 4.6.2.1 的要求。

5.6.2.3 撕裂强度试验应按 HG/T 2581.1 进行,应满足 4.6.2.2 的要求。

5.6.2.4 抗挠裂试验应按 GB/T 12586 进行,采用 9 000 次挠曲,应满足 4.6.2.3 的要求。

5.6.2.5 断裂强度试验应按 HG/T 2580 进行,事先置于室温中历时(24±0.5)h,应满足 4.5.2.4 的要求。

5.6.2.6 湿态断裂强度试验应按 HG/T 2580 进行,事先置于室温淡水中历时(24±0.5)h,应满足 4.5.2.4 的要求。

5.6.2.7 延伸断裂试验应按 HG/T 2580 进行,事先置于室温中历时(24±0.5)h,应满足 4.6.2.5 的要求。

5.6.2.8 湿态延伸断裂试验应按 HG/T 2580 进行,事先置于室温淡水中历时(24±0.5)h,应满足 4.6.2.5 的要求。

5.6.2.9 干态和湿态抗摩擦试验应按 GB/T 3920 进行,应满足 4.6.2.6 的要求。

5.6.2.10 耐海水试验应按 GB/T 5714 进行,应满足 4.6.2.7 的要求。

5.6.2.11 耐光照试验应按 GB/T 8427 进行,照过的试样与未照过的试样的反差应不小于四级,满足

4.6.2.8的要求。

5.7 气瓶的试验

5.7.1 制造商提供的材质证明书。

5.7.2 气瓶瓶体用专用工具与水压试验机连接后缓慢升压至瓶体爆破,其升压速度应不大于1 MPa/s,管路中不得有气体,并应满足4.7.4的要求。

5.7.3 封口膜片试验如下:

    a) 日光下目测封口膜片的光洁和平整度;

    b) 在专用试验装置上装有质量为1 kg的重物,该重物上装有不小于φ2管状头部呈45°斜刃的钢质撞针,将重物(此时撞针刃口垂直于封口膜片)从100 mm高处作自由坠落,封口膜片应一次击穿;

    c) 封口膜片用专用工具与水压试验机连接后,缓慢升压至45 MPa以上,其升压速度应不大于1 MPa/s,管路中不得有气体,并应满足4.7.5的要求。

5.7.4 CO_2纯度和含水率用ST—04型微量水色谱仪检查,应满足4.7.8的要求。

5.7.5 将气瓶浸没于60℃温水中,待水温恢复至60℃时,保温15 min,应满足4.7.7的要求。

5.7.6 在CO_2充灌前的半成品中抽样品,经封口后在气瓶底部钻不大于8 mm的小孔,焊上进水管后整体进行水压爆破试验,其升压速度不大于1 MPa/s,管路中不得有气体,并应满足4.7.6的要求。

6 检验规则

6.1 检验

6.1.1 制造商应按标准和有关产品的技术要求对外购件进行验收检查,并应检查外购件的各项试验报告、证明及合格证是否齐备,并应提供船检机构出具的型式认可证书和产品证书。

6.1.2 制造商应按主管机关颁布的检验规定,向船检机构申请船用产品检验。

6.2 型式检验

6.2.1 首批试制的救生衣,船检机构在制造商的协助下按第4章和第5章的要求进行各项检查和试验,经船检机构检验认可后始可投产。在制造商申请救生衣认可之前,应按本标准要求进行原型试验,并满足本标准的要求。

6.2.2 初始投产、转厂投产、停产两年后再生产,或更换工艺、材料时,均应视作首批试制,并应符合6.2.1的规定,经船检机构检验认可后方可投产。

6.3 出厂检验

6.3.1 同工艺、同材料连续生产的救生衣下不超过500件为一批,每批救生衣的出厂检验抽样数量取2%,但应不少于2件。

6.3.2 按5.1.1~5.1.4、5.2、5.3进行试验,并分别满足4.1、4.2中的有关要求。

6.3.3 出厂检验有一项不合格时,应取双倍数量进行复查。复查时,有一项结果不合格,则整批不合格。

7 标志、包装和存储

7.1 标志

7.1.1 每件救生衣的明显部位应标明其名称、型号、制造厂名、生产救生衣所依据的"标准号"、制造编号、制造日期及批号、船检机构检验标注和下次检修日期。

7.2 包装

7.2.1 经验收合格的救生衣应根据产品的要求分批量、件数包装。每件均用透明塑料袋密封包装。

7.2.2 每件救生衣均应有产品合格证、使用说明书。

7.2.3 救生衣的包装应确保其不受雨雪侵蚀和在运输中不受损坏。

7.3 存储

7.3.1 救生衣应放在温度为 0℃～35℃,相对湿度不大于 85% 的库房内,且不受挤压。

7.3.2 救生衣应避免直接接触油、酸、碱等严重腐蚀性物质。

———————————

ICS 65.150
B 50

SC

中华人民共和国水产行业标准

SC/T 9417—2015

人工鱼礁资源养护效果评价技术规范

Technical specification for evaluation of the effects of artificial fish reef

2015-02-09 发布
2015-05-01 实施

中华人民共和国农业部 发布

前　言

本标准按照 GB/T 1.1—2009 给出的规则起草。

本标准由农业部渔业渔政管理局提出。

本标准由全国水产标准化技术委员会渔业资源分技术委员会(SAC/TC 156/SC 10)归口。

本标准起草单位：中国水产科学研究院南海水产研究所。

本标准主要起草人：陈丕茂、舒黎明、贾晓平、李纯厚、唐振朝、余景、秦传新。

人工鱼礁资源养护效果评价技术规范

1 范围

本标准规定了与人工鱼礁资源养护效果相关的调查、评价、报告编写、资料和成果归档等。

本标准适用于人工鱼礁资源养护效果的调查和评价。

2 规范性引用文件

下列文件对于本文件的应用是必不可少的。凡是注日期的引用文件,仅注日期的版本适用于本文件。凡是不注日期的引用文件,其最新版本(包括所有的修改单)适用于本文件。

GB 11607 渔业水质标准

GB/T 12763.1 海洋调查规范 第1部分:总则

GB/T 12763.2 海洋调查规范 第2部分:海洋水文观测

GB/T 12763.4 海洋调查规范 第4部分:海水化学要素调查

GB/T 12763.6 海洋调查规范 第6部分:海洋生物调查

GB/T 12763.9 海洋调查规范 第9部分:海洋生态调查指南

GB 17378.2 海洋监测规范 第2部分:数据处理与分析质量控制

GB 17378.3 海洋监测规范 第3部分:样品采集、贮存与运输

GB 17378.4 海洋监测规范 第4部分:海水分析

GB 17378.5 海洋监测规范 第5部分:沉积物分析

GB 17378.7 海洋监测规范 第7部分:近海污染生态调查和生物监测

GB 18668 海洋沉积物质量

SC/T 9405 岛礁水域生物资源调查评估技术规范

3 术语和定义

下列术语和定义适用于本文件。

3.1

人工鱼礁 artificial fish reef

在选定的水域中设置的旨在保护和改善水域生态环境、养护和增殖水生生物资源的人工设施。

3.2

对比区 contrast area

为与人工鱼礁区相比较,选定的与人工鱼礁区投放人工鱼礁前的生态与环境相同或相近,与人工鱼礁区相隔适当距离的水域。

注:对比区与人工鱼礁区的距离应根据礁区大小以及调查水域具体情况而定,但与人工鱼礁区边缘最短距离一般应在礁区规模50倍以上。

3.3

本底调查 background survey

在人工鱼礁投放前,对拟建人工鱼礁区和对比区进行的以掌握环境、生物和生态系统功能等状况为目的的调查。

3.4

跟踪调查 follow-up survey

在人工鱼礁投放后,对已建人工鱼礁区和对比区进行的以掌握环境、生物和生态系统功能等变化状况为目的的调查。

4 调查

调查的主要内容和要求按表1进行。

表1 调查的主要内容和要求

项目		调查或测定内容	采样、测定或分析要求		站位布设	调查频次	调查时间
环境要素	水文	水深、水温、盐度、水流、波浪、透明度	按照GB/T 12763.2的规定执行		在礁区的4个边界点和礁区中心各设1个以上调查站位;对比区设1个以上调查站位	1)本底调查1次以上 2)跟踪调查每年1次以上	1)逐月或分季度进行 2)跟踪调查时间与本底调查时间保持一致
	水体化学	溶解氧、pH、活性磷酸盐、亚硝酸盐、硝酸盐、铵盐*、总磷*、总氮*	按照GB/T 12763.4的规定执行				
		化学需氧量、无机氮、氨	按照GB 17378.4的规定执行				
		重金属(汞、铜、铅、镉、锌、总铬*、砷*、硒*、镍*等)	按照GB 17378.3的规定采样;按照GB 17378.4的规定测定分析				
		悬浮颗粒物(SPM)和颗粒有机物(POM);颗粒有机碳(POC)*和颗粒氮(PN)*	按照GB/T 12763.9的规定执行				
		有机污染物*(硫化物、氰化物、氯化物、挥发酚类)和油类*	按照GB 17378.4的规定执行				
	表层沉积物	有机碳、硫化物*、油类*、重金属(总汞、铜、铅、镉、锌、铬*、砷*、硒*等)	按照GB 17378.3的规定采样;按照GB 17378.5的规定测定分析				
生物要素		叶绿素、微生物、浮游植物、浮游动物、鱼卵仔稚鱼、底栖生物	按照GB/T 12763.6的规定执行		在礁区的4个边界点和礁区中心各设1个以上调查站位;对比区设1个以上调查站位	1)本底调查1次以上 2)跟踪调查每年1次以上	1)逐月或分季度进行 2)跟踪调查时间与本底调查时间保持一致
		游泳动物	采用拖网、刺网、钓具、笼壶、声学调查以及水下观测等方式进行调查;所有渔获均需进行鉴定,对主要渔获种类按GB/T 12763.6的规定进行个体长度、重量、性腺发育、胃含物和年龄等生物学的测定	拖网	按照GB/T 12763.6的规定执行	在礁区边缘和对比区各设1个以上调查站位		
				刺网、钓具、笼壶	按渔民生产方式进行,并分别参照附录A、附录B、附录C记录相关参数	在礁区和对比区各设1个以上调查站位	
				声学	按照GB/T 12763.6的规定执行	一般采用走航式调查,范围涵盖礁区和对比区	
				水下观测	采用水下摄影和潜水摄影等方式,选择在风浪较小、水质清晰时进行	在礁区设1个以上调查站位	

表1（续）

项目	调查或测定内容	采样、测定或分析要求	站位布设	调查频次	调查时间
生物要素	附着生物	选择在风浪较小、水质清晰时进行水下观测和取样： 1）水下观测采取水下摄影和潜水摄影等方式进行 2）水下取样由潜水员进行，取样前应现场拍照或录像，现场测量生物附着厚度和生物覆盖面积率 3）取样面积根据生物的多少酌定，一般按照 20 cm×20 cm 面积取样 4）在礁体上、中、下部位各采集3 个以上平行样本	根据不同材料和不同形状礁体选择站位，要求每种材料和每种形状的礁体均采集到样本	跟踪调查每年 1 次以上	逐月或分季度进行
生态系统功能要素	初级生产力、新生产力*、细菌生产力*	按照 GB/T 12763.6 的规定执行	在礁区的 4 个边界点和礁区中心各设 1 个以上调查站位，对比区设 1 个以上调查站位	1）本底调查 1 次以上 2）跟踪调查每年 1 次以上	1）逐月或分季度进行 2）跟踪调查时间与本底调查时间保持一致
渔业生产要素	各类渔业生产方式的努力量、渔获量、产值和成本等渔业生产信息；进行种群数量评估所需的长度和年龄数据*	按照 SC/T 9405 的规定执行	以调研、收集资料为主，包括当地渔业主管部门的渔业生产统计数据、捕获礁区生物为主的渔业生产者的生产数据和附近市场鱼货交易数据等	1）本底调查 1 次以上 2）跟踪调查每年 1 次以上	跟踪调查时间与本底调查时间保持一致
* 表示选做项目。					

5 评价

5.1 环境要素

5.1.1 水文

5.1.1.1 按表1所列内容，比较同一水域各项水文要素在本底调查时和跟踪调查时的异同；比较人工鱼礁区和对比区各项水文要素在各次调查时的异同。按照 GB 17378.2 的规定进行相关性分析。

5.1.1.2 根据流速、流向和波浪判定上升流和背涡流等的状况；分析流场与礁体的大小形状、礁体的组合、礁区礁群的布局等之间的关系；分析流场与生物群落分布之间的关系。

5.1.2 水体化学

5.1.2.1 按表1所列内容，参照附录 D.1 的方法，各项水体化学要素按照 GB 11607 的规定进行评价。

5.1.2.2 参照 5.1.1.1 进行各项水体化学要素的差异性对比和相关性分析。

5.1.3 表层沉积物

5.1.3.1 按表1所列内容,参照附录D.1的方法,各项表层沉积物要素按照 GB 18668 的规定进行评价。

5.1.3.2 参照5.1.1.1进行各项表层沉积物要素的差异性对比和相关性分析。

5.2 生物要素

5.2.1 评价内容

各类生物的评价内容按照表2进行。计算方法参照附录 D.2 和按照 GB/T 12763.9 的规定执行。

表2 各类生物的评价内容

评价内容	种类	个体数量	生物量	优势种	物种多样性	群落均匀度	群落演变
微生物	√	√					
浮游植物	√	√	√	√	√	√	√
浮游动物	√	√	√	√	√	√	√
鱼卵仔稚鱼	√	√	√				
底栖生物	√	√	√	√	√	√	√
游泳动物	√	√	√	√	√	√	√
附着生物	√	√	√	√	√	√	√
√ 表示应进行分析。							

5.2.2 评价方法

比较同一水域各项生物要素在本底调查时和跟踪调查时的异同;比较人工鱼礁区和对比区各项生物要素在各次调查时的异同。按照 GB 17378.2 的规定进行相关性分析。

5.3 生态系统功能要素

5.3.1 基本功能要素

主要包括初级生产功能、新生产功能和细菌生产功能评价,分别采用初级生产力、新生产力和细菌生产力进行评价。具体方法按照 GB/T 12763.9 的规定执行。

5.3.2 其他功能要素

包括各类生物的固碳功能、营养盐吸收功能和重金属吸附功能等。各类生物的固碳功能、营养盐吸收功能或重金属吸附功能通过式(1)的计算结果进行衡量。

$$M = \sum_{i=1}^{n} m_i c_i \quad\cdots\cdots\cdots\cdots\cdots\cdots\cdots\cdots\cdots\cdots\cdots\cdots (1)$$

式中:

M ——某类生物的固碳(或吸收营养盐或吸附重金属)总量;

m_i ——该类生物第 i 种的总生物量;

c_i ——该类生物第 i 种的固碳(或吸收营养盐或吸附重金属)系数;

n ——该类生物的总种数。

5.4 渔业生产要素

按照 SC/T 9405 的规定执行。

5.5 其他内容

5.5.1 海洋生态压力

包括富营养化压力评价、污染压力评价和捕捞压力评价。具体方法按照 GB/T 12763.9 的规定执行。

5.5.2 社会效益

5.5.2.1 地区产业

人工鱼礁附近地区渔民的主要渔业生产方式、作业水域范围的变化;主要捕捞种类、时间、产量的变化;捕捞努力量和从业人员的变化等。

5.5.2.2 社会影响

群众对人工鱼礁建设的认知程度、评价和建议等。

6 报告编写

6.1 主要内容

6.1.1 人工鱼礁的建设时间、地点、数量、规格、材料等。

6.1.2 调查的情况。

6.1.3 样品分析和数据处理的方法。

6.1.4 效果的评价:环境要素、生物要素、生态系统功能要素、渔业生产要素等的变化;海洋生态压力和社会效益等。

6.2 相关要求和完成时间

按照 GB/T 12763.1 和 GB/T 12763.9 的规定执行。

7 资料和成果归档

按照 GB/T 12763.1 的规定执行。

附　录　A

（资料性附录）

人工鱼礁刺网调查表

人工鱼礁刺网调查表见表 A.1。

表 A.1　人工鱼礁刺网调查表

第__页　共__页

海区_____船名_____航次_____站号_____网次_____日期_____

放网时间_____放网水深_____放网经纬度_____

起网时间_____起网水深_____起网经纬度_____

刺网类型_____放网张数_____网目尺寸_____囊网网目_____网高_____网长_____总渔获量_____

种类组成

种类	尾数	重量,g	长度范围,mm	重量范围,g	标本号	备注

记事：

采样人_____　　测定人_____　　记录人_____　　校对人_____

附　录　B
（资料性附录）
人工鱼礁钓具调查表

人工鱼礁钓具调查表见表 B.1。

表 B.1　人工鱼礁钓具调查表

第__页　共__页

海区_____船名_____航次_____站号_____网次_____日期_____

放钓时间_____起钓时间_____钓区水深_____钓具类型_____钓钩数_____

钓区经纬度_____总渔获量_____

种类组成

种类	尾数	重量,g	长度范围,mm	重量范围,g	标本号	备注

记事：

采样人_____　测定人_____　记录人_____　校对人_____

附 录 C
（资料性附录）
人工鱼礁笼壶调查表

人工鱼礁笼壶调查表见表 C.1。

表 C.1 人工鱼礁笼壶调查表

第＿页 共＿页

海区＿＿＿＿＿＿＿＿＿＿＿＿＿＿＿＿＿＿船名＿＿＿＿＿航次＿＿＿站号＿＿＿网次＿＿＿日期＿＿＿＿＿＿

放笼时间＿＿＿＿＿＿＿＿＿＿＿＿＿起笼时间＿＿＿＿＿＿＿＿＿水深＿＿＿笼壶规格＿＿＿放笼个数＿＿＿＿

钓区经纬度＿＿＿＿＿＿＿＿＿＿＿＿＿＿＿＿＿＿＿＿总渔获量＿＿＿＿＿＿＿＿＿＿＿＿＿＿

种类组成

种类	尾数	重量,g	长度范围,mm	重量范围,g	标本号	备注

记事：

采样人＿＿＿＿＿＿ 测定人＿＿＿＿＿＿ 记录人＿＿＿＿＿＿ 校对人＿＿＿＿＿＿

附 录 D
(资料性附录)
人工鱼礁资源养护效果评价常用指标

D.1 水体化学和表层沉积物评价指标

评价因子采用标准指数法进行,标准指数>1则表明该项因子已超过了规定的标准。对超标项目,计算其最大超标倍数、超标率,并分析超标原因。

a) 溶解氧的标准指数按式(D.1)、式(D.2)和式(D.3)计算。

$$S_{DO,j} = \frac{|DO_f - DO_j|}{DO_f - DO_s} \quad (DO_j \geqslant DO_s) \quad\text{.................} \quad (D.1)$$

$$S_{DO,j} = 10 - 9 \times \frac{DO_j}{DO_s} \quad (DO_j < DO_s) \quad\text{.................} \quad (D.2)$$

$$DO_f = \frac{468}{T + 31.6} \quad\text{.................} \quad (D.3)$$

式中:

$S_{DO,j}$——站点 j 的溶解氧的评价标准值;

DO_f——监测期间饱和溶解氧浓度;

DO_j——站点 j 的溶解氧实测值;

DO_s——溶解氧的标准值;

T ——水温。

b) pH 的标准指数按式(D.4)或式(D.5)计算。

$$S_{pH,j} = \frac{pH_j - 7.0}{pH_{su} - 7.0} \quad (pH_j > 7.0) \quad\text{.................} \quad (D.4)$$

$$S_{pH,j} = \frac{7.0 - pH_j}{7.0 - pH_{sl}} \quad (pH_j \leqslant 7.0) \quad\text{.................} \quad (D.5)$$

式中:

$S_{pH,j}$——pH 的标准指数;

pH_j——站点 j 的 pH 实测值;

pH_{su}——pH 标准的上限值;

pH_{sl}——pH 标准的下限值。

c) 其他水体化学要素和表层沉积物的标准指数采用单因子标准指数法按式(D.6)计算。

$$S_{ij} = \frac{C_{ij}}{C_{si}} \quad\text{.................} \quad (D.6)$$

式中:

S_{ij}——单项评价因子(参数) i 在第 j 点的标准指数;

C_{ij}—— i 项因子在 j 点的实测浓度;

C_{si}——该项因子的标准值。

D.2 生物评价指标

D.2.1 生物量

按式(D.7)计算。

$$生物量＝总捕获重量(数量)/总栖息水体体积 \cdots\cdots\cdots\cdots\cdots (D.7)$$

生物量的分级标准参照表D.1的规定执行。

表 D.1 生物量的分级标准

项目	评价等级					
	1	2	3	4	5	6
浮游植物，$\times 10^4$ cell/m³	<20	20~50	50~75	75~100	100~200	>200
浮游动物，mg/m³	<10	10~30	30~50	50~75	75~100	>100
底栖生物，g/m²	<5	5~10	10~25	25~50	50~100	>100
分级描述	低水平	中低水平	中等水平	中高水平	高水平	超高水平

D.2.2 优势度

按式(D.8)计算。

$$Y = \frac{n_i}{N} f_i \cdots\cdots\cdots\cdots\cdots\cdots\cdots\cdots (D.8)$$

式中：

Y——均匀度指数；

n_i——第 i 种的个体数；

f_i——第 i 种在各站中出现的频率；

N——所有站所有种出现的总个体数。

注：一般以 0.02 作为优势种的评判依据，当 $Y \geq 0.02$ 时，为优势种；当 $Y < 0.02$ 时，为非优势种。

D.2.3 多样性指数

以香农—威弗多样性指数(Shannon-Weaver index)表示，按式(D.9)计算。

$$H' = -\sum_{i=1}^{S} P_i \log_2 P_i \cdots\cdots\cdots\cdots\cdots\cdots (D.9)$$

式中：

H'——多样性指数；

P_i——第 i 种的个体数与总个体数的比值；

S——样方种数。

多样性指数的分级标准参照表D.2的规定执行。

表 D.2 多样性指数 H' 的分级标准

H'	<1	1~2	2~3	≥3
分级描述	低水平	中低水平	中高水平	高水平

D.2.4 均匀度

按式(D.10)计算。

$$J = H'/\log_2 S \cdots\cdots\cdots\cdots\cdots\cdots\cdots (D.10)$$

式中：

J——均匀度指数；

H'——香农—威廉多样性指数；

S——样品中的种类总数。

均匀度指数的分级标准参照表D.3的规定执行。

表 D.3　均匀度指数 *J* 的分级标准

J	＜0.50	0.50～0.70	0.70～0.85	≥0.85
分级描述	低水平	中低水平	中高水平	高水平

ICS 65.150
B 50

SC

中华人民共和国水产行业标准

SC/T 9418—2015

水生生物增殖放流技术规范　鲷科鱼类

Technical specification for the stock enhancement of hydrobios—Sparidae

2015-02-09 发布
2015-05-01 实施

中华人民共和国农业部 发布

前　言

本标准按照 GB/T 1.1—2009 给出的规则起草。

本标准由农业部渔业渔政管理局提出。

本标准由全国水产标准化技术委员会渔业资源分技术委员会(SAC/TC 156/SC 10)归口。

本标准起草单位:中国水产科学研究院南海水产研究所。

本标准主要起草人:陈丕茂、舒黎明、李纯厚、秦传新、余景、唐振朝。

水生生物增殖放流技术规范　鲷科鱼类

1　范围

本标准规定了鲷科(Sparidae)鱼类增殖放流的海域条件、增殖放流鱼种的质量和要求、检验检疫方法与规则、苗种计数、苗种运输、增殖放流、资源保护与监测以及效果调查与评价等。

本标准适用于鲷科鱼类的增殖放流。

2　规范性引用文件

下列文件对于本文件的应用是必不可少的。凡是注日期的引用文件,仅注日期的版本适用于本文件。凡是不注日期的引用文件,其最新版本(包括所有的修改单)适用于本文件。

GB 11607　渔业水质标准

GB/T 12763.6　海洋调查规范　第6部分:海洋生物调查

GB/T 12763.9　海洋调查规范　第9部分:海洋生态调查指南

GB/T 20361　水产品中孔雀石绿和结晶紫残留量的测定　高效液相色谱荧光检测法

GB/T 21326　黑鲷　亲鱼和苗种

农业部783号公告—1　水产品中硝基呋喃类代谢物残留量的测定　液相色谱—串联质谱法

农业部958号公告—13　水产品中氯霉素、甲砜霉素、氟甲砜霉素残留量的测定　气相色谱法

农业部公告第1125号　一、二、三类动物疫病病种名录(水生动物部分)

NY 5052　无公害食品　海水养殖用水水质

NY 5070　无公害食品　水产品中渔药残留限量

NY 5071　无公害食品　渔用药物使用准则

NY 5072　无公害食品　渔用配合饲料安全限量

SC 2022　真鲷

SC/T 2023　真鲷养殖技术规范

SC 2030　黑鲷

SC/T 9102　渔业生态环境监测规范

SC/T 9401—2010　水生生物增殖放流技术规程

OIE　水生动物疫病诊断手册

3　海域条件

3.1　增殖放流海域

根据鲷科鱼类的生活习性以及增殖放流规模选择适宜的增殖放流海域。增殖放流海域应选择:

a)　产卵场、索饵场、洄游通道或人工鱼礁放牧场。

b)　非倾废区,非盐场、电厂、养殖场等进、排水区。

3.2　基本条件

a)　海域生态环境良好、水流畅通,水深、水温、盐度等符合鲷科鱼类的生活习性。

b)　水质符合GB 11607的规定。

c)　底质适宜,底质表层为非还原层污泥。

d)　鲷科鱼类的饵料生物丰富、敌害生物少。

常见鲷科鱼类增殖放流海域条件应符合表1的要求。

表 1　常见鲷科鱼类增殖放流海域条件

鱼种	真鲷	平鲷	黑鲷	黄鳍鲷
水深,m	3 以上			
水温,℃	17～32	15～30	15～32	15～30
盐度	17～31	3～30	10～32	3～30
底质	岩礁、沙砾	岩礁、沙砾或沙泥	岩礁、沙砾或沙泥	岩礁、沙砾或沙泥
生物环境	饵料生物丰富、敌害生物少			
水质	符合 GB 11607 的规定			

4　本底调查

按照 GB/T 12763.9、SC/T 9102 和 SC/T 9401—2010 规定的方法,对拟增殖放流海域进行生物资源和环境因子状况调查,根据调查结果按3.1 和3.2 的要求选择增殖放流海域。

5　增殖放流鱼种质量

5.1　亲体

符合 SC/T 9401—2010 和鲷科鱼类亲体技术规范的规定。

常见鲷科鱼类亲体符合表2 的要求。

表 2　常见鲷科鱼类亲体条件

鱼种	真鲷	平鲷	黑鲷	黄鳍鲷
要求	符合 SC/T 9401—2010、SC 2022 和SC/T 2023 的规定	符合 SC/T 9401—2010 的规定。来源于直接捕捞自然海区达到性成熟的亲体,或由自然海区捕获的平鲷鱼苗培育的亲体、人工繁育的鱼苗培育的亲体,禁止使用近亲繁殖的后代作为亲体	符合 SC/T 9401—2010、GB/T 21326 的规定	符合 SC/T 9401—2010 的规定。来源于直接捕捞自然海区达到性成熟的亲体,或由自然海区捕获的黄鳍鲷鱼苗培育的亲体、人工繁育的鱼苗培育的亲体,禁止使用近亲繁殖的后代作为亲体

5.2　苗种

5.2.1　来源

　　a)　应是本地种的原种或者子一代。

　　b)　人工繁育的增殖放流苗种应来自持有《水产苗种生产许可证》的苗种生产单位。

　　c)　不应使用外来种、杂交种、转基因种以及其他不符合生态要求的鱼种。

5.2.2　规格

　　a)　小规格苗种全长 3 cm～5 cm。

　　b)　大规格苗种全长≥5 cm。

　　c)　标志增殖放流苗种全长≥5 cm。

5.2.3　质量

增殖放流苗种质量符合表3 的要求。

表 3　增殖放流苗种质量要求

项　目	指　标
感官质量	规格整齐,游动活泼,对外界刺激反应灵敏,摄食良好,体色正常。真鲷形态符合 SC 2022 的规定;黑鲷形态符合 SC 2030 的规定
可量化指标	规格合格率≥95%,死亡率、伤残率、畸形率之和<5%
病害	农业部公告第 1125 号规定的水生动物疫病病种及鲷科鱼类常见病害(参见附录A)不得检出
药物残留	国家、行业颁布的禁用药物不得检出,其他药物残留符合 NY 5070 的要求

5.2.4 苗种培育与驯养

5.2.4.1 苗种培育

a) 参照鲷科鱼类的繁育技术规范进行。

b) 引用水源水质符合 GB 11607 的规定,苗种培育用水水质符合 NY 5052 的规定。

c) 投喂的配合饲料符合 NY 5072 的规定,投喂的活饵新鲜、无病害、无污染。

d) 使用渔药符合 NY 5071 的规定。

5.2.4.2 苗种驯养

a) 人工繁育苗种驯养 7 d~15 d。

b) 苗种驯养期间,投喂活饵进行野性驯化,活饵的日投喂量为苗种总重的 2%~8%,前期每天投喂 3 次~4 次,后期逐步减少,在增殖放流前 1 d 视自残行为和程度酌情安排停食时间。

c) 调节驯养用水的温度、盐度与增殖放流海域的温度、盐度接近:温度差≤3℃、盐度差≤5。

6 检验检疫

6.1 资质

由具备资质的检验检疫机构进行检验检疫,并由该机构出具检验检疫报告。

6.2 方法

6.2.1 规格检验

按同一鱼种相同规格的样品分批次进行,在增殖放流现场随机抽取 50 尾以上个体测量长度和重量,用直板尺(精度为 1 mm)和电子天平(精度为 0.1 g)等标准量具测量长度和重量,按照 SC/T 9401—2010 中的规定填写增殖放流现场记录表,计算规格合格率。

6.2.2 质量检验与检疫

a) 按同一鱼种相同规格的样品分批次进行。

b) 随机取样 2 次以上,每次取样不少于 100 尾。

c) 统计死亡、伤残和畸形个体数,计算死亡率、伤残率和畸形率。

d) 用肉眼观察苗种样品感官质量,通过感官质量确定疑似病害对象,进行寄生虫病、传染性细菌病及病毒性病害的采样检查(参见附录 A)。

e) 常见病害和药物残留检查按表 4 执行。

表 4 质量检验检疫内容与方法

检验内容	检验方法
病害	按照 OIE 水生动物疫病诊断手册执行
硝基呋喃类代谢物残留量	按照农业部 783 号公告—1 执行
孔雀石绿和结晶紫残留量	按照 GB/T 20361 执行
氯霉素、甲砜霉素、氟甲砜霉素残留量	按照农业部 958 号公告—13 执行

6.3 规则

6.3.1 批次规则

一个增殖放流批次按同一鱼种相同规格的样品分批次检验。

6.3.2 判定规则

a) 在感官质量与可量化指标中,任一项未达要求,判定该鱼种该批次不合格。

b) 若发现寄生虫病、传染性细菌病、病毒性病害,判定该鱼种该批次不合格。

c) 若发现国家、行业颁布的禁用药物,或者其他药物残留不符合 NY 5070 的规定,判定该鱼种该批次不合格。

6.3.3 复检规则

符合下列情况之一,可复检,并以复检结果为准。

a) 对判定结果有异议。

b) 限期诊治后。

6.4 时间

增殖放流前 7 d 内组织检验检疫,增殖放流前出具有效的苗种质量检验检疫报告。

7 苗种计数

7.1 批次规则

将装苗规格和密度相近、大小相同的容具内的同种鱼苗归于同一批次,按批次进行抽样统计。根据单位容具苗种数和容具总数计算苗种总数。

7.2 抽样规则

按比例随机对鱼苗容具进行抽样:

a) 大桶、网箱等大容具抽样比例为容具总数的 10%～15%,大容具最少抽样 2 个。

b) 鱼苗袋、小桶等小容具抽样比例为容具总数的 3%～5%,小容具最少抽样 3 个。

7.3 计数方法

a) 对抽样小容具的苗种直接统计数量,取抽样小容具苗种数量平均值作为单位容具苗种数。

b) 对抽样大容具的苗种,均匀地装入同样大小的小容具中,每 10 个～20 个小容具为一个取样统计单位,随机抽取其中 2 个～3 个小容具的苗种进行全部计数,根据方法 a)计算取样统计单位的苗种数,进一步得到抽样大容具的苗种数,取抽样大容具苗种数量平均值作为单位容具苗种数。

7.4 人工标志

在条件允许的情况下,进行人工标志,人工标志的具体要求及方法参照附录 B 执行。

8 苗种运输

8.1 运输原则

在保证运输成活率高于 90%的前提下,遵循安全、快捷、便利、费用节约的原则。

8.2 装苗器具

鱼苗袋、桶、活水车、活水船。

8.3 运输工具

保温车、货车、渔船、运输船。

8.4 运输方法

a) 鱼苗袋充氧密封运输、桶装充气运输、活水车运输或活水船运输;运输过程中护送人员随时检查苗种及器具状态。

b) 运输过程中保持运输用水的温度差≤3℃。

c) 运输用水水质符合 GB 11607 的规定,与苗种培育用水盐度差≤5。

8.5 运输时间

a) 宜安排在夜间或早晚运输。

b) 鱼苗袋充氧密封运输时间不超过 4 h;桶装充气运输时间不超过 24 h;活水车运输时间不超过 40 h;活水船运输时间不超过 48 h。

8.6 运输密度

不同鱼种、不同规格鱼苗的运输密度根据运输方式、运输时间和装苗器具在运输前经过试验确定。

9　增殖放流

9.1　增殖放流时间

根据鲷科鱼类的繁殖习性和增殖放流海域的环境条件选择符合 3.2 的适宜时间。

常见鲷科鱼类的增殖放流时间,根据 3.2 在表 5 所列时间段内进行选择。

表 5　常见鲷科鱼类适宜增殖放流时间段

鱼种	真鲷	平鲷	黑鲷	黄鳍鲷
增殖放流时间,月	4~10	3~10	3~10	3~10

9.2　增殖放流天气

选择晴朗、多云或阴天进行增殖放流,海面最大风力 7 级以下。

9.3　增殖放流数量

根据增殖放流海域的环境承载力、增殖放流品种的现存资源量以及增殖放流后的死亡率等参数进行估算。

9.4　增殖放流方法

　　a)　增殖放流时,尽可能贴近海面,不超过海面 1 m,顺风缓缓放入水中;在船上增殖放流时,船速小于 0.5 m/s。

　　b)　采用滑道增殖放流时,要求滑道表面光滑,与水平面夹角小于 60°,且其末端接近水面;在船上增殖放流时,船速小于 1.0 m/s。

10　资源保护与监测

按照 GB/T 12763.6、SC/T 9102 和 SC/T 9401—2010 的规定执行。

11　效果调查与评价

按照 SC/T 9401—2010 的规定执行。

附　录　A
（资料性附录）
鲷科鱼类主要病害症状

鲷科鱼类苗种主要病害症状见表 A.1。

表 A.1　鲷科鱼类苗种主要病害症状

病害种类	症　　状
淀粉卵甲藻病	鳃上有许多大小不匀颗粒状白点,鳃盖开闭不规则,呼吸频率加快,鳃呈白色,病鱼不摄食,游泳力弱,有时跳出水面
车轮虫病	鳃部或体表黏液增多,鳃上皮增生
单殖吸虫病	鳃丝残缺不全并分泌大量黏液,鳃张开,游泳迟缓,体消瘦,最后窒息而死
绿肝病	鱼体变黄,剖检肝脏,部分或全部呈绿色
寄生甲壳动物病	鱼体被侵袭后出现急躁不安,游动失常,乱窜乱跳,引起呼吸困难窒息而死
链球菌病	病鱼眼球充血、白浊、突出鳃盖,软条骨间皮膜充血发红,上下颚充血
巴斯德氏菌病	尾柄部、背鳍基部、胸鳍基部和眼球到鼻孔周围的部分出现大小不等的脓疡,脓暴露出,涉及范围较深,大多数病灶扩散到骨头。内脏剖检可发现肾脏、脾脏肿大,有许多白色粟状结块。初病的鱼,食欲不振和出现体色变化,运动缓慢、离开鱼群靠近水面处游泳。有时呈狂躁状态或呈螺旋形状游泳。身体和鳍基部等处出现发红,充血斑、出血点等,随着病情的发展,患部产生湿症,糜烂,最终表皮破坏,产生出血性溃疡。在病鱼中,有的眼球突出,内液里混有血液的情况。肛门会发红扩大,流出黄色的黏液,胃及肠子空、呈黄白色,肠黏膜褶变少、变薄。肝脏、脾脏、肾脏等处明显淤血肿大
弧菌病	鱼体皮肤上皮剥离,同时发生炎症,鳞片损坏、脱落、眼球突出、白浊。各鳍条出现发红和充血斑,背鳍条端部裸露,大多数鱼体表面退色。内脏各器官被侵蚀,往往出现点出血情况。尤其是肠炎、肝脏和肾脏的病变显著,重者大多数鱼的内脏失色、脆弱化或变成半融解状态。胆囊由淡绿变成透明、肛门出血开口、鳃贫血等;患病的鱼食欲不振、游泳无力,逐渐离群,最终所有病鱼形成不规则的游泳行动。大多数病鱼在死亡之前作旋转、狂奔动作
滑走细菌病	头部吻端皮肤糜烂发白或呈黄白色,尾鳍蚀损
皮肤溃疡病	体表皮肤溃疡,食欲不振,缓慢游动或狂游。病鱼不摄食,严重者 2 d～7 d 内下沉死亡
腹水病	病鱼腹部膨胀,腹腔内积水,肝脏出血,肾脏肥大
虹彩病毒病	体色变黑,昏睡,严重贫血。体表和鳍出血,鳃上有淤斑,外观呈灰白色。解剖病鱼,可观察到脾脏肥大,肾脏和头肾也往往肥大

附 录 B
（资料性附录）
人 工 标 志

B.1 总则

采用挂牌标志或荧光标志。夏季人工标志时避开中午高温时段。标志前可用 15 mg/L～20 mg/L 浓度的丁香酚等麻醉剂进行麻醉，标志后对鱼体进行伤口浸泡消毒。标志工作由经过培训的专业人员进行操作。标志时记录鱼种的标志序号、长度、体重，并按照表 B.1 中的格式填写标志记录表。

表 B.1 标志记录表

共 页 第 页

标志种名：_____ 标志地点：_____ 时间：_____年_____月_____日

标志号	长度,mm	体重,g	标志号	长度,mm	体重,g	标志号	长度,mm	体重,g
记事：								

标志人：_____ 测定人：_____ 记录人：_____

B.2 挂牌标志

采用对鱼体伤害和对鱼体活动影响较小的材料，且耐腐蚀、不易被破坏和容易被发现。标志牌上标明牌号，必要时标明联系方式。标志位置一般选在背鳍基部。

B.3 荧光标志

采用无毒荧光物质。标志位置一般选在上颌后方皮下。

B.4 标志数量

标志鱼每批次增殖放流数量达总增殖放流数量的1%以上且最少为3 000尾。

B.5 标志鱼回收

在标志鱼增殖放流后张贴标志增殖放流鱼种回收海报，并通过电视、广播、报纸或网络等媒体的广泛宣传进行回收。回收时按照表 B.2 的格式做好详细记录，并进行统计分析。

表 B.2 标志增殖放流回收情况记录表

序号	船(人)名	作业方式	标志号	回捕时间	回捕位置	长度,mm	体重,g
1							
2							
⋮							
记事:							

标志增殖放流鱼种回收单位:_____   记录人:_____   时间:_____年_____月_____日

ICS 65.150
B 50

SC

中华人民共和国水产行业标准

SC/T 9419—2015

水生生物增殖放流技术规范　中国对虾

Technical specification for the stock enhancement of hydrobios—Chinese shrimp

2015-02-09 发布　　　　　　　　　　　　　　　　2015-05-01 实施

中华人民共和国农业部 发布

前　言

本标准按照 GB/T 1.1—2009 给出的规则起草。

本标准由农业部渔业渔政管理局提出。

本标准由全国水产标准化技术委员会渔业资源分技术委员会(SAC/TC 156/SC 10)归口。

本标准起草单位:山东省水生生物资源养护管理中心。

本标准主要起草人:王云中、王四杰、涂忠、王熙杰、信敬福、李作朕、李战军、李伟亚。

水生生物增殖放流技术规范　中国对虾

1　范围

本标准规定了中国对虾（*Fenneropenaeus chinensis*）增殖放流的海域条件、本底调查，放流物种质量、检验，放流时间、放流操作，放流资源保护与监测、效果评价等技术要求。

本标准适用于中国对虾增殖放流。

2　规范性引用文件

下列文件中对于本文件的应用是必不可少的。凡是注日期的引用文件，仅注日期的版本适用于本文件。凡是不注日期的引用文件，其最新版本（包括所有的修改单）适用于本文件。

GB/T 15101.1—2008　中国对虾　亲虾

GB/T 15101.2—2008　中国对虾　苗种

农业部783公告—1—2006　水产品中硝基呋喃类代谢物残留量的测定　液相色谱串联质谱法

农业部958号公告—14—2007　水产品中氯霉素、甲砜霉素、氟甲砜霉素残留量的测定　气相色谱—质谱法

农业部1163号公告—9—2009　水产品中己烯雌酚残留检测　气相色谱—质谱法

NY/T 5059　无公害食品　对虾养殖技术规范

SC/T 7014　水生动物检疫实验技术规范

SC/T 7202.2　斑节对虾杆状病毒诊断规程　第2部分：PCR检测方法

SC/T 9401—2010　水生生物增殖放流技术规程

SN/T 1151.4　对虾黄头病毒（YHV）逆转录聚合酶链式反应（RT-PCR）检测方法

SN/T 1673　对虾传染性皮下和造血器官坏死病毒（IHHNV）聚合酶链式反应（PCR）操作规程

3　术语和定义

下列术语和定义适用于本文件。

3.1

中间培育　intermediate culture

将小规格苗种从培育池移至它处并改用其他方式继续培育至要求规格的过程。

3.2

中间培育池　the pools for intermediate culture

用于中间培育的池塘，简称中培池。

3.3

干称放流池　the weighing pools

将其中间培育的苗种全部称重进行计数的中培池，简称干称池。

3.4

开闸放流池　the gate-opening pools

经过评估后直接开闸放流大规格苗种的中培池，简称开闸池。

3.5

虾苗相对密度　the relative density of juvenile shrimp

中培池中苗种单位面积相对个体数量。

3.6

含虾率 the rate of shrimp

在苗种全部称重计数过程中,抽样样品中的虾苗净重与毛重(虾苗＋水与杂质)的百分比。

4 海域条件

4.1 一般要求

符合 SC/T 9401—2010 的规定,且满足下述条件:

a) 有淡水径流流入;

b) 底质为泥、泥沙或沙泥;

c) 潮流畅通,流速≤1 m/s,盐度 10～32。

4.2 特殊要求

小规格苗种(体长 10 mm 左右)投苗区,最低潮位时水深≥1 m。

5 本底调查

按 SC/T 9401—2010 第 5 章的规定进行。

6 放流物种质量

6.1 苗种培育

6.1.1 苗种培育单位资质条件

苗种培育单位应符合下述资质条件:

a) 持有中国对虾苗种生产许可证;

b) 生产水体不小于 1 000 m³;

c) 放流大规格苗种(体长 25 mm 左右)应配套中培池,有效暂养总面积不小于 30 hm²。

6.1.2 小规格苗种培育

按 NY/T 5059 的规定进行,并于放流前 15 d 内投喂活饵进行野化。

6.1.3 中间培育

6.1.3.1 中培池

6.1.3.1.1 条件

中培池应符合下述条件:

a) 池坝(包括闸门)坚固,坝顶平整,池底以泥沙或沙泥为主;

b) 满水位时,平均水深≥1 m;

c) 以长方形为宜,有效暂养面积 1 hm²～13 hm²,底部坡度≥1‰,池水基本能够自然排干;

d) 距海潮头距离小于 5 km,进、排水渠宽阔畅通;落潮时,提开闸门后池中虾苗能随流(潮)水直接入海。

6.1.3.1.2 档案

建立中培池档案。用卫星定位设备(精度小于 1 m)测量绘制中培池平面位置图,图上标明增殖放流单位名称以及中培池地点、编号、有效暂养面积等信息,并标注有能够识别中培池的明显标识物。

6.1.3.2 小规格苗种入池

按照 NY/T 5059 的规定进行。

6.1.3.3 管理

6.1.3.3.1 日常管理

按照 NY/T 5059 的规定进行。

6.1.3.3.2 明示牌

每个中培池应在其池坝立有明示牌,牌上注明增殖放流单位名称以及中培池地点、编号、有效暂养面积和小规格苗种入池时间、入池数量等信息。

6.2 苗种质量

6.2.1 苗种规格

放流苗种规格分类符合表1的要求。

表 1　放流苗种规格分类

苗种规格分类	体长 mm
小规格	≥10
大规格	≥25

6.2.2 种质要求

亲虾来源应符合 SC/T 9401—2010 的规定,亲虾质量应符合 GB/T 15101.1—2008 的要求。

6.2.3 质量要求

6.2.3.1 感官质量

符合表2的要求。

表 2　感官质量要求

项　目	要　求
规格	整齐
体色	半透明、鲜艳或浅黄色,色素点明显
体表及附肢	体表光洁,无黏脏
摄食	胃肠饱满,摄食活跃
活力	虾体活泼,弹跳有力,逆水游动能力强

6.2.3.2 可数指标

符合表3要求。

表 3　可数指标要求

单位为百分率

项　目	要　求
规格合格率	≥85
伤残率与死亡率之和	≤5

6.2.3.3 病害

下列任一细菌病、纤毛虫病或病毒不得检出:

a) 严重传染性弧菌病;

b) 寄生纤毛虫病;

c) 对虾白斑综合症病毒(WSSV);

d) 对虾桃拉综合症病毒(TSV);

e) 斑节对虾杆状病毒(MBV);

f) 对虾黄头杆状病毒(YBV);

g) 对虾传染性皮下和造血器官坏死病毒(IHHNV)。

6.2.3.4 药物残留

氯霉素、己烯雌酚、硝基呋喃类代谢物不得检出。

7 检验

7.1 检验资质

由具备资质的水产品质量检验机构检验。

7.2 检验内容与方法

检验内容与方法按表4的规定进行。

表4 检验内容与方法

检验内容	检验方法
常规质量	执行 GB/T 15101.2—2008 的规定
严重传染性弧菌病	按照 SC/T 7014 的方法进行
寄生纤毛虫病	按照 SC/T 7014 的方法进行
对虾白斑综合症病毒	按照 GB/T 15101.1—2008 附录 B 的方法进行
对虾桃拉综合症病毒	按照 GB/T 15101.2—2008 附录 A 的方法进行
斑节对虾杆状病毒	按照 SC/T 7202.2 的方法进行
对虾黄头杆状病毒	按照 SN/T 1151.4 的方法进行
对虾传染性皮下和造血器官坏死病毒	按照 SN/T 1673 的方法进行
氯霉素	按照农业部 958 号公告—14—2007 的方法进行
己烯雌酚	按照农业部 1163 号公告—9—2009 的方法进行
硝基呋喃类代谢物	按照农业部 783 号公告—1—2006 的方法进行

7.3 检验规则

7.3.1 抽样规则

随机多池多点取样。常规质量检验取样按照 GB/T 15101.2—2008 的规定进行;病害检验取样量不少于 150 尾,药物残留检验取样量不少于 75 g(取 100 尾以上苗种的相同部位)。

7.3.2 时效规则

常规质量和病害须在增殖放流前 7 d 内检验有效;药物残留须在增殖放流前 15 d 内检验有效。

7.3.3 组批规则

以一个增殖放流批次作为一个检验组批。

7.3.4 判定规则

7.3.4.1 任一项目检验不合格,则判定本批苗种不合格。其中,规格合格率以放流时现场测算为准。

7.3.4.2 若对判定结果有异议,可复检一次,并以复检结果为准。

8 放流时间

8.1 投苗区海域底层水温回升至 14℃以上。

8.2 若放流前后 3 d 内有 6 级以上大风或 1.5 m 以上浪高,应改期放流。

8.3 若放流前后 3 d 内有中到大雨,应改期放流。

9 放流操作

9.1 小规格苗种放流

9.1.1 苗种质量确认

现场查验放流苗种检验报告,按 SC/T 9401—2010 中 6.6 的方法测算规格合格率,确认苗种质量达标后,方可出库放流。

9.1.2 包装

9.1.2.1 包装要求

按 SC/T 9401—2010 第 8 章的规定进行。装苗密度宜控制在 20 000 尾/袋～25 000 尾/袋。

9.1.2.2 包装方法

9.1.2.2.1 将苗种装进已注入约 5 L 海水的容积为 20 L 的双层无毒塑料袋中,充氧扎口后装入相同规格的包装箱,箱口用胶带密封。

9.1.2.2.2 将已装苗种包装箱遮阴、整齐排列,等待随机抽样计数。

9.1.3 计数

每计数批次按装苗总袋数的 0.5%随机抽样(最低不少于 3 袋),先将所有样品袋中的苗种混合在一起并沥水(呈滴水状)后称重,计算出每袋虾苗(含杂质)的平均重量,再从已混合并沥水的样品中按不低于样品总重量的 0.003%(最低不少于 5 g)随机抽取虾苗(含杂质)并逐尾计数,计算出单位重量苗种尾数,进而求出平均每袋苗种数量,根据装苗总袋数,最终求得本计数批次苗种数量。每一计数批次不得超过 600 箱。放流现场数据等按 SC/T 9401—2010 附录 B 的要求进行记录。

9.1.4 运输

苗种计数后应立即运输。运输途中,采取遮光和防雨措施,减少剧烈颠簸。运输成活率不低于 90%。

9.1.5 投放

按 SC/T 9401—2010 中 11.3.1 的方法进行。从苗种出库到投放入海,时间控制在 5 h 以内。

9.2 大规格苗种放流

大规格苗种放流按照附录 A 的要求进行。

10 放流资源保护与监测

按 SC/T 9401—2010 第 12 章的规定进行。

11 效果评价

按 SC/T 9401—2010 第 13 章的规定进行。

附 录 A

（规范性附录）

大规格中国对虾苗种放流操作

A.1 放流程序

由具有高级增养殖专业技术职务或具有丰富增养殖实践经验的专家组成评估组（以 5 人为宜），评估组首先现场查看供苗单位的苗种检验报告，测量苗种规格，确认苗种质量合格、规格达标，然后对供苗单位所有中培池虾苗相对密度进行评估，并在期间确定干称池与开闸池。干称池与开闸池确定后，干称池苗种立即由干称人员（以 4 人为宜）负责全部称重计数后放流，开闸池苗种立即由开闸人员（以 2 人为宜）监督直接开闸放流。

A.2 规格测量

评估组根据苗种入池时间等确定苗种入池批次，每批次随机选取不少于一个中培池进行苗种规格测量。测量方法：用手抄网随机捞取苗种不少于 50 尾，用直板尺（精度 1 mm）测量体长，计算平均体长和规格合格率，填写表 A.1。

A.3 苗种评估

采用养殖非机动渔船逐池绕池划行，使中培池中虾苗受惊后充分起跳，划行速度控制在 0.5 m/s 左右。评估组每位专家根据现场虾苗起跳密度，并综合天气状况、池水深度、当时具体时间以及虾苗胃饱满度、规格、小规格苗种放养时间和放养密度等因素，即时对各中培池虾苗相对密度进行对比并做好记录。查看虾苗起跳密度的过程应当做成影像资料并存档。所有供苗单位的中培池虾苗查看结束后，评估组先集中观看影像资料并讨论，将普遍认为虾苗相对密度最高的中培池的虾苗相对密度定为 10，未见虾苗起跳的中培池的虾苗相对密度定为 0，然后评估组专家根据各自现场记录，通过池间的相互比较分别对其他中培池的虾苗相对密度进行独立评价打分（取值范围为 0～10，以 0.5 为取值单位），记入表 A.2。对池水排不干且明显仍存有一定虾苗的中培池，应当进行二次评估，并填写表 A.3。两次评估时的暂养池池水均应达到其有效暂养面积水位。中培池虾苗相对密度取各专家打分的平均值。

A.4 选取干称池

在现场查看虾苗起跳密度的过程中，评估组按所有供苗单位中培池总数量的 0.5% 选取不少于 1 个干称池。选取干称池时宜考虑以下因素：

a) 苗种规格、中培池有效暂养面积及水深等适中，具有代表性；

b) 虾苗相对密度≥5；

c) 池水能自然排干。

A.5 干称池虾苗计数

A.5.1 称重

在干称池的闸门外侧挂锥型网，网尾带活水网箱。落潮时，适度开启干称池闸门，虾苗随池水流入活水网箱。用圆型网框（以直径 350 mm、框深 150 mm、网目尺寸 5 mm 为宜）捞取虾苗，沥水（呈滴水

状)称重[毛重(含水与杂质)加皮重]后,放入排水渠中,虾苗随排水渠水流入海。每次称重控制在
1 kg~3 kg(精度0.01 kg),并记入表A.4。

A.5.2　计算含虾率和虾苗净重

每一放流潮次计算一次含虾率和虾苗净重。按称重次数的1%随机抽样,先沥水(呈滴水状)后第
一次称重,继续沥水(不滴水为止)并去除杂质后第二次称重,然后称得皮重,计算毛重和虾苗净重。以
每潮次抽样的虾苗净重之和除以毛重之和计算本潮次含虾率;以每潮次称重之和减去皮重之和得出毛
重之和,再乘以含虾率计数本潮次放流虾苗净重。填写表A.5。

A.5.3　计算千克重尾数和虾苗数量

每一放流潮次计算一次千克重尾数。按放流过程的前期、中期、后期随机抽样3次(每次抽样虾
苗净重≥0.2 kg),分别称得虾苗净重并逐尾计数,以3次抽样虾苗尾数之和除以3次抽样虾苗净重
之和,得出该潮次放流虾苗千克重尾数,再根据本潮次虾苗总净重计算出该潮次放流虾苗数量。填
写表A.6。

A.5.4　操作要求

A.5.4.1　根据干称池面积确定干称潮次,每1.5 hm²限定为一个干称潮次。

A.5.4.2　控制好闸门放水流量,防止虾苗被激流冲击而造成损伤或死亡。

A.5.4.3　经常检查锥形网及活水网箱,避免网具破损造成虾苗逃逸。

A.6　开闸池虾苗计数

开闸池虾苗数量由式(A.1)计算得出。

$$M_n = M[S_n \times (N_{n1} - N_{n2})]/(S \times N) \quad\cdots\cdots (A.1)$$

式中:
M_n——开闸池的放流虾苗数量,单位为万尾;
M——干称池的放流虾苗数量,单位为万尾;
S_n——开闸池的有效暂养面积,单位为公顷(hm²);
S——干称池的有效暂养面积,单位为公顷(hm²);
N_{n1}——开闸池首次评估的平均虾苗相对密度;
N_{n2}——开闸池二次评估的平均虾苗相对密度;若未进行二次评估,则$N_{n2}=0$;
N——干称池的平均虾苗相对密度;
n——开闸池的池号。

若有多个干称池,则依次代入本式,开闸池虾苗数量取计算结果的平均值。开闸池每2 hm²限定为
一个开闸放流潮次;池水排干后再纳水冲池放流一次。开闸放流过程中填写表A.7。

A.7　放流结束后,各供苗单位放流虾苗数量由组织放流单位计算、汇总,并填入表A.8。

表 A.1 中国对虾放流苗种规格现场测量记录表

供苗单位：＿＿＿＿＿＿＿＿＿＿＿＿＿＿＿＿＿＿＿＿＿　　供苗地点：＿＿＿＿＿＿＿＿＿＿＿＿＿＿＿＿＿＿＿＿

中培池池号：＿＿＿＿＿＿面积(hm²)：＿＿＿＿＿＿　　测量日期：＿＿＿＿＿年＿＿＿＿＿月＿＿＿＿＿日

检验检疫合格日期：＿＿＿＿年＿＿月＿＿日　　检验检疫证书文号：＿＿＿＿＿＿＿＿＿＿＿＿＿

药物检验合格日期：＿＿＿＿年＿＿月＿＿日　　药物检验证书文号：＿＿＿＿＿＿＿＿＿＿＿＿＿

亲体来源：＿＿＿＿＿＿＿＿＿＿＿＿＿＿＿　　生物生产(驯养繁殖)许可证编号：＿＿＿＿＿＿＿＿＿＿

体长组 mm	数量和 尾	体长和 mm	测量数量画"正"字记录
20以下			
21			
22			
23			
24			
25			
26			
27			
28			
29			
30			
31			
32			
33			
34			
35			
36			
37			
38			
39			
40			
41			
42			
43			
44			
45以上			
合计		平均体长(mm)：	规格合格率(%)：

组织放流(验收)单位：＿＿＿＿＿＿＿＿＿＿＿＿＿＿＿

测量人：＿＿＿＿＿＿　　记录人：＿＿＿＿＿＿　　　验收组组长：＿＿＿＿＿＿＿＿＿＿＿＿＿＿＿＿＿

监督放流单位：＿＿＿＿＿＿＿＿＿＿＿　　　　　　监督人员：＿＿＿＿＿＿＿＿＿＿＿＿＿＿＿＿＿＿＿

表 A.2　中培池中国对虾放流苗种评估记录表

供苗单位	池号	面积 hm²	虾苗相对密度 0~10					评估时间 (年、月、日)
			专家打分				平均值 N	

组织放流（验收）单位：_____

评估组组长：_____　　　成员：_____

监督放流单位：_____　　　监督人员：_____

第_____页　共_____页

表 A.3 中培池中国对虾放流苗种二次评估记录表

供苗单位	池号	面积 hm²	首次评估平均虾苗相对密度 N_{n1} (0～10)	首次评估时间	二次评估虾苗相对密度 (0～10)		二次评估时间	$N_{n1}-N_{n2}$
					专家打分	平均值 N_{n2}		

组织放流(验收)单位：_____

评估组组长：_____ 成员：_____

监督放流单位：_____ 监督人员：_____

第_____页 共_____页

表 A.4 干称池中国对虾放流苗种称重记录表

供苗单位：_____　　供苗地点：_____

干称池池号：_____面积(hm²)：_____　　本池第___潮次　开闸时间：_____ 关闸时间：_____

放流日期：_____年_____月_____日

单位为千克

称重(毛重加皮重)												合计
本 页 称 重 合 计												
本 潮 次 称 重 合 计												

组织放流(验收)单位：_____　　称重人：_____ 记录人：_____ 验收组组长：_____

监督放流单位：_____　　监督人员：_____

第_____页 共_____页

表 A.5 中国对虾放流干称池潮次含虾率及虾苗净重计算表

供苗单位:_____　　供苗地点:_____

干称池池号:_____ 面积(hm²):_____　　本池第_____潮次 开闸时间:_____ 关闸时间:_____

放流日期:_____年_____月_____日

潮次含虾率						
抽样序次	抽样时间	(1)第一次称重 kg	(2)第二次称重 kg	(3)皮重 kg	(4)毛重[(4)＝(1)－(3)] kg	(5)净重[(5)＝(2)－(3)] kg	(6)含虾率[(6)＝(5)之和/(4)之和×100%]
1							
2							
3							
4							
5							
6							
7							
8							
9							
10							
11							
12							
13							
14							
15							
合计				平均值			
潮次虾苗净重							
潮次称重合计 kg		潮次皮重合计 kg		(7)潮次毛重合计 kg		(8)潮次虾苗净重[(8)＝(7)×(6)] kg	

组织放流(验收)单位:_____

称量人:_____ 计算人:_____　　记录人:_____ 验收组组长:_____

监督放流单位:_____　　监督人员:_____

表 A.6 中国对虾干称池放流苗种潮次千克重尾数和放流数量计算表

供苗单位：_____ 供苗地点：_____

干称池池号：_____ 面积(hm²)：_____ 填表日期：_____年_____月_____日

干称池千克重尾数									
潮次	抽 样						(9)三次抽样净重和 kg	(10)三次抽样数量和 尾	(11)千克重尾数＝(10)/(9) 尾/kg
	第一次		第二次		第三次				
	净重 g	数量 尾	净重 g	数量 尾	净重 g	数量 尾			
1									
2									
3									
4									
5									
6									

干称池放流虾苗数量	
潮次	(8)潮次虾苗净重 kg
1	
2	
3	
4	
5	
6	
合计	

上表第二列标题：(12)潮次虾苗数量[(12)＝(8)×(11)] 尾

组织放流(验收)单位：_____

抽样人：_____ 计数人：_____ 记录人：_____ 验收组长：_____

监督放流单位：_____ 监督人员：_____

表 A.7 开闸池放流记录表

供苗单位：_____　　　　供苗地点：_____

填表日期：_____年_____月_____日

开闸池 池号	面积 hm²	潮次序号	开闸时间 年月日时分	关闸时间 年月日时分	是否存有虾苗	备注

组织放流(验收)单位：_____

开闸组组长：_____　　　　成员：_____

监督放流单位：_____　　　　监督人员：_____

表 A.8 _____年供苗单位中国对虾放流苗种数量计算、汇总表

供苗单位:_____ 供苗地点:_____

平均体长(mm):_____ 放流时间:_____年_____月_____日至_____月_____日

池号	放流苗种数量 万尾
合计	

注:干称池放流苗种数量以干称结果为准。

组织放流单位:_____ 计算人:_____ 审核人:_____

第_____页 共_____页

ICS 67.050
B 050

SC

中华人民共和国水产行业标准

SC/T 9420—2015

水产养殖环境(水体、底泥)中多溴联苯醚的测定 气相色谱—质谱法

Determination of polybrominated diphenyl ethers in water and sediment from the aquaculture environment by GC–MS

2015-02-09 发布   2015-05-01 实施

中华人民共和国农业部 发布

前　言

本标准按照 GB/T 1.1—2009 给出的规则起草。

本标准由农业部渔业渔政管理局提出。

本标准由全国水产标准化技术委员会渔业资源分技术委员会(SAC/TC 156/SC 10)归口。

本标准起草单位:农业部水产种质与渔业环境质量监督检验测试中心(青岛)、中国水产科学研究院黄海水产研究所。

本标准主要起草人:周明莹、曲克明、陈碧鹃、马绍赛、夏斌、乔向英、冷凯良、邢丽红、孙伟红。

水产养殖环境(水体、底泥)中多溴联苯醚的测定
气相色谱—质谱法

1 范围

本标准规定了水产养殖环境(水体、底泥)中 BDE‐3、BDE‐15、BDE‐28、BDE‐47、BDE‐99、BDE‐100、BDE‐153、BDE‐154、BDE‐183、BDE‐203、BDE‐206 和 BDE‐209 12 种多溴联苯醚的气相色谱—质谱测定方法。

本标准适用于水产养殖环境(水体、底泥)中 12 种多溴联苯醚的测定。

2 规范性引用文件

下列文件对于本文件的应用是必不可少的。凡是注日期的引用文件,仅注日期的版本适用于本文件。凡是不注日期的引用文件,其最新版本(包括所有的修改单)适用于本文件。

GB/T 6682 分析实验室用水规格和试验方法

3 样品保存

采集的水样置于棕色玻璃瓶中,在 0℃~5℃条件下避光保存,一周内完成分析。

采集的底泥样品置于广口棕色玻璃瓶中,在 −10℃以下避光保存,一月内完成分析。

4 测定方法

4.1 方法原理

水体中的多溴联苯醚用二氯甲烷提取,底泥样品中的多溴联苯醚用正己烷和丙酮混合溶剂超声提取。提取后的溶液用酸性硅胶柱净化,用配有 EI 源的气相色谱—质谱联用仪测定,内标法定量。

4.2 试剂和材料

以下所用试剂,除另有说明外,均为色谱纯试剂;所有试剂经气相色谱—质谱联用仪测定不得检出多溴联苯醚。

4.2.1 实验用水:GB/T 6682 规定的一级水。

4.2.2 二氯甲烷。

4.2.3 正己烷。

4.2.4 丙酮。

4.2.5 异辛烷。

4.2.6 甲苯。

4.2.7 无水硫酸钠:分析纯,550℃高温灼烧 4 h,冷却后存放于具有螺旋瓶盖的玻璃瓶中。

4.2.8 氯化钠:分析纯。

4.2.9 浓硫酸(含量 98%):优级纯。

4.2.10 铜粉(200 目,纯度 99.8%):分析纯,用(1+1)的盐酸溶液浸洗 10 min,倾去酸,用水洗至中性,用丙酮洗涤数次,置于盛有丙酮的具塞瓶中,使用时用氮气吹干。

4.2.11 活化硅胶(80 目~100 目):将层析硅胶用二氯甲烷清洗,150℃下烘干 2 h,干燥器中冷却后,存放于具有螺旋瓶盖的玻璃瓶中。

4.2.12 去活硅胶:在活化硅胶(4.2.11)中加入 10%水降活,用玻璃棒搅拌使分散均匀,存放于具有螺旋瓶盖的玻璃瓶中,放置过夜后使用。

4.2.13 酸化硅胶(30%):称取活化好的硅胶(4.2.11)100 g,逐滴加入 44 g 浓硫酸(4.2.9),玻璃棒搅拌至无块状物后,存放于具有螺旋瓶盖的玻璃瓶中。

4.2.14 氮气:纯度≥99.99%。

4.2.15 高纯氮气:纯度≥99.999%。

4.2.16 标准溶液和标准物质

　　a) BDE-CSM 混合标准溶液(溶剂为异辛烷):BDE-28、BDE-47、BDE-99、BDE-100、BDE-153、BDE-154、BDE-183 各单体的浓度均为 20 μg/mL;BDE-209 浓度为 200 μg/mL。

　　b) BDE-3 和 BDE-15 标准溶液(溶剂为异辛烷):浓度均为 50 μg/mL。

　　c) BDE-203 和 BDE-206 标准溶液(溶剂为异辛烷):浓度均为 50 μg/mL。

　　d) 内标物:十氯联苯(PCB-209)(纯度 99.5%)。

4.2.17 储备液

　　a) BDE-CSM 混合标准溶液:准确移取 4.2.16 a)溶液,用异辛烷作溶剂,将 4.2.16 a)中各单体配成浓度为 0.4 μg/mL、BDE-209 浓度为 4.0 μg/mL 的溶液。

　　b) BDE-3 和 BDE-15 混合标准溶液:准确移取 4.2.16 b)溶液,用异辛烷作溶剂,配成浓度为 2.0 μg/mL 的溶液。

　　c) BDE-203 和 BDE-206 混合标准溶液:准确移取 4.2.16 c)溶液,用异辛烷作溶剂,配成浓度为 2.0 μg/mL 的溶液。

　　d) 内标物储备液:100 μg/mL。准确称取 PCB-209 内标物[4.2.16 d)]10.0 mg(精确至 0.1 mg),用甲苯溶解,并定容到 100 mL 容量瓶中。

以上溶液置于-18℃冰箱中,避光密封保存,有效期 3 个月。

4.2.18 标准使用液

　　a) 多溴联苯醚混合标准使用液:分别准确移取一定体积的各种多溴联苯醚标准储备液[4.2.17 a)、4.2.17 b)、4.2.17 c)],置于 10 mL 容量瓶中,用异辛烷稀释至刻度,配成 BDE-3、BDE-15、BDE-28、BDE-47、BDE-99、BDE-100、BDE-153、BDE-154、BDE-183 各单体的浓度为 0.2 μg/mL,BDE-203、BDE-206 各单体的浓度为 0.4 μg/mL,BDE-209 浓度为 2.0 μg/mL 的溶液。-18℃冰箱中密封保存,有效期 1 个月。

　　b) PCB-209 内标使用溶液:0.2 μg/mL。准确移取 20 μL PCB-209 内标溶液[4.2.17 d)]于 10 mL 容量瓶中,用异辛烷稀释至刻度。-18℃冰箱中密封保存,有效期 1 个月。

　　注:从冰箱里取出的标准溶液,要恢复到室温,摇匀后使用。标准储备液可以重复使用,标准使用液只能使用一次。

4.3 仪器和设备

4.3.1 气相色谱—质谱联用仪(GC-MS):配有电子轰击源(EI),质量数的检测范围上限应至少为 1 000 m/z。

4.3.2 分析天平:感量 0.000 01 g。

4.3.3 天平:感量 0.01 g。

4.3.4 旋转蒸发仪。

4.3.5 离心机:4 000 r/min。

4.3.6 超声波清洗器。

4.3.7 涡旋混合器。

4.3.8 冷冻干燥机。

4.3.9　净化柱:20.0 cm×1.5 cm(i.d)带沙板的玻璃层析柱,依次填入 1 g 去活硅胶、2 g 酸化硅胶、1 g 去活硅胶、2 g 无水硫酸钠。使用前用 20 mL 正己烷预淋洗。

4.3.10　棕色容量瓶:10 mL、25 mL、50 mL、100 mL。

4.3.11　分液漏斗:2 000 mL,带有聚四氟乙烯活塞。

4.3.12　棕色浓缩瓶:50 mL、150 mL、250 mL,带有空心塞。

4.3.13　离心管:100 mL。

4.4　测定步骤

4.4.1　试样的制备

a)　水样:经 0.45 μm 玻璃纤维滤膜过滤,于 5℃冰箱内保存,24 h 内提取。

b)　底泥样品:分析前将样品冷冻干燥,剔除沙砾和石头,用瓷研钵磨细后过 80 目金属筛,贮存在棕色磨口玻璃瓶中,于 5℃冰箱内保存,24 h 内提取。

4.4.2　提取

水样:取水样 1 000 mL 于分液漏斗中,加入 50 μL PCB-209 内标使用溶液[4.2.18　b)],加入 30 g 氯化钠,再加入 50 mL 二氯甲烷,剧烈振荡 2 min,静置,使有机相与水相完全分离,将有机相通过一个装有 10 g 无水硫酸钠的漏斗转移到 250 mL 浓缩瓶中,重复萃取两遍,合并有机相,待浓缩净化。

沉积物样品:称取 10 g 干样品(精确至 0.01 g),置于 100 mL 离心管中,加入 50 μL PCB-209 内标使用溶液[4.2.18　b)],40 mL 正己烷—丙酮(1:1)混合溶剂,控制水浴 25℃以下,超声提取 20 min, 4 000 r/min 下离心 10 min,上清液转移到另一个 100 mL 离心管中。在沉积物中再加入 30 mL 正己烷—丙酮(1:1)混合溶剂,重复提取一次。合并提取液,加入 1 g 铜粉,超声 5 min,4 000 r/min 下离心 5 min,上清液转移到 150 mL 浓缩瓶中,待浓缩净化。

4.4.3　净化

将 4.4.2 所得有机相在 40℃水浴中减压旋转蒸发至约 1 mL,浓缩液用 15 mL 正己烷分数次溶解, 并经净化柱(4.3.9)转移至 50 mL 浓缩瓶中,20 mL 正己烷洗脱净化柱,洗脱液合并于浓缩瓶中。旋转蒸发至 1 mL 左右,用平稳的氮气气流吹干,准确加入 0.5 mL 异辛烷,涡旋溶解残留物,供 GC-MS 测定。

4.4.4　基质加标标准曲线的绘制

按照 4.4.2 和 4.4.3 的操作步骤分别对阴性试样进行处理,得到净化后的基质溶液。参照附录 A 所示的浓度,准确移取适量多溴联苯醚混合标准使用液[4.2.18　a)]和内标使用溶液[4.2.18　b)]于 50 mL 浓缩瓶中,用柔和的 N₂ 顶吹至近干,将净化后的基质溶液全部加入吹干的浓缩瓶,涡旋,GC-MS 分析,绘制标准曲线。

4.4.5　测定

4.4.5.1　气相色谱参考条件

a)　色谱柱:DB-5 ms,15 m×0.25 mm×0.1 μm,或性能相当者;

b)　色谱柱温度:起始温度 90℃,保持 1 min,以 10℃/min 梯度升温至 320℃,保持 6 min;

c)　进样口温度:280℃;

d)　载气:高纯氦气(纯度≥99.999%);

e)　流速:1.0 mL/min;

f)　进样方式:脉冲无分流;

g)　进样体积:1 μL。

4.4.5.2　质谱参考条件

a)　离子源:EI 源,电离能量为 70 eV;

b)　离子源温度:230℃;

c) 四级杆温度:150℃;

d) 检测方式:选择离子检测模式(SIM);

e) 传输线温度:300℃;

f) 溶剂延迟时间:6 min。

4.4.5.3 色谱一质谱测定

取基质加标系列溶液(4.4.4)或样品提取液(4.4.3)1.0 μL进样,记录峰面积。

4.4.5.4 定性分析

在相同测试条件下进行样品测定时,如果检出的色谱峰的保留时间与标准品相一致(差值在20 s以内),所选择的特征离子均出现,并且检测到的样品峰的各特征离子的相对丰度,与浓度相近的基质标准工作溶液中特征离子相对丰度偏差符合表1的要求,则可判断样品中存在多溴联苯醚。

表 1　定性确证时相对离子丰度的最大允许偏差

单位为百分率

相对离子丰度	允许相对偏差
>50	±10
20～50(不含 20)	±15
10～20(不含 10)	±20
≤10	±50

4.4.5.5 定量分析

参照附录B中的定量离子和指定的内标物质,绘制标准曲线,从标准曲线上查得样品提取液中多溴联苯醚各单体的浓度。提取液中各待测组分的响应值均应在工作曲线线性范围内。选择离子检测色谱图参见附录C和附录D。

4.4.5.6 空白实验

除不加试样外,均按上述测定条件和步骤进行。

4.5 结果计算

试样中多溴联苯醚含量可以通过以下两种方法计算。

4.5.1 相对响应因子(RRF)法

首先使用校正标准溶液计算 RRF 值,计算见式(1)。

$$RRF_n = \frac{A_n \times c_{is}}{A_{is} \times c_n} \quad\cdots\cdots\cdots\cdots\cdots\cdots\cdots\cdots\cdots\cdots\cdots\cdots (1)$$

式中:

RRF_n　——多溴联苯醚 n 组分对内标物的响应因子;

A_n　——多溴联苯醚 n 组分的峰面积;

c_{is}　——内标物的浓度,单位为纳克每毫升(ng/mL);

A_{is}　——内标物的峰面积;

c_n　——多溴联苯醚 n 组分的浓度,单位为纳克每毫升(ng/mL)。

每一种化合物各个浓度水平的 RRF 值的相对标准偏差(RSD)应小于20%。达到这个标准后,使用平均 $\overline{RRF}_n$ 进行含量计算:

4.5.1.1 水样中多溴联苯醚含量按式(2)计算,计算结果应扣除空白值,保留三位有效数字。

$$X_n = \frac{A_n \times c_{is}}{A_{is} \times \overline{RRF}_n \times V} \quad\cdots\cdots\cdots\cdots\cdots\cdots\cdots\cdots\cdots\cdots (2)$$

式中:

X_n　——试样中多溴联苯醚 n 组分浓度,单位为纳克每升(ng/L);

A_n ——多溴联苯醚 n 组分的峰面积；

c_{is} ——试样中加入内标物的量，单位为纳克每升(ng/L)；

A_{is} ——内标物的峰面积；

$\overline{RRF_n}$——多溴联苯醚 n 组分对内标物的平均相对响应因子；

V ——水样的体积，单位为升(L)。

4.5.1.2 底泥中多溴联苯醚含量按式(3)计算，计算结果应扣除空白值，保留三位有效数字。

$$X_n = \frac{A_n \times m_{is}}{A_{is} \times \overline{RRF_n} \times m} \cdots\cdots\cdots\cdots\cdots\cdots\cdots\cdots\cdots (3)$$

式中：

X_n ——试样中多溴联苯醚 n 组分含量，单位为微克每千克(μg/kg)；

A_n ——多溴联苯醚 n 组分的峰面积；

m_{is} ——试样中加入内标物的量，单位为纳克(ng)；

A_{is} ——内标物的峰面积；

$\overline{RRF_n}$——多溴联苯醚 n 组分对内标物的平均相对响应因子；

m ——取样量，单位为克(g)。

4.5.2 待测样液中多溴联苯醚各组分浓度由仪器工作站按内标法自动计算

4.5.2.1 水样中多溴联苯醚含量按式(4)计算，计算结果应扣除空白值，保留三位有效数字。

$$X_n = \frac{c_n \times V_0}{V_1} \cdots\cdots\cdots\cdots\cdots\cdots\cdots\cdots\cdots\cdots\cdots\cdots (4)$$

式中：

X_n ——试样中多溴联苯醚 n 组分浓度，单位为纳克每升(ng/L)；

c_n ——由标准曲线而得的样液中多溴联苯醚 n 组分浓度，单位为纳克每毫升(ng/mL)；

V_0 ——样品最终定容体积，单位为毫升(mL)；

V_1 ——水样的体积，单位为升(L)。

4.5.2.2 底泥中多溴联苯醚含量按式(5)计算，计算结果应扣除空白值，保留三位有效数字。

$$X_n = \frac{c_n \times V_0}{m} \cdots\cdots\cdots\cdots\cdots\cdots\cdots\cdots\cdots\cdots\cdots\cdots (5)$$

式中：

X_n ——试样中多溴联苯醚 i 组分含量，单位为微克每千克(μg/kg)；

c_n ——由标准曲线而得的样液中多溴联苯醚 i 组分浓度，单位为纳克每毫升(ng/mL)；

V_0 ——样品最终定容体积，单位为毫升(mL)；

m ——样品称样量，单位为克(g)。

5 方法灵敏度、准确度、精密度

5.1 灵敏度

本方法中多溴联苯醚最低检出限和定量限，参见附录 E。

5.2 准确度

水体中多溴联苯醚添加浓度在 2.5 ng/L～100 ng/L(BDE-209 在 50 ng/L～500 ng/L)时，多溴联苯醚各单体的回收率为 70%～120%。

底泥中多溴联苯醚添加浓度为 0.25 μg/kg～10 μg/kg(BDE-209 在 5 μg/kg～50 μg/kg)时，多溴联苯醚各单体的回收率为 70%～120%。

5.3 精密度

本方法批内变异系数≤15%，批间变异系数≤15%。

附　录　A

（资料性附录）

标准曲线中多溴联苯醚各组分浓度

标准曲线中多溴联苯醚各组分浓度见表 A.1。

表 A.1　标准曲线中多溴联苯醚各组分浓度

化合物名称	编　号	混合标准溶液浓度，ng/mL					
		CS-1	CS-2	CS-3	CS-4	CS-5	CS-6
4-溴联苯醚	BDE-3	5	10	20	50	100	150
4,4′-二溴联苯醚	BDE-15	5	10	20	50	100	150
2,4,4′-三溴联苯醚	BDE-28	5	10	20	50	100	150
2,2′,4,4′-四溴联苯醚	BDE-47	5	10	20	50	100	150
2,2′,4,4′,5-五溴联苯醚	BDE-99	5	10	20	50	100	150
2,2′,4,4′,6-五溴联苯醚	BDE-100	5	10	20	50	100	150
2,2′,4,4′,5,5′-六溴联苯醚	BDE-153	5	10	20	50	100	150
2,2′,4,4′,5,6′-六溴联苯醚	BDE-154	5	10	20	50	100	150
2,2′,3,4,4′,5′,6-七溴联苯醚	BDE-183	5	10	20	50	100	150
2,2′,3,4,4′,5,5′,6-八溴联苯醚	BDE-203	10	20	40	100	200	300
2,2′,3,3′,4,4′,5,5′,6-九溴联苯醚	BDE-206	10	20	40	100	200	300
十溴联苯醚	BDE-209	20	100	200	500	1 000	1 500
内标（十氯联苯）	PCB-209	20	20	20	20	20	20

附 录 B

（资料性附录）

多溴联苯醚的分子量以及特征离子

多溴联苯醚的分子量以及特征离子见表 B.1。

表 B.1 多溴联苯醚的分子量以及特征离子

化学名称	代号	分子量	特征离子（m/z）[a]		
一溴联苯醚	BDE-3	249.1	**247.9**	249.9	141.0
二溴联苯醚	BDE-15	328.0	**328.0**	325.9	329.8
三溴联苯醚	BDE-28	406.9	**405.8**	403.8	407.8
四溴联苯醚	BDE-47	485.8	**325.9**	485.7	483.7
五溴联苯醚	BDE-99	564.7	**563.6**	561.6	403.7
五溴联苯醚	BDE-100	564.7	**563.6**	561.6	403.7
六溴联苯醚	BDE-153	643.6	**483.7**	481.6	643.5
六溴联苯醚	BDE-154	643.6	**483.7**	481.6	643.5
七溴联苯醚	BDE-183	722.5	**561.6**	721.5	559.6
八溴联苯醚	BDE-203	801.4	**641.5**	639.5	643.5
九溴联苯醚	BDE-206	880.3	**719.4**	721.4	717.4
十溴联苯醚	BDE-209	959.2	**799.3**	797.3	959.2
[a] 黑体＝定量离子。					

附　录　C

（资料性附录）

12 种多溴联苯醚标准物质和内标物的选择离子检测色谱图

12 种多溴联苯醚标准物质和内标物的选择离子检测色谱图见图 C.1。

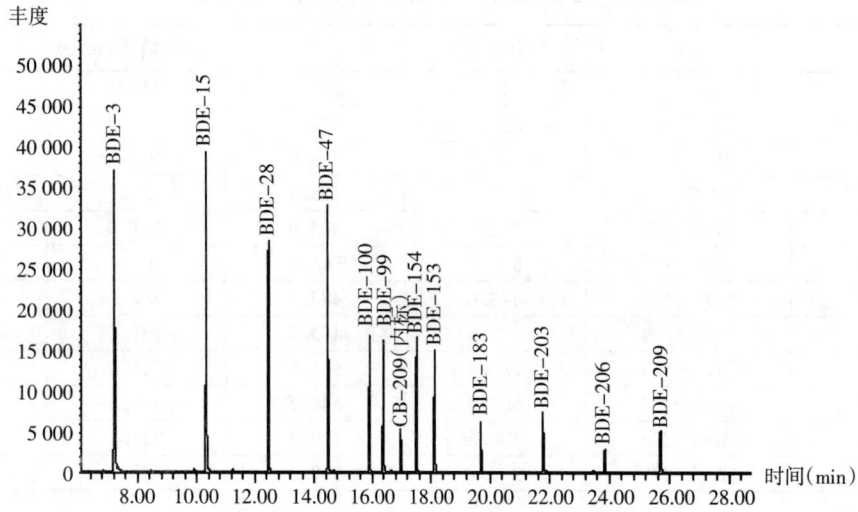

图 C. 1　BDE‑3～BDE‑183(200 ng/mL)，BDE‑203、BDE‑206(400 ng/mL)，
BDE‑209(2 000 ng/mL)，内标 CB‑209(20 ng/mL)

附　录　D
（资料性附录）
加标样品选择离子色谱图

D.1　底泥加标样品的选择离子色谱图

见图 D.1。

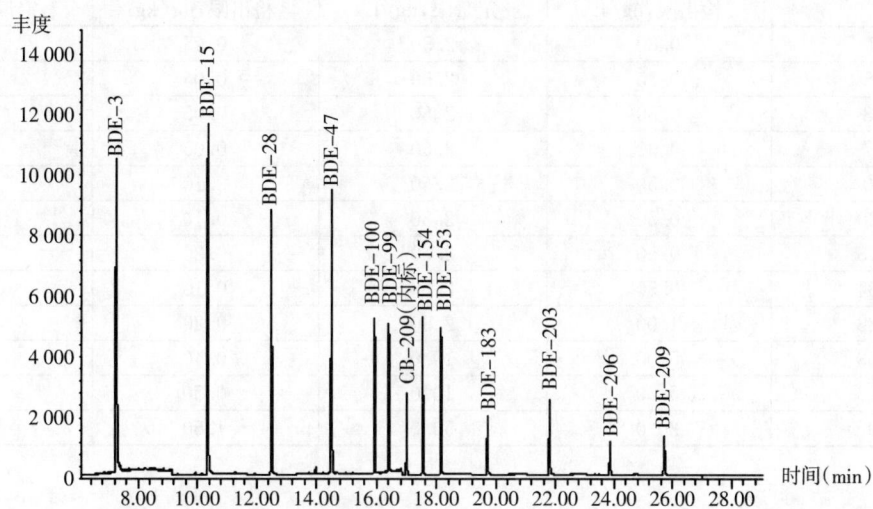

图 D.1　底泥加标样品的选择离子色谱图，BDE‑3～BDE‑183(100 ng/mL)，
BDE‑203、BDE‑206(200 ng/mL)，BDE‑209(1 000ng/mL)

D.2　水加标样品的选择离子色谱图

见图 D.2。

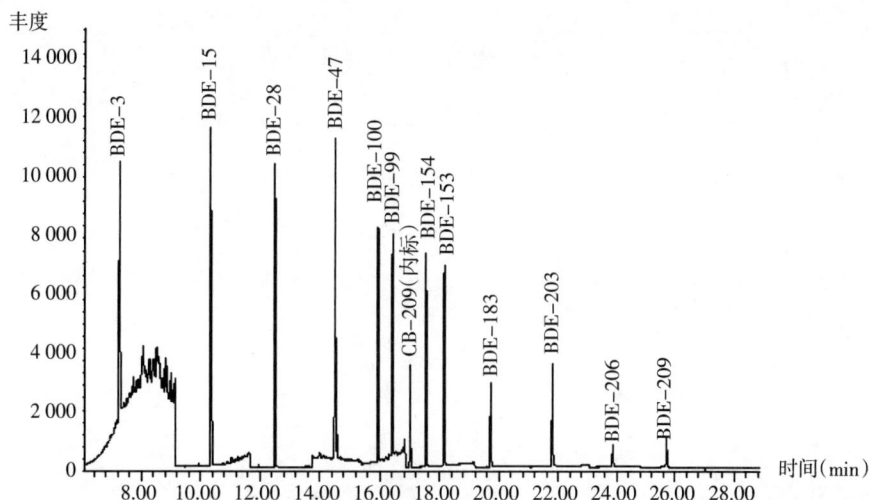

图 D.2　水加标样品的选择离子色谱图，BDE‑3～BDE‑183(100 ng/mL)，BDE‑
203、BDE‑206(200 ng/mL)，BDE‑209(1 000ng/mL)

附　录　E

（资料性附录）

多溴联苯醚最低检出限和定量限

多溴联苯醚最低检出限和定量限见表E.1。

表E.1　多溴联苯醚最低检出限和定量限

分析物	水　体		底　泥	
	检出限，ng/L	定量限，ng/L	检出限，μg/kg	定量限，μg/kg
BDE-3	0.30	2.50	0.05	0.25
BDE-15	0.30	2.50	0.05	0.25
BDE-28	0.30	2.50	0.05	0.25
BDE-47	0.30	2.50	0.05	0.25
BDE-99	0.50	2.50	0.10	0.25
BDE-100	0.50	2.50	0.10	0.25
BDE-153	0.50	2.50	0.20	0.25
BDE-154	0.50	2.50	0.10	0.25
BDE-183	1.00	2.50	0.20	0.25
BDE-203	5.00	10.0	0.40	1.00
BDE-206	5.00	10.0	0.50	1.00
BDE-209	20.0	50.0	1.50	5.00

ICS 65.150
B 50

SC

中华人民共和国水产行业标准

SC/T 9421—2015

水生生物增殖放流技术规范　日本对虾

Technical specification for the stock enhancement of hydrobios—Japanese shrimp

2015-02-09 发布　　　　　　　　　　　　　　　2015-05-01 实施

中华人民共和国农业部 发布

前　言

本标准按照 GB/T 1.1—2009 给出的规则起草。

本标准由农业部渔业渔政管理局提出。

本标准由全国水产标准化技术委员会渔业资源分技术委员会(SAC/TC 156/SC 10)归口。

本标准起草单位:山东省水生生物资源养护管理中心。

本标准主要起草人:王云中、王四杰、涂忠、王熙杰、李作朕、信敬福、李战军、李伟亚。

水生生物增殖放流技术规范 日本对虾

1 范围

本标准规定了日本对虾(*Penaeus japonicus*)增殖放流的海域条件、本底调查,放流物种质量、检验,放流时间、放流操作,放流资源保护与监测、效果评价等技术要求。

本标准适用于日本对虾增殖放流。

2 规范性引用文件

下列文件对于本文件的应用是必不可少的。凡是注日期的引用文件,仅注日期的版本适用于本文件。凡是不注日期的引用文件,其最新版本(包括所有的修改单)适用于本文件。

GB/T 15101.1—2008 中国对虾 亲虾

GB/T 15101.2 中国对虾 苗种

农业部 783 号公告—1—2006 水产品中硝基呋喃类代谢物残留量的测定 液相色谱—串联质谱法

农业部 958 号公告—14—2007 水产品中氯霉素、甲砜霉素、氟甲砜霉素残留量的测定 气相色谱—质谱法

农业部 1163 号公告—9—2009 水产品中己烯雌酚残留检测 气相色谱—质谱法

NY/T 5059 无公害食品 对虾养殖技术规范

SC/T 2040 日本对虾 亲虾

SC/T 2041 日本对虾 苗种

SC/T 7014 水生动物检疫实验技术规范

SC/T 7204.3 对虾涛拉综合征诊断规程 第 3 部分:RT-PCR 检测法

SC/T 9401—2010 水生生物增殖放流技术规程

SN/T 1151.4 对虾黄头病毒(YHV)逆转录聚合酶链式反应(RT-PCR)检测方法

SN/T 1151.5 对虾杆状病毒(BP)检测方法

SN/T 1673 对虾传染性皮下和造血器官坏死病毒(IHHNV)聚合酶链式反应(PCR)操作规程

3 海域条件

3.1 一般要求

符合 SC/T 9401—2010 的规定,且满足下述条件:

a) 底质为沙、沙泥或泥沙;

b) 盐度 25~35。

3.2 特殊要求

投苗区应位于潮间带之下,最低潮时水深≥1 m。

4 本底调查

按 SC/T 9401—2010 第 5 章的规定进行。

5 放流物种质量

5.1 苗种培育

5.1.1 苗种培育按照 NY/T 5059 的要求进行。培苗单位应持有日本对虾苗种生产许可证。

5.1.2 放流前 15 d 内，投喂活饵进行野化。

5.2 苗种质量

5.2.1 苗种规格

体长≥10 mm。

5.2.2 种质要求

亲虾种质应符合 SC/T 9401—2010 的规定，亲虾质量应符合 SC/T 2040 的要求。

5.2.3 质量要求

5.2.3.1 感官质量

符合 SC/T 2041 的要求。

5.2.3.2 可数指标

符合表 1 的要求。

表 1 可数指标要求

单位为百分率

可数指标	要求
规格合格率	≥85
伤残率与死亡率之和	≤5

5.2.3.3 病害

下列任一细菌病、寄生虫病或病毒不得检出：

a) 严重传染性弧菌病；

b) 寄生纤毛虫病；

c) 对虾白斑综合征病毒（WSSV）；

d) 对虾桃拉综合征病毒（TSV）；

e) 对虾杆状病毒（BP）；

f) 对虾黄头杆状病毒（YBV）；

g) 对虾传染性皮下和造血器官坏死病毒（IHHNV）。

5.2.3.4 药物残留指标

氯霉素、己烯雌酚、硝基呋喃类代谢物不得检出。

6 检验

6.1 检验资质

由具备资质的水产品质量检验机构检验。

6.2 检验内容与方法

检验内容与方法按表 2 的规定进行。

表 2 检验内容与方法

检验内容	检验方法
常规质量	执行 SC/T 2041 的规定
寄生纤毛虫病	按照 SC/T 7014 的方法进行
严重传染性弧菌病	按照 SC/T 7014 的方法进行
对虾白斑综合征病毒	按照 GB/T 15101.1—2008 附录 B 的方法进行
对虾桃拉综合征病毒	按照 SC/T 7204.3 的方法进行
对虾杆状病毒	按照 SN/T 1151.5 的方法进行
对虾黄头杆状病毒	按照 SN/T 1151.4 的方法进行

表 2（续）

检验内容	检验方法
对虾传染性皮下和造血器官坏死病毒	按照 SN/T 1673 的方法进行
氯霉素	按照农业部 958 号公告—14—2007 的方法进行
己烯雌酚	按照农业部 1163 号公告—9—2009 的方法进行
硝基呋喃类代谢物	按照农业部 783 号公告—1—2006 的方法进行

6.3 检验规则

6.3.1 抽样规则

随机多池多点取样。常规质量检验取样按照 GB/T 15101.2 的规定进行；病害检验取样量不少于150 尾；药物残留检验取样量不少于 75 g（取 100 尾以上苗种的相同部位）。

6.3.2 时效规则

常规质量和病害须在增殖放流前 7 d 内检验有效；药物残留须在增殖放流前 15 d 内检验有效。

6.3.3 组批规则

以一个增殖放流批次作为一个检验组批。

6.3.4 判定规则

6.3.4.1 任一项目检验不合格，则判定本批苗种不合格。其中，规格合格率以放流现场测算为准。

6.3.4.2 若对判定结果有异议，可复检一次，并以复检结果为准。

7 放流时间

7.1 投苗区海域底层水温回升至 16 ℃以上。

7.2 若放流前后 3 d 内有 6 级以上大风或 1.5 m 以上浪高，应改期放流。

7.3 若放流前后 3 d 内有中到大雨，应改期放流。

8 放流操作

8.1 苗种质量确认

现场查验放流苗种检验报告，按 SC/T 9401—2010 的方法测算规格合格率，确认苗种质量达标后，方可出库放流。

8.2 包装

8.2.1 包装要求

按 SC/T 9401—2010 第 8 章的规定进行。装苗密度宜控制在 20 000 尾/袋～25 000 尾/袋。

8.2.2 包装方法

8.2.2.1 将苗种装进已注入约 5 L 海水的容积为 20 L 的双层无毒塑料袋中，充氧扎口后装入相同规格的包装箱，箱口用胶带密封。

8.2.2.2 将已装苗包装箱遮阴、整齐排列，等待随机抽样计数。

8.3 计数

每计数批次按装苗总袋数的 0.5％随机抽样（最低不少于 3 袋），先将所有样品袋中的苗种混合在一起并沥水（呈滴水状）后称重，计算出每袋虾苗（含杂质）的平均重量，再从已混合并沥水的样品中按不低于样品总重量的 0.003％（最低不少于 5 g）随机抽取虾苗（含杂质）并逐尾计数，计算出单位重量苗种尾数，进而求出平均每袋苗种数量，根据装苗总袋数，最终求得本计数批次苗种数量。每一计数批次不得超过 600 箱。放流现场数据等按 SC/T 9401—2010 附录 B 的要求进行记录。

8.4 运输

苗种计数后应立即运输。运输途中,采取遮光和防雨措施,减少剧烈颠簸。运输成活率不低于90%。

8.5 投放

按 SC/T 9401—2010 中 11.3.1 的方法进行。从苗种出库到投放入海,时间控制在 5 h 以内。

9 放流资源保护与监测

按 SC/T 9401—2010 第 12 章的规定进行。

10 效果评价

按 SC/T 9401—2010 第 13 章的规定进行。

ICS 65.150
B 50

SC

中华人民共和国水产行业标准

SC/T 9422—2015

水生生物增殖放流技术规范　鲆鲽类

Technical specification for the stock enhancement of hydrobios—Flatfish

2015-02-09 发布　　　　　　　　　　　　　　　2015-05-01 实施

中华人民共和国农业部 发布

前　言

本标准按照 GB/T 1.1—2009 给出的规则起草。

本标准由农业部渔业渔政管理局提出。

本标准由全国水产标准化技术委员会渔业资源分技术委员会(SAC/TC 156/SC 10)归口。

本标准起草单位:山东省水生生物资源养护管理中心。

本标准主要起草人:王四杰、王云中、涂忠、王熙杰。

水生生物增殖放流技术规范　鲆鲽类

1　范围

本标准规定了鲆鲽类放流海域条件、本底调查,放流物种质量、检验,放流时间、放流操作,放流资源保护与监测、效果评价等技术要求。

本标准适用于褐牙鲆、黄盖鲽、半滑舌鳎等鲆鲽类的增殖放流。

2　规范性引用文件

下列文件对于本文件的应用是必不可少的。凡是注日期的引用文件,仅注日期的版本适用于本文件。凡是不注日期的引用文件,其最新版本(包括所有的修改单)适用于本文件。

GB/T 20361—2006　水产品中孔雀石绿和结晶紫残留量的测定　高效液相色谱荧光检测法

GB/T 21326—2007　黑鲷　亲鱼和苗种

农业部783号公告—1—2006　水产品中硝基呋喃类代谢物残留量的测定　液相色谱—串联质谱法

农业部958号公告—14—2007　水产品中氯霉素、甲砜霉素、氟甲砜霉素残留量的测定　气相色谱—质谱法

NY 5070—2002　无公害食品　水产品中渔药残留限量

NY 5072　无公害食品　渔用配合饲料安全限量

SC/T 9401—2010　水生生物增殖放流技术规程

OIE水生动物疫病诊断手册

3　海域条件

符合SC/T 9401—2010第4章的规定,且应符合下述条件:

a)　海底底质为泥沙、沙泥、沙、沙砾或岩礁;

b)　水温5℃~28℃,盐度15~34,溶解氧≥4 mg/L;

c)　小型低值鱼类、甲壳类等饵料生物丰富。

4　本底调查

按SC/T 9401—2010第5章的规定进行。

5　放流物种质量

5.1　苗种来源

放流苗种应由具备生产资质的苗种场供应。苗种场应符合以下要求:

a)　持有鲆鲽类苗种生产许可证;

b)　在本地海域获得鲆鲽类亲鱼或在原种场获得亲鱼;

c)　鲆鲽类单品种育苗生产规模1 000 m² 以上;

d)　具备基本的水质监测和苗种检测能力。

5.2　苗种培育

5.2.1　培育池

以10 m²~20 m² 为宜,圆形或多边形,池深1 m,中间排水,池底以刮涂灰白无毒涂料为佳。

5.2.2 光照强度

500 lx～1 000 lx。

5.2.3 水温

鲆 16℃～26℃；鲽 12℃～20℃；鳎 14℃～24℃。

5.2.4 盐度

盐度 18～32。

5.2.5 pH

pH 7.6～8.6。

5.2.6 溶解氧

不小于 5 mg/L。

5.2.7 换水

60 日龄前，日换水量从培育水体的 10% 逐渐增加到 2 倍；60 日龄后日换水量为培育水体的 3 倍～4 倍。

5.2.8 清污

投喂配合饵料之前每 3 d～5 d 清池底吸污一次，投喂配合饵料后每日清底一次。

5.2.9 投饵

饵料系列为轮虫、卤虫无节幼体、桡足类和微颗粒配合饲料。配合饲料应符合 NY 5072 的规定。

5.2.10 培育密度

初孵仔鱼的培育密度为 6 000 尾/m²～10 000 尾/m²，池水位为 50 cm；孵化后第 20 d～第 40 d，2 000 尾/m²～5 000 尾/m²。随着鱼苗的成长逐渐降低密度，至全长 10 cm 时为 200 尾/m²。

5.2.11 分池

每 30 d 一次，疏散放养密度，去除畸形、伤残、黑化、白化苗种。

5.3 苗种规格

放流苗种规格分类应符合表 1 的要求。

表 1　鲆鲽类苗种规格分类要求

苗种规格	全长，mm
大规格	≥80
小规格	≥50

5.4 苗种质量

5.4.1 常规质量

常规质量符合表 2 的要求。

表 2　鲆鲽类苗种常规质量要求

项　目	要　求
感官质量	规格整齐、外观完整、体表光洁、色泽正常、活力强、反应敏捷
可数指标	规格合格率≥90%，伤残率、畸形率、白化率、黑化率之和≤5%

5.4.2 药物残留

氯霉素、孔雀石绿、硝基呋喃类代谢物不得检出，其他药物残留符合 NY 5070—2002 的要求。

5.4.3 病害

病毒性神经坏死病、病毒性出血性败血症不得检出。

6 检验

6.1 检验资质

放流苗种须经具备资质的水产品质量检验机构检验合格。

6.2 检验内容与方法

检验内容与方法按表3的要求进行。

表3 检验内容与方法

检验内容	检验方法
常规质量	参照执行GB/T 21326—2007中5.2的规定
病毒性神经坏死病	常规检验方法
病毒性出血性败血症	按照OIE中的方法进行
氯霉素	按照农业部958号公告—14—2007的方法进行
孔雀石绿	按照GB/T 20361—2006的方法进行
硝基呋喃类代谢物	按照农业部783号公告—1—2006的方法进行

6.3 检验时效

常规质量和病害在增殖放流前7 d内检验有效；药物残留在增殖放流前15 d内检验有效。

6.4 检验组批

以一个放流批次作为一个检验组批。

6.5 样品规则

检验样品由当地渔业行政主管部门负责现场随机抽样后送检。其中，常规检验和病害检验需随机多点取样100尾以上；药残检验需取样75 g以上(取100尾以上苗种的相同部位)。

6.6 判定规则

6.6.1 除规格合格率外，其他任一项目检验不合格，则判定该批次苗种不合格。规格合格率以放流时的现场测量为准。

6.6.2 如对判定结果有异议，可重新抽样复检，并以复检结果为最终判定结果。

7 放流时间

7.1 投放时间

    a) 鲆：投苗时底层水温范围16℃～26℃；

    b) 鲽：投苗时底层水温范围12℃～20℃；

    c) 鰨：投苗时底层水温范围14℃～24℃。

7.2 气象条件

放流应避开高温天、中到大雨天、6级以上大风天；浪高应小于2 m。

8 放流操作

8.1 放流准备

苗种出库放流前，放流工作人员须做好下述准备：

    a) 现场查验苗种质量检验检疫报告和药残检测报告，应符合"5.4 苗种质量"的要求；

    b) 现场逐池等量随机捞取苗种累计不少于50尾，经测算，规格合格率符合本标准要求；

    c) 放流包装工具、运输工具齐备，计量工具准确无误，相关工作人员完全到位；

    d) 放流前15 d，投喂活饵进行野化。

8.2 苗种包装

8.2.1 包装工具

按 SC/T 9401—2010 中 8.1 的规定进行。

8.2.2 包装要求

按 SC/T 9401—2010 中 8.2 的规定进行。20 L 的塑料袋在运输水温 12℃～15℃时,大规格苗种包装密度宜控制在 50 尾/袋～100 尾/袋,小规格苗种包装密度宜控制在 100 尾/袋～200 尾/袋。

8.3 苗种计数

大规格苗种宜采用 SC/T 9401—2010 中 9.1.1 的方法计数,小规格苗种宜采用 SC/T 9401 中 9.1.3 的方法计数。每计量批次不得超过 600 箱。

8.4 苗种运输

苗种运输应满足下述要求:

a) 运输前,停食 1 d～2 d;

b) 陆上运输使用保温车,箱内控温 10℃～20℃,途中减少剧烈颠簸;

c) 高温天气海上运输时,船上应采取搭凉棚、撑遮阳网等遮光措施;

d) 运输成活率达到 95% 以上。

8.5 苗种投放

8.5.1 投放时间

春季 5 月～7 月、秋季 9 月～11 月。避开高温天、大雨天、大风天。

8.5.2 投放方法

大规格苗种按 SC/T 9401—2010 中 11.3.1 或 11.3.2 的方法投放;小规格苗种按 SC/T 9401—2010 中 11.3.1 的方法投放。从苗种出库到投放入海,时间控制在 5 h 以内。

8.6 数据记录

将放流操作等相关信息填入 SC/T 9401—2010 附录 A。

9 放流资源保护与监测

按 SC/T 9401—2010 第 12 章的规定进行。

10 效果评价

按 SC/T 9401—2010 第 13 章的规定进行。

ICS 65.120
B 46

NY

中华人民共和国农业行业标准

NY/T 2693—2015

斑点叉尾鮰配合饲料

Formula feed for Channel Catfish(*Ictalurus punctatus*)

2015-02-09 发布

2015-05-01 实施

中华人民共和国农业部 发布

前　言

本标准按照 GB/T 1.1—2009 给出的规则起草。

本标准由农业部畜牧业司提出。

本标准由全国饲料工业标准化技术委员会(SAC/TC 76)归口。

本标准起草单位:福建省淡水水产研究所。

本标准主要起草人:林建斌、朱庆国、梁萍、陈度煌。

斑点叉尾鮰配合饲料

1 范围

本标准规定了斑点叉尾鮰配合饲料的产品分类、要求、试验方法、检验规则及标签、包装、运输、储存和保质期。

本标准适用于斑点叉尾鮰硬颗粒配合饲料和膨化颗粒配合饲料。

2 规范性引用文件

下列文件对于本文件的应用是必不可少的。凡是注日期的引用文件,仅注日期的版本适用于本文件。凡是不注日期的引用文件,其最新版本(包括所有的修改单)适用于本文件。

GB/T 5918　饲料产品混合均匀度的测定

GB/T 6432　饲料中粗蛋白测定方法

GB/T 6433　饲料中粗脂肪的测定

GB/T 6434　饲料中粗纤维的含量测定　过滤法

GB/T 6435　饲料中水分和其他挥发性物质含量的测定

GB/T 6436　饲料中钙的测定

GB/T 6437　饲料中总磷的测定　分光光度法

GB/T 6438　饲料中粗灰分的测定

GB/T 6439　饲料中水溶性氯化物的测定

GB 10648　饲料标签

GB 13078　饲料卫生标准

GB/T 14699.1　饲料　采样

GB/T 16765　颗粒饲料通用技术条件

GB/T 18246　饲料中氨基酸的测定

JJF 1070　定量包装商品净含量计量检验规则

SC/T 1077—2004　渔用配合饲料通用技术要求

3 产品分类

产品按斑点叉尾鮰的生长阶段分为稚鱼配合饲料、幼鱼配合饲料和成鱼配合饲料。产品分类与适用范围见表1。

表 1　产品分类与适用范围

产品分类	适用鱼体重范围,g
稚鱼配合饲料	<20
幼鱼配合饲料	20～300
成鱼配合饲料	>300

4 要求

4.1 原料与添加剂

饲料原料与添加剂应符合国家有关法律、法规和相关国家标准、行业标准的规定。

4.2 感官

色泽、颗粒大小均匀;无霉变、结块及异味、异臭。

4.3 加工质量指标

加工质量指标的规定见表2。

表 2　加工质量指标

单位为百分率

项　　目		指　　标		
		稚鱼配合饲料	幼鱼配合饲料	成鱼配合饲料
变异系数		≤7.0		
溶失率	硬颗粒配合饲料(水中浸泡5 min)	≤6.0		
	膨化颗粒配合饲料(水中浸泡20 min)	≤4.0		
含粉率	硬颗粒配合饲料	≤3.0		
	膨化颗粒配合饲料	≤1.0		

4.4 水分含量

水分含量硬颗粒配合饲料不得大于12.0%,膨化颗粒配合饲料不得大于11.0%。

4.5 主要营养成分指标

应符合表3的要求。

表 3　主要营养成分指标

单位为百分率

型　　号	粗蛋白质	粗脂肪		粗灰分	粗纤维	总磷	赖氨酸
		硬颗粒配合饲料	膨化颗粒配合饲料				
稚鱼配合饲料	≥38.0	≥4.0	≥5.0	≤14.0	≤4.0	1.0～1.8	≥1.9
幼鱼配合饲料	≥33.0			≤12.0	≤6.0	0.8～1.7	≥1.7
成鱼配合饲料	≥30.0			≤12.0	≤6.0	0.8～1.7	≥1.5

4.6 卫生指标

应符合 GB 13078 的规定。

5 试验方法

5.1 感官检验

取100 g～200 g样品,置于25 cm×30 cm的洁净白瓷盘内,在正常光照、通风良好、无异味的环境下通过感官进行评定。

5.2 变异系数

按 GB/T 5918 的规定执行。

5.3 溶失率

按 SC/T 1077—2004 中附录 A 的规定进行。

5.4 含粉率

按 GB/T 16765 的规定执行。

5.5 粗蛋白质

按 GB/T 6432 的规定执行。

5.6 粗脂肪

按 GB/T 6433 的规定执行。

5.7　粗纤维

按 GB/T 6434 的规定执行。

5.8　水分

按 GB/T 6435 的规定执行。

5.9　钙

按 GB/T 6436 的规定执行。

5.10　总磷

按 GB/T 6437 的规定执行。

5.11　粗灰分

按 GB/T 6438 的规定执行。

5.12　赖氨酸

按 GB/T 18246 的规定执行。

5.13　卫生指标的测定

按 GB 13078 的规定执行。

6　检验规则

6.1　取样

6.1.1　批的组成

在正常生产情况下,以同一班次、同一配料、同一工艺生产的同一品种为一个批次。

6.1.2　采样

按 GB/T 14699.1 的规定执行,净含量抽样按 JJF 1070 的规定执行。

6.2　出厂检验

产品出厂前须经企业质量检验部门检验合格并附有质量合格证明后方可出厂。检验项目为感官、粗蛋白质、水分和净含量。

6.3　型式检验

型式检验项目为本标准要求的全部项目,型式检验样品在出厂检验合格的产品中抽取。正常生产时,每年至少检验一次;但如有下列情况之一时,也应进行型式检验:

  a)　新产品投产时;

  b)　原料、工艺、配方较大改变,可能影响产品性能时;

  c)　停产 6 个月以上或主要设备大修后,恢复生产时;

  d)　出厂检验结果与上一次型式检验有较大差异时;

  e)　质量监督部门提出进行型式检验的要求时。

6.4　判定规则

6.4.1　所检项目的结果全部符合标准规定的判为合格批。

6.4.2　检验中如有一项指标不符合标准,应重新取样进行复检(微生物指标超标不得复检)。复检结果如仍有不合格项,则判定该批产品为不合格。

7　标签、包装、运输、储存

7.1　标签

按 GB 10648 的规定执行。

7.2 包装

包装材料必须清洁卫生、无毒、无污染,并具有防潮、防漏、抗拉等性能。净含量按 JJF 1070 规定的方法检验。

7.3 运输

运输工具应清洁卫生,不得与有毒有害物品混装、混运。运输中,应防止暴晒、雨淋与破损。

7.4 储存

产品应储存在阴凉、通风、干燥,并具有防水、防霉、防鼠、防虫害等措施的库房内,不得与有毒有害物品混储。

8 保质期

在符合本标准规定的运输和储存条件下,且包装完好,产品的保质期自生产之日起为膨化颗粒配合饲料 90 d,硬颗粒配合饲料 60 d。

ICS 67.120.30
B 50

NY

中华人民共和国农业行业标准

NY/T 2713—2015
代替 SC/T 1089—2006

水产动物表观消化率测定方法

Procedure of apparent digestibility coefficient determination in fish shellfish

2015-02-09 发布　　　　　　　　　　　2015-05-01 实施

中华人民共和国农业部 发布

前　言

本标准按照 GB/T 1.1—2009 给出的规则起草。

本标准代替 SC/T 1089—2006《鱼类消化率测定方法》。与 SC/T 1089—2006 相比，主要技术变化如下：

——标准名称修改为：水产动物表观消化率测定方法；

——修改了适用范围；

——增加了磷酸盐的消化率实验饲料配制方法；

——修改了标记物的添加方式及注意事项；

——增加了粪便样品的收集方法——积粪装置法；

——修改了计算公式；

——增加了 Cr_2O_3 的测定方法——原子吸收光谱法。

本标准由农业部畜牧业司提出。

本标准由全国饲料工业标准化技术委员会（SAC/TC 76）归口。

本标准起草单位：中国农业科学院饲料研究所、国家水产饲料安全评价基地。

本标准主要起草人：薛敏、吴秀峰、王嘉、韩芳、郑银桦。

本标准的历次版本发布情况为：

——SC/T 1089—2006。

水产动物表观消化率测定方法

1 范围

本标准规定了水产动物对配合饲料、饲料原料及磷酸盐表观消化率的测定方法,包括标记物的选择、实验饲料的配制、实验鱼的饲养与样品的采集、分析方法和结果的计算公式。

本标准适用于水产动物对配合饲料、饲料原料及磷酸盐中某营养成分的表观消化率的测定。

2 规范性引用文件

下列文件对于本文件的应用是必不可少的。凡是注日期的引用文件,仅注日期的版本适用于本文件。凡是不注日期的引用文件,其最新版本(包括所有的修改单)适用于本文件。

GB/T 6432 饲料中粗蛋白测定方法

GB/T 6433 饲料中粗脂肪测定方法

GB/T 6435 饲料中水分的测定

GB/T 6437 饲料中总磷的测定 分光光度法

GB 11607 渔业水质标准

GB/T 13088 饲料中铬的测定

GB/T 18115.1 稀土金属及其氧化物中稀土杂质化学分析方法 镧中铈、镨、钕、钐、铕、钆、铽、镝、钬、铒、铥、镱、镥和钇量的测定

GB/T 18246 饲料中氨基酸的测定

GB/T 23742 饲料中盐酸不溶灰分的测定

ISO 9831 动物饲料和粪便或尿液 总热值的测定 Animal feeding stuffs, animal products, and faeces or urine—Determination of gross calorific value-Bomb calorimeter method

3 术语和定义

下列术语和定义适用于本文件。

3.1

表观消化率 apparent digestibility coefficient, ADC

动物对饲料或饲料中某一成分的总摄入量与粪便或粪便中某一成分的总排出量之差占饲料或饲料中某一成分的总摄入量的百分比。

3.2

标记物 marker

饲料中已经存在(内源)或人工均匀加入(外源)的某种指示物质。

4 原理

通过测定某种营养成分和标记物在配合饲料、饲料原料及磷酸盐与粪便中的含量变化,计算得到配合饲料、饲料原料及磷酸盐中某营养成分的表观消化率。

5 标记物的选用

5.1 酸不溶灰分

酸不溶灰分为内源性标记物,适用于难以使用外源性标记物的饲料、饲料原料及磷酸盐且能够收集

到大量的粪便样品(用于测定该指标的粪便样品干重大于 10 g)的实验。

5.2 三氧化二铬(Cr_2O_3)

三氧化二铬(Cr_2O_3)为外源性标记物,适用于能够收集到较大量的粪便样品(用于测定该指标的粪便样品干重大于 1 g)的实验。添加量为 0.5%～1%。Cr_2O_3 不适用于测定水产动物对饲料中碳水化合物的表观消化率。

5.3 氧化钇(Y_2O_3)及其他稀土元素氧化物

氧化钇(Y_2O_3)及其他稀土元素氧化物为外源性标记物,适用于难以收集到较大量的粪便样品(用于测定该指标的粪便样品干重小于 1 g)的实验,添加量为 0.01%～0.1%。

6 实验饲料的配制

6.1 配合饲料表观消化率测定实验的饲料配制

根据实验设计的需要及实验动物的营养需求,配制出实验动物各种饲料粉料混合物,采用逐级稀释法均匀地混合 0.5%～1% 的 Cr_2O_3 或 0.01%～0.1% 的 Y_2O_3(或其他稀土元素氧化物)的标记物后,经过加工制成营养平衡的含有标记物的饲料。

6.2 原料表观消化率测定实验的饲料配制

根据实验设计的需要,配制出实验动物各种饲料粉料混合物,采用逐级扩散法均匀地混合 0.5%～1% 的 Cr_2O_3 或 0.01%～0.1% 的 Y_2O_3(或其他稀土元素氧化物)的标记物后制成营养平衡的含有标记物的基础饲料。取 70% 含有标记物的基础饲料和 30% 的待测原料,采用逐级稀释法,充分混合均匀,按照相同工艺制成饲料。

6.3 磷酸盐中总磷的表观消化率测定实验的饲料配制

根据实验设计的需要,配制出实验动物各种饲料粉料混合物,采用逐级扩散法均匀地混合 0.5%～1% 的 Cr_2O_3 或 0.01%～0.1% 的 Y_2O_3(或其他稀土元素氧化物)的标记物后制成除磷以外其他营养素均衡的基础饲料。基础饲料中不添加任何剂型磷酸盐,尽量减少鱼粉等磷含量高的原料的使用。取一定比例已添加标记物的基础饲料(如 97%～98%)和相应比例(如 2%～3%)的磷酸盐,保证受试饲料中的总磷水平接近或稍低于实验动物的需求量。采用逐级扩散法,充分混合均匀,按照相同工艺制成实验饲料。

7 实验水产动物的饲养与分析样品的采集

7.1 实验动物的饲养管理

采用循环水或流水养殖系统(循环水系统不适用于磷酸盐中总磷表观消化率测定的实验),选足量的规格整齐、表观健康的实验动物,随机分养于若干个水族箱中。水质符合 GB 11607 的规定,根据测定目的,保持一定的光照、水温及养殖密度等条件。先以基础饲料暂养,视实验动物摄食习性,每天饱食投喂 2 次～4 次,至少预养 1 周后,分组改用各组试验饲料投喂,每种饲料至少 3 个平行组,每组实验动物的数量至少达到 10 尾～30 尾(视实验动物的规格和水族箱大小调整)。每天定时饱食投喂,投喂 1 h～2 h 后,移去剩余饲料。

7.2 粪便样品的收集

7.2.1 积粪装置法

视水产动物种类不同,连续观察实验动物在摄食后 2 h～10 h 内的排粪高峰期 7 d 后,采用和养殖系统相连的积粪装置收集当日排粪高峰期阶段的粪便,并及时将积粪装置中的粪便样品转移至 −20℃ 保存。如果是以消化率为唯一目的的实验,粪便样品量足够分析测试所需即可停止实验。如果实验兼有其他目的,则需要收集实验全程的粪便样品(在实验 7 d 后开始收集)。粪便收集时,要将积粪装置中的水一并收集并立即冷冻保藏,粪便样品在 70℃ 烘干或冷冻干燥后冷藏待测。

7.2.2 虹吸法

连续观察实验动物在摄食后 2 h~10 h 内排粪高峰期 7 d 后，采用虹吸法收集当日排粪高峰期阶段的粪便，收集时挑取新鲜、成型、饱满的粪便，并及时将粪便样品转移至－20℃保存。如果是以消化率为唯一目的的实验，粪便样品量足够分析测试所需即可停止实验。如果实验兼有其他目的，则需要收集实验全程的粪便样品（在实验 7 d 后开始收集）。粪便收集后立即冷冻保藏，粪便样品在 70℃烘干或冷冻干燥后冷藏待测。

7.2.3 后肠挤压法

本方法仅限在鱼类为实验动物时使用。在用实验饲料投喂并观察实验动物排粪高峰期 7 d 后开始收集粪便样品。视实验鱼种类的不同，在排粪高峰期，采用后肠挤压法收集粪便样品。挤压前，先将实验鱼麻醉（见附录 A）以减少应激反应；然后，用纱布吸干体表水分，握住鱼背部，用手指沿腹侧向着肛门方向轻轻挤压腹部，尽可能排出尿液和生殖产物；最后，将粪便挤入解剖盘。将收集的样品在 70℃烘干或冷冻干燥后冷藏待测。

7.3 实验饲料的采样

在实验开始前对全部实验饲料按照四分法进行取样，取样量以足够分析测试并保证有足够留样量为准。所取饲料样品在－20℃冷藏待测。

8 标记物和营养成分的测定

8.1 酸不溶灰分的测定

按照 GB/T 23742 的规定执行

8.2 三氧化二铬（Cr_2O_3）的测定

按照 GB/T 13088 中原子吸收光谱法执行，对受试样品的试样溶液制备方法进行修订，见附录 B。

8.3 氧化钇（Y_2O_3）的测定

按照 GB/T 18115.1 的规定执行。

8.4 粗蛋白含量的测定

按照 GB/T 6432 的规定执行。

8.5 粗脂肪含量的测定

按照 GB/T 6433 的规定执行。

8.6 总能量含量的测定

按照 ISO 9831 的规定执行。

8.7 氨基酸含量的测定

按照 GB/T 18246 的规定执行。

8.8 总磷含量的测定

按照 GB/T 6437 的规定执行。

8.9 水分的测定

按照 GB/T 6435 的规定执行。

9 结果计算

9.1 水产动物对饲料的表观消化率

按式（1）计算。

$$ADC = 100 \times \left(1 - \frac{M_d}{M_f}\right)$$

式中：

ADC ——表观消化率,单位为百分率(%);

M_d ——饲料中标记物百分含量,单位为百分率(%);

M_f ——粪便中标记物百分含量,单位为百分率(%)。

9.2 水产动物对饲料中营养成分(蛋白、脂肪、氨基酸、能量和总磷等)的表观消化率

按式(2)计算。

$$ADC_d = 100 \times \left(1 - \frac{N_f}{N_d} \times \frac{M_d}{M_f}\right) \quad\quad\quad (2)$$

式中:

ADC_d ——营养成分表观消化率,单位为百分率(%);

M_d ——饲料中标记物的百分含量,单位为百分率(%);

M_f ——粪便中标记物的百分含量,单位为百分率(%);

N_d ——饲料中营养成分的百分含量,单位为百分率(%);或能量含量,单位为兆焦每千克(MJ/kg);

N_f ——粪便中营养成分的百分含量,单位为百分率(%);或能量含量,单位为兆焦每千克(MJ/kg)。

9.3 水产动物对实验原料的表观消化率

按式(3)计算。

$$ADC_i = ADC_t + \left[(ADC_t - ADC_r) \times \left(a \times \frac{D_r}{b} \times D_i\right)\right] \quad\quad (3)$$

式中:

ADC_i ——实验原料表观消化率,单位为百分率(%);

ADC_t ——实验饲料消化率,单位为百分率(%);

ADC_r ——基础饲料消化率,单位为百分率(%);

D_r ——基础饲料中营养成分的百分含量,单位为百分率(%);或能量含量,单位为兆焦每千克(MJ/kg);

D_i ——实验原料中营养成分的百分含量,单位为百分率(%);或能量含量,单位为兆焦每千克(MJ/kg);

a ——基础饲料在实验饲料中的比例;

b ——实验原料在实验饲料中的比例。

附 录 A

（规范性附录）

水产动物表观消化率测定中常用麻醉剂及使用剂量

水产动物表观消化率测定中常用麻醉剂及使用剂量见表 A.1。

表 A.1 水产动物表观消化率测定中常用麻醉剂及使用剂量表

名称和化学式	性 状	使用浓度	作用时间
三卡因 Tricaine(MS222) Methanesulphonate $C_{10}H_{15}NO_5S$	白色微细结晶粉末，易溶于水	25 mg/L～300 mg/L	1 min～3 min
丁香酚 Euqgenol 2-甲氧-4 丙烯基酚	可直接分散于海水和淡水中，无需缓冲液	25 mg/L～100 mg/L	40 s～1 min
三氯叔丁醇 Chloroeutanol $C_4H_7C_{13}O \cdot 0.5H_2O$	白色微细结晶粉末，易溶于有机溶剂	100 mg/L～1 200 mg/L	20 s～1 min

附　录　B
（规范性附录）
Cr₂O₃ 测定试样溶液的制备

B.1　试剂

B.1.1 钼酸钠：分析纯。

B.1.2 三氧化二铬：分析纯。

B.1.3 浓硫酸：分析纯。

B.1.4 高氯酸：分析纯，70%～72%。

B.1.5 氧化剂的配制：溶解 10 g 钼酸钠于 150 mL 蒸馏水中，慢慢加入 150 mL 浓硫酸。冷却后，加入 200 mL 高氯酸，混匀。

B.2　仪器与设备

B.2.1 凯氏烧瓶：100 mL。

B.2.2 容量瓶：100 mL。

B.2.3 电炉。

B.2.4 天平：精确度 0.000 1 g。

B.3　操作步骤

B.3.1　标准曲线

准确称取三氧化二铬（Cr₂O₃）0.05 g 于 100 mL 干燥的凯氏烧瓶中，加入氧化剂 5 mL。将凯氏烧瓶在电炉上用小火消化，直到瓶中溶液呈橙色透明为止。移此液入 100 mL 容量瓶中，稀释至刻度（母液）。吸取不等量的母液进行稀释，配制不同浓度的上机标准溶液。

B.3.2　饲料及粪便中 Cr₂O₃ 的测定

称取 0.05 g 干燥、磨碎的样品于 100 mL 干燥的凯氏烧瓶中，加入氧化剂 5 mL。将凯氏烧瓶在电炉上用小火消化，直到瓶中溶液呈橙色透明为止。移此液入 100 mL 容量瓶中，稀释至刻度，根据试样的铬含量范围，结合标准曲线范围进行稀释，试样溶液制备完成。

附录

中华人民共和国农业部公告
第 2224 号

根据《中华人民共和国兽药管理条例》和《中华人民共和国饲料和饲料添加剂管理条例》规定,《饲料中赛地卡霉素的测定 高效液相色谱法》等 4 项标准业经专家审定通过,现批准发布为中华人民共和国国家标准,自 2015 年 4 月 1 日起实施。

特此公告。

附件:《饲料中赛地卡霉素的测定 高效液相色谱法》等 4 项农业国家标准目录

农业部

2015 年 1 月 30 日

附件：

《饲料中赛地卡霉素的测定　高效液相色谱法》等
4 项农业国家标准目录

序号	标准名称	标准代号
1	饲料中赛地卡霉素的测定　高效液相色谱法	农业部 2224 号公告—1—2015
2	饲料中炔雌醇的测定　高效液相色谱法	农业部 2224 号公告—2—2015
3	饲料中雌二醇的测定　液相色谱—串联质谱法	农业部 2224 号公告—3—2015
4	饲料中苯丙酸诺龙的测定　高效液相色谱法	农业部 2224 号公告—4—2015

中华人民共和国农业部公告
第 2227 号

《尿素硝酸铵溶液》等 86 项标准业经专家审定通过,现批准发布为中华人民共和国农业行业标准,自 2015 年 5 月 1 日起实施。

特此公告。

附件:《尿素硝酸铵溶液》等 86 项农业行业标准目录

农业部
2015 年 2 月 9 日

附件：

《尿素硝酸铵溶液》等 86 项农业行业标准目录

序号	标准号	标准名称	代替标准号
1	NY 2670—2015	尿素硝酸铵溶液	
2	NY/T 2671—2015	甘味绞股蓝生产技术规程	
3	NY/T 2672—2015	茶粉	
4	NY/T 2673—2015	棉花术语	
5	NY/T 2674—2015	水稻机插钵形毯状育秧盘	
6	NY/T 2675—2015	棉花良好农业规范	
7	NY/T 2676—2015	棉花抗盲椿象性鉴定方法	
8	NY/T 2677—2015	农药沉积率测定方法	
9	NY/T 2678—2015	马铃薯 6 种病毒的检测　RT - PCR 法	
10	NY/T 2679—2015	甘蔗病原菌检测规程　宿根矮化病菌　环介导等温扩增检测法	
11	NY/T 2680—2015	鱼塘专用稻种植技术规程	
12	NY/T 2681—2015	梨苗木繁育技术规程	
13	NY/T 2682—2015	酿酒葡萄生产技术规程	
14	NY/T 2683—2015	农田主要地下害虫防治技术规程	
15	NY/T 2684—2015	苹果树腐烂病防治技术规程	
16	NY/T 2685—2015	梨小食心虫综合防治技术规程	
17	NY/T 2686—2015	旱作玉米全膜覆盖技术规范	
18	NY/T 2687—2015	刺萼龙葵综合防治技术规程	
19	NY/T 2688—2015	外来入侵植物监测技术规程　长芒苋	
20	NY/T 2689—2015	外来入侵植物监测技术规程　少花蒺藜草	
21	NY/T 2690—2015	蒙古羊	
22	NY/T 2691—2015	内蒙古细毛羊	
23	NY/T 2692—2015	奶牛隐性乳房炎快速诊断技术	
24	NY/T 2693—2015	斑点叉尾鮰配合饲料	
25	NY/T 2694—2015	饲料添加剂氨基酸锰及蛋白锰络（螯）合强度的测定	
26	NY/T 2695—2015	牛遗传缺陷基因检测技术规程	
27	NY/T 2696—2015	饲草青贮技术规程　玉米	
28	NY/T 2697—2015	饲草青贮技术规程　紫花苜蓿	
29	NY/T 2698—2015	青贮设施建设技术规范　青贮窖	
30	NY/T 2699—2015	牧草机械收获技术规程　苜蓿干草	
31	NY/T 2700—2015	草地测土施肥技术规程　紫花苜蓿	
32	NY/T 2701—2015	人工草地杂草防除技术规范　紫花苜蓿	
33	NY/T 2702—2015	紫花苜蓿主要病害防治技术规程	
34	NY/T 2703—2015	紫花苜蓿种植技术规程	
35	NY/T 2704—2015	机械化起垄全铺膜作业技术规范	
36	NY/T 2705—2015	生物质燃料成型机　质量评价技术规范	
37	NY/T 2706—2015	马铃薯打秧机　质量评价技术规范	
38	NY/T 2707—2015	纸质湿帘　质量评价技术规范	
39	NY/T 2708—2015	温室透光覆盖材料安装与验收规范　玻璃	
40	NY/T 2709—2015	油菜播种机　作业质量	
41	NY/T 2710—2015	茶树良种繁育基地建设标准	
42	NY/T 2711—2015	草原监测站建设标准	
43	NY/T 2712—2015	节水农业示范区建设标准　总则	

（续）

序号	标准号	标准名称	代替标准号
44	NY/T 2713—2015	水产动物表观消化率测定方法	SC/T 1089—2006
45	NY/T 60—2015	桃小食心虫综合防治技术规程	NY/T 60—1987
46	NY/T 500—2015	秸秆粉碎还田机　作业质量	NY/T 500—2002
47	NY/T 503—2015	单粒(精密)播种机　作业质量	NY/T 503—2002
48	NY/T 509—2015	秸秆揉丝机　质量评价技术规范	NY/T 509—2002
49	NY/T 648—2015	马铃薯收获机　质量评价技术规范	NY/T 648—2002
50	NY/T 1640—2015	农业机械分类	NY/T 1640—2008
51	NY/T 5018—2015	茶叶生产技术规程	NY/T 5018—2001
52	NY/T 1151.1—2015	农药登记用卫生杀虫剂室内药效试验及评价　第1部分:防蛀剂	NY/T 1151.1—2006
53	SC/T 1123—2015	翘嘴鲌	
54	SC/T 1124—2015	黄颡鱼　亲鱼和苗种	
55	SC/T 2068—2015	凡纳滨对虾　亲虾和苗种	
56	SC/T 2072—2015	马氏珠母贝　亲贝和苗种	
57	SC/T 2079—2015	毛蚶　亲贝和苗种	
58	SC/T 3049—2015	刺参及其制品中海参多糖的测定　高效液相色谱法	
59	SC/T 3218—2015	干江蓠	
60	SC/T 3219—2015	干鲍鱼	
61	SC/T 5061—2015	人工钓饵	
62	SC/T 6055—2015	养殖水处理设备　微滤机	
63	SC/T 6056—2015	水产养殖设施　名词术语	
64	SC/T 6080—2015	渔船燃油添加剂试验评定方法	
65	SC/T 7019—2015	水生动物病原微生物实验室保存规范	
66	SC/T 7218.1—2015	指环虫病诊断规程　第1部分:小鞘指环虫病	
67	SC/T 7218.2—2015	指环虫病诊断规程　第2部分:页形指环虫病	
68	SC/T 7218.3—2015	指环虫病诊断规程　第3部分:鳙指环虫病	
69	SC/T 7218.4—2015	指环虫病诊断规程　第4部分:坏鳃指环虫病	
70	SC/T 7219.1—2015	三代虫病诊断规程　第1部分:大西洋鲑三代虫病	
71	SC/T 7219.2—2015	三代虫病诊断规程　第2部分:鲩三代虫病	
72	SC/T 7219.3—2015	三代虫病诊断规程　第3部分:鲢三代虫病	
73	SC/T 7219.4—2015	三代虫病诊断规程　第4部分:中型三代虫病	
74	SC/T 7219.5—2015	三代虫病诊断规程　第5部分:细锚三代虫病	
75	SC/T 7219.6—2015	三代虫病诊断规程　第6部分:小林三代虫病	
76	SC/T 7220—2015	中华绒螯蟹螺原体PCR检测方法	
77	SC/T 9417—2015	人工鱼礁资源养护效果评价技术规范	
78	SC/T 9418—2015	水生生物增殖放流技术规范　鲷科鱼类	
79	SC/T 9419—2015	水生生物增殖放流技术规范　中国对虾	
80	SC/T 9420—2015	水产养殖环境(水体、底泥)中多溴联苯醚的测定　气相色谱—质谱法	
81	SC/T 9421—2015	水生生物增殖放流技术规范　日本对虾	
82	SC/T 9422—2015	水生生物增殖放流技术规范　鲆鲽类	
83	SC/T 3203—2015	调味生鱼干	SC/T 3203—2001
84	SC/T 3210—2015	盐渍海蜇皮和盐渍海蜇头	SC/T 3210—2001
85	SC/T 8045—2015	渔船无线电通信设备修理、安装及调试技术要求	SC/T 8045—1994
86	SC/T 7002.6—2015	渔船用电子设备环境试验条件和方法　盐雾(Ka)	SC/T 7002.6—1992

中华人民共和国农业部公告

第 2258 号

《农产品等级规格评定技术规范　通则》等 131 项标准业经专家审定通过,现批准发布为中华人民共和国农业行业标准,自 2015 年 8 月 1 日起实施。

特此公告。

附件:《农产品等级规格评定技术规范　通则》等 131 项农业行业标准目录

农业部

2015 年 5 月 21 日

附件:

《农产品等级规格评定技术规范　通则》等
131 项农业行业标准目录

序号	标准号	标准名称	代替标准号
1	NY/T 2714—2015	农产品等级规格评定技术规范　通则	
2	NY/T 2715—2015	平菇等级规格	
3	NY/T 2716—2015	马铃薯原原种等级规格	
4	NY/T 2717—2015	樱桃良好农业规范	
5	NY/T 2718—2015	柑橘良好农业规范	
6	NY/T 2719—2015	苹果苗木脱毒技术规范	
7	NY/T 2720—2015	水稻抗纹枯病鉴定技术规范	
8	NY/T 2721—2015	柑橘商品化处理技术规程	
9	NY/T 2722—2015	秸秆腐熟菌剂腐解效果评价技术规程	
10	NY/T 2723—2015	茭白生产技术规程	
11	NY/T 2724—2015	甘蔗脱毒种苗生产技术规程	
12	NY/T 2725—2015	氯化苦土壤消毒技术规程	
13	NY/T 2726—2015	小麦蚜虫抗药性监测技术规程	
14	NY/T 2727—2015	蔬菜烟粉虱抗药性监测技术规程	
15	NY/T 2728—2015	稻田稗属杂草抗药性监测技术规程	
16	NY/T 2729—2015	李属坏死环斑病毒检测规程	
17	NY/T 2730—2015	水稻黑条矮缩病测报技术规范	
18	NY/T 2731—2015	小地老虎测报技术规范	
19	NY/T 2732—2015	农作物害虫性诱监测技术规范(螟蛾类)	
20	NY/T 2733—2015	梨小食心虫监测性诱芯应用技术规范	
21	NY/T 2734—2015	桃小食心虫监测性诱芯应用技术规范	
22	NY/T 2735—2015	稻茬小麦涝渍灾害防控与补救技术规范	
23	NY/T 2736—2015	蝗虫防治技术规范	
24	NY/T 2737.1—2015	稻纵卷叶螟和稻飞虱防治技术规程　第1部分:稻纵卷叶螟	
25	NY/T 2737.2—2015	稻纵卷叶螟和稻飞虱防治技术规程　第2部分:稻飞虱	
26	NY/T 2738.1—2015	农作物病害遥感监测技术规范　第1部分:小麦条锈病	
27	NY/T 2738.2—2015	农作物病害遥感监测技术规范　第2部分:小麦白粉病	
28	NY/T 2738.3—2015	农作物病害遥感监测技术规范　第3部分:玉米大斑病和小斑病	
29	NY/T 2739.1—2015	农作物低温冷害遥感监测技术规范　第1部分:总则	
30	NY/T 2739.2—2015	农作物低温冷害遥感监测技术规范　第2部分:北方水稻延迟型冷害	
31	NY/T 2739.3—2015	农作物低温冷害遥感监测技术规范　第3部分:北方春玉米延迟型冷害	
32	NY/T 2740—2015	农产品地理标志茶叶类质量控制技术规范编写指南	
33	NY/T 2741—2015	仁果类水果中类黄酮的测定　液相色谱法	
34	NY/T 2742—2015	水果及制品可溶性糖的测定　3,5-二硝基水杨酸比色法	
35	NY/T 2743—2015	甘蔗白色条纹病菌检验检疫技术规程　实时荧光定量 PCR 法	
36	NY/T 2744—2015	马铃薯纺锤块茎类病毒检测　核酸斑点杂交法	
37	NY/T 2745—2015	水稻品种鉴定　SNP 标记法	
38	NY/T 2746—2015	植物新品种特异性、一致性和稳定性测试指南　烟草	
39	NY/T 2747—2015	植物新品种特异性、一致性和稳定性测试指南　紫花苜蓿和杂花苜蓿	
40	NY/T 2748—2015	植物新品种特异性、一致性和稳定性测试指南　人参	

（续）

序号	标准号	标准名称	代替标准号
41	NY/T 2749—2015	植物新品种特异性、一致性和稳定性测试指南　橡胶树	
42	NY/T 2750—2015	植物新品种特异性、一致性和稳定性测试指南　凤梨属	
43	NY/T 2751—2015	植物新品种特异性、一致性和稳定性测试指南　普通洋葱	
44	NY/T 2752—2015	植物新品种特异性、一致性和稳定性测试指南　非洲凤仙	
45	NY/T 2753—2015	植物新品种特异性、一致性和稳定性测试指南　红花	
46	NY/T 2754—2015	植物新品种特异性、一致性和稳定性测试指南　华北八宝	
47	NY/T 2755—2015	植物新品种特异性、一致性和稳定性测试指南　韭	
48	NY/T 2756—2015	植物新品种特异性、一致性和稳定性测试指南　莲属	
49	NY/T 2757—2015	植物新品种特异性、一致性和稳定性测试指南　青花菜	
50	NY/T 2758—2015	植物新品种特异性、一致性和稳定性测试指南　石斛属	
51	NY/T 2759—2015	植物新品种特异性、一致性和稳定性测试指南　仙客来	
52	NY/T 2760—2015	植物新品种特异性、一致性和稳定性测试指南　香蕉	
53	NY/T 2761—2015	植物新品种特异性、一致性和稳定性测试指南　杨梅	
54	NY/T 2762—2015	植物新品种特异性、一致性和稳定性测试指南　南瓜（中国南瓜）	
55	NY/T 2763—2015	淮猪	
56	NY/T 2764—2015	金陵黄鸡配套系	
57	NY/T 2765—2015	獭兔饲养管理技术规范	
58	NY/T 2766—2015	牦牛生产性能测定技术规范	
59	NY/T 2767—2015	牧草病害调查与防治技术规程	
60	NY/T 2768—2015	草原退化监测技术导则	
61	NY/T 2769—2015	牧草中15种生物碱的测定　液相色谱—串联质谱法	
62	NY/T 2770—2015	有机铬添加剂（原粉）中有机形态铬的测定	
63	NY/T 2771—2015	农村秸秆青贮氨化设施建设标准	
64	NY/T 2772—2015	农业建设项目可行性研究报告编制规程	
65	NY/T 2773—2015	农业机械安全监理机构装备建设标准	
66	NY/T 2774—2015	种兔场建设标准	
67	NY/T 2775—2015	农作物生产基地建设标准　糖料甘蔗	
68	NY/T 2776—2015	蔬菜产地批发市场建设标准	
69	NY/T 2777—2015	玉米良种繁育基地建设标准	
70	NY/T 2778—2015	骨素	
71	NY/T 2779—2015	苹果脆片	
72	NY/T 2780—2015	蔬菜加工名词术语	
73	NY/T 2781—2015	羊胴体等级规格评定规范	
74	NY/T 2782—2015	风干肉加工技术规范	
75	NY/T 2783—2015	腊肉制品加工技术规范	
76	NY/T 2784—2015	红参加工技术规范	
77	NY/T 2785—2015	花生热风干燥技术规范	
78	NY/T 2786—2015	低温压榨花生油生产技术规范	
79	NY/T 2787—2015	草莓采收与贮运技术规范	
80	NY/T 2788—2015	蓝莓保鲜贮运技术规程	
81	NY/T 2789—2015	薯类贮藏技术规范	
82	NY/T 2790—2015	瓜类蔬菜采后处理与产地贮藏技术规范	
83	NY/T 2791—2015	肉制品加工中非肉类蛋白质使用导则	
84	NY/T 2792—2015	蜂产品感官评价方法	
85	NY/T 2793—2015	肉的食用品质客观评价方法	
86	NY/T 2794—2015	花生仁中氨基酸含量测定　近红外法	
87	NY/T 2795—2015	苹果中主要酚类物质的测定　高效液相色谱法	

（续）

序号	标准号	标准名称	代替标准号
88	NY/T 2796—2015	水果中有机酸的测定　离子色谱法	
89	NY/T 2797—2015	肉中脂肪无损检测方法　近红外法	
90	NY/T 2798.1—2015	无公害农产品　生产质量安全控制技术规范　第1部分:通则	
91	NY/T 2798.2—2015	无公害农产品　生产质量安全控制技术规范　第2部分:大田作物产品	
92	NY/T 2798.3—2015	无公害农产品　生产质量安全控制技术规范　第3部分:蔬菜	
93	NY/T 2798.4—2015	无公害农产品　生产质量安全控制技术规范　第4部分:水果	
94	NY/T 2798.5—2015	无公害农产品　生产质量安全控制技术规范　第5部分:食用菌	
95	NY/T 2798.6—2015	无公害农产品　生产质量安全控制技术规范　第6部分:茶叶	
96	NY/T 2798.7—2015	无公害农产品　生产质量安全控制技术规范　第7部分:家畜	
97	NY/T 2798.8—2015	无公害农产品　生产质量安全控制技术规范　第8部分:肉禽	
98	NY/T 2798.9—2015	无公害农产品　生产质量安全控制技术规范　第9部分:生鲜乳	
99	NY/T 2798.10—2015	无公害农产品　生产质量安全控制技术规范　第10部分:蜂产品	
100	NY/T 2798.11—2015	无公害农产品　生产质量安全控制技术规范　第11部分:鲜禽蛋	
101	NY/T 2798.12—2015	无公害农产品　生产质量安全控制技术规范　第12部分:畜禽屠宰	
102	NY/T 2798.13—2015	无公害农产品　生产质量安全控制技术规范　第13部分:养殖水产品	
103	NY/T 2799—2015	绿色食品　畜肉	
104	NY/T 658—2015	绿色食品　包装通用准则	NY/T 658—2002
105	NY/T 843—2015	绿色食品　畜禽肉制品	NY/T 843—2009
106	NY/T 895—2015	绿色食品　高粱	NY/T 895—2004
107	NY/T 896—2015	绿色食品　产品抽样准则	NY/T 896—2004
108	NY/T 902—2015	绿色食品　瓜籽	NY/T 902—2004, NY/T 429—2000
109	NY/T 1049—2015	绿色食品　薯芋类蔬菜	NY/T 1049—2006
110	NY/T 1055—2015	绿色食品　产品检验规则	NY/T 1055—2006
111	NY/T 1324—2015	绿色食品　芥菜类蔬菜	NY/T 1324—2007
112	NY/T 1325—2015	绿色食品　芽苗类蔬菜	NY/T 1325—2007
113	NY/T 1326—2015	绿色食品　多年生蔬菜	NY/T 1326—2007
114	NY/T 1405—2015	绿色食品　水生蔬菜	NY/T 1405—2007
115	NY/T 1506—2015	绿色食品　食用花卉	NY/T 1506—2007
116	NY/T 1511—2015	绿色食品　膨化食品	NY/T 1511—2007
117	NY/T 1714—2015	绿色食品　即食谷粉	NY/T 1714—2009
118	NY/T 5295—2015	无公害农产品　产地环境评价准则	NY/T 5295—2004
119	NY/T 544—2015	猪流行性腹泻诊断技术	NY/T 544—2002
120	NY/T 546—2015	猪传染性萎缩性鼻炎诊断技术	NY/T 546—2002
121	NY/T 548—2015	猪传染性胃肠炎诊断技术	NY/T 548—2002
122	NY/T 553—2015	禽支原体PCR检测方法	NY/T 553—2002
123	NY/T 562—2015	动物衣原体病诊断技术	NY/T 562—2002
124	NY/T 576—2015	绵羊痘和山羊痘诊断技术	NY/T 576—2002
125	NY/T 635—2015	天然草地合理载畜量的计算	NY/T 635—2002
126	NY/T 798—2015	复合微生物肥料	NY/T 798—2004
127	NY/T 983—2015	苹果采收与贮运技术规范	NY/T 983—2006
128	NY/T 1160—2015	蜜蜂饲养技术规范	NY/T 1160—2006
129	NY/T 1392—2015	猕猴桃采收与贮运技术规范	NY/T 1392—2007
130	SC/T 6074—2015	渔船用射频识别(RFID)设备技术要求	
131	SC/T 8149—2015	渔业船舶用气胀式工作救生衣	

中华人民共和国农业部公告
第 2259 号

　　根据《中华人民共和国农业转基因生物安全管理条例》规定,《转基因植物及其产品成分检测　基体标准物质定值技术规范》等19项标准业经专家审定通过,现批准发布为中华人民共和国国家标准,自2015年8月1日起实施。

　　特此公告。

　　附件:《转基因植物及其产品成分检测　基体标准物质定值技术规范》等19项农业国家标准目录

农业部
2015 年 5 月 21 日

附件：

《转基因植物及其产品成分检测　基体标准物质定值技术规范》等 19 项农业国家标准目录

序号	标准名称	标准代号
1	转基因植物及其产品成分检测　基体标准物质定值技术规范	农业部 2259 号公告—1—2015
2	转基因植物及其产品成分检测　玉米标准物质候选物繁殖与鉴定技术规范	农业部 2259 号公告—2—2015
3	转基因植物及其产品成分检测　棉花标准物质候选物繁殖与鉴定技术规范	农业部 2259 号公告—3—2015
4	转基因植物及其产品成分检测　定性 PCR 方法制定指南	农业部 2259 号公告—4—2015
5	转基因植物及其产品成分检测　实时荧光定量 PCR 方法制定指南	农业部 2259 号公告—5—2015
6	转基因植物及其产品成分检测　耐除草剂大豆 MON87708 及其衍生品种定性 PCR 方法	农业部 2259 号公告—6—2015
7	转基因植物及其产品成分检测　抗虫大豆 MON87701 及其衍生品种定性 PCR 方法	农业部 2259 号公告—7—2015
8	转基因植物及其产品成分检测　耐除草剂大豆 FG72 及其衍生品种定性 PCR 方法	农业部 2259 号公告—8—2015
9	转基因植物及其产品成分检测　耐除草剂油菜 MON88302 及其衍生品种定性 PCR 方法	农业部 2259 号公告—9—2015
10	转基因植物及其产品成分检测　抗虫玉米 IE09S034 及其衍生品种定性 PCR 方法	农业部 2259 号公告—10—2015
11	转基因植物及其产品成分检测　抗虫耐除草剂水稻 G6H1 及其衍生品种定性 PCR 方法	农业部 2259 号公告—11—2015
12	转基因植物及其产品成分检测　抗虫耐除草剂玉米双抗 12‑5 及其衍生品种定性 PCR 方法	农业部 2259 号公告—12—2015
13	转基因植物试验安全控制措施　第 1 部分:通用要求	农业部 2259 号公告—13—2015
14	转基因植物试验安全控制措施　第 2 部分:药用工业用转基因植物	农业部 2259 号公告—14—2015
15	转基因植物及其产品环境安全检测　抗除草剂水稻　第 1 部分:除草剂耐受性	农业部 2259 号公告—15—2015
16	转基因植物及其产品环境安全检测　抗除草剂水稻　第 2 部分:生存竞争能力	农业部 2259 号公告—16—2015
17	转基因植物及其产品环境安全检测　耐除草剂油菜　第 1 部分:除草剂耐受性	农业部 2259 号公告—17—2015
18	转基因植物及其产品环境安全检测　耐除草剂油菜　第 2 部分:生存竞争能力	农业部 2259 号公告—18—2015
19	转基因生物良好实验室操作规范　第 1 部分:分子特征检测	农业部 2259 号公告—19—2015

中华人民共和国农业部公告

第 2307 号

　　《微耕机　安全操作规程》等68项标准业经专家审定通过,现批准发布为中华人民共和国农业行业标准,自2015年12月1日起实施。

　　特此公告。

　　附件:《微耕机　安全操作规程》等68项农业行业标准目录

农业部

2015 年 10 月 9 日

附件：

《微耕机　安全操作规程》等 68 项农业行业标准目录

序号	标准号	标准名称	代替标准号
1	NY 2800—2015	微耕机　安全操作规程	
2	NY 2801—2015	机动脱粒机　安全操作规程	
3	NY 2802—2015	谷物干燥机大气污染物排放标准	
4	NY/T 2803—2015	家禽繁殖员	
5	NY/T 2804—2015	蔬菜园艺工	
6	NY/T 2805—2015	农业职业经理人	
7	NY/T 2806—2015	饲料检验化验员	
8	NY/T 2807—2015	兽用中药检验员	
9	NY/T 2808—2015	胡椒初加工技术规程	
10	NY/T 2809—2015	澳洲坚果栽培技术规程	
11	NY/T 2810—2015	橡胶树褐根病菌鉴定方法	
12	NY/T 2811—2015	橡胶树棒孢霉落叶病病原菌分子检测技术规范	
13	NY/T 2812—2015	热带作物种质资源收集技术规程	
14	NY/T 2813—2015	热带作物种质资源描述规范　菠萝	
15	NY/T 2814—2015	热带作物种质资源抗病虫鉴定技术规程　橡胶树白粉病	
16	NY/T 2815—2015	热带作物病虫害防治技术规程　红棕象甲	
17	NY/T 2816—2015	热带作物主要病虫害防治技术规程　胡椒	
18	NY/T 2817—2015	热带作物病虫害监测技术规程　香蕉枯萎病	
19	NY/T 2818—2015	热带作物病虫害监测技术规程　红棕象甲	
20	NY/T 2819—2015	植物性食品中腈苯唑残留量的测定　气相色谱—质谱法	
21	NY/T 2820—2015	植物性食品中抑食肼、虫酰肼、甲氧虫酰肼、呋喃虫酰肼和环虫酰肼 5 种双酰肼类农药残留量的同时测定　液相色谱—质谱联用法	
22	NY/T 2821—2015	蜂胶中咖啡酸苯乙酯的测定　液相色谱—串联质谱法	
23	NY/T 2822—2015	蜂产品中砷和汞的形态分析　原子荧光法	
24	NY/T 2823—2015	八眉猪	
25	NY/T 2824—2015	五指山猪	
26	NY/T 2825—2015	滇南小耳猪	
27	NY/T 2826—2015	沙子岭猪	
28	NY/T 2827—2015	简州大耳羊	
29	NY/T 2833—2015	陕北白绒山羊	
30	NY/T 2828—2015	蜀宣花牛	
31	NY/T 2829—2015	甘南牦牛	
32	NY/T 2830—2015	山麻鸭	
33	NY/T 2831—2015	伊犁马	
34	NY/T 2832—2015	汶上芦花鸡	
35	NY/T 2834—2015	草品种区域试验技术规程　豆科牧草	
36	NY/T 2835—2015	奶山羊饲养管理技术规范	
37	NY/T 2836—2015	肉牛胴体分割规范	
38	NY/T 2837—2015	蜜蜂瓦螨鉴定方法	
39	NY/T 2838—2015	禽沙门氏菌病诊断技术	
40	NY/T 2839—2015	致仔猪黄痢大肠杆菌分离鉴定技术	
41	NY/T 2840—2015	猪细小病毒间接 ELISA 抗体检测方法	
42	NY/T 2841—2015	猪传染性胃肠炎病毒 RT-nPCR 检测方法	
43	NY/T 2842—2015	动物隔离场所动物卫生规范	
44	NY/T 2843—2015	动物及动物产品运输兽医卫生规范	

（续）

序号	标准号	标准名称	代替标准号
45	NY/T 2844—2015	双层圆筒初清筛	
46	NY/T 2845—2015	深松机　作业质量	
47	NY/T 2846—2015	农业机械适用性评价通则	
48	NY/T 2847—2015	小麦免耕播种机适用性评价方法	
49	NY/T 2848—2015	谷物联合收割机可靠性评价方法	
50	NY/T 2849—2015	风送式喷雾机施药技术规范	
51	NY/T 2850—2015	割草压扁机　质量评价技术规范	
52	NY/T 2851—2015	玉米机械化深松施肥播种作业技术规范	
53	NY/T 2852—2015	农业机械化水平评价　第5部分：果、茶、桑	
54	NY/T 2853—2015	沼气生产用原料收贮运技术规范	
55	NY/T 2854—2015	沼气工程发酵装置	
56	NY/T 2855—2015	自走式沼渣沼液抽排设备试验方法	
57	NY/T 2856—2015	非自走式沼渣沼液抽排设备试验方法	
58	NY/T 2857—2015	休闲农业术语、符号规范	
59	NY/T 2858—2015	农家乐设施与服务规范	
60	NY/T 2859—2015	主要农作物品种真实性SSR分子标记检测　普通小麦	
61	NY/T 1648—2015	荔枝等级规格	NY/T 1648—2008
62	NY/T 1089—2015	橡胶树白粉病测报技术规程	NY/T 1089—2006
63	NY/T 264—2015	剑麻加工机械　刮麻机	NY/T 264—2004
64	NY/T 1496.1—2015	户用沼气输气系统　第1部分：塑料管材	NY/T 1496.1—2007
65	NY/T 1496.2—2015	户用沼气输气系统　第2部分：塑料管件	NY/T 1496.2—2007
66	NY/T 1496.3—2015	户用沼气输气系统　第3部分：塑料开关	NY/T 1496.3—2007
67	NY/T 538—2015	鸡传染性鼻炎诊断技术	NY/T 538—2002
68	NY/T 561—2015	动物炭疽诊断技术	NY/T 561—2002

中华人民共和国农业部公告
第 2349 号

根据《中华人民共和国兽药管理条例》和《中华人民共和国饲料和饲料添加剂管理条例》规定,《饲料中妥曲珠利的测定　高效液相色谱法》等 8 项标准业经专家审定通过和我部审查批准,现批准发布为中华人民共和国国家标准,自 2016 年 4 月 1 日起实施。

特此公告。

附件:《饲料中妥曲珠利的测定　高效液相色谱法》等 8 项标准目录

农业部

2015 年 12 月 29 日

附　录

附件：

《饲料中妥曲珠利的测定　高效液相色谱法》等 8 项标准目录

序号	标准名称	标准代号
1	饲料中妥曲珠利的测定　高效液相色谱法	农业部 2349 号公告—1—2015
2	饲料中赛杜霉素钠的测定　柱后衍生高效液相色谱法	农业部 2349 号公告—2—2015
3	饲料中巴氯芬的测定　高效液相色谱法	农业部 2349 号公告—3—2015
4	饲料中可乐定和赛庚啶的测定　高效液相色谱法	农业部 2349 号公告—4—2015
5	饲料中磺胺类和喹诺酮类药物的测定　液相色谱—串联质谱法	农业部 2349 号公告—5—2015
6	饲料中硝基咪唑类、硝基呋喃类和喹噁啉类药物的测定　液相色谱—串联质谱法	农业部 2349 号公告—6—2015
7	饲料中司坦唑醇的测定　液相色谱—串联质谱法	农业部 2349 号公告—7—2015
8	饲料中二甲氧苄氨嘧啶、三甲氧苄氨嘧啶和二甲氧甲基苄氨嘧啶的测定　液相色谱—串联质谱法	农业部 2349 号公告—8—2015

中华人民共和国农业部公告
第 2350 号

　　《冬枣等级规格》等23项标准业经专家审定通过,现批准发布为中华人民共和国农业行业标准,自2016年4月1日起实施。

　　特此公告。

　　附件:《冬枣等级规格》等23项农业行业标准目录

农业部

2015 年 12 月 29 日

附 录

附件：

《冬枣等级规格》等 23 项农业行业标准目录

序号	标准号	标准名称	代替标准号
1	NY/T 2860—2015	冬枣等级规格	
2	NY/T 2861—2015	杨梅良好农业规范	
3	NY/T 2862—2015	节水抗旱稻　术语	
4	NY/T 2863—2015	节水抗旱稻抗旱性鉴定技术规范	
5	NY/T 2864—2015	葡萄溃疡病抗性鉴定技术规范	
6	NY/T 2865—2015	瓜类果斑病监测规范	
7	NY/T 2866—2015	旱作马铃薯全膜覆盖技术规范	
8	NY/T 2867—2015	西花蓟马鉴定技术规范	
9	NY/T 2868—2015	大白菜贮运技术规范	
10	NY/T 2869—2015	姜贮运技术规范	
11	NY/T 2870—2015	黄麻、红麻纤维线密度的快速检测　显微图像法	
12	NY/T 2871—2015	水稻中43种植物激素的测定　液相色谱—串联质谱法	
13	NY/T 2872—2015	耕地质量划分规范	
14	NY/T 2873—2015	农药内分泌干扰作用评价方法	
15	NY/T 2874—2015	农药每日允许摄入量	
16	NY/T 2875—2015	蚊香类产品健康风险评估指南	
17	NY/T 2876—2015	肥料和土壤调理剂　有机质分级测定	
18	NY/T 2877—2015	肥料增效剂　双氰胺含量的测定	
19	NY/T 2878—2015	水溶肥料　聚天门冬氨酸含量的测定	
20	NY/T 2879—2015	水溶肥料　钴、钛含量测定	
21	NY/T 2880—2015	生物质成型燃料工程运行管理规范	
22	NY/T 2881—2015	生物质成型燃料工程设计规范	
23	NY/T 2140—2015	绿色食品　代用茶	NY/T 2140—2012

图书在版编目（CIP）数据

最新中国农业行业标准. 第十二辑. 水产分册 / 农
业标准编辑部编. —北京：中国农业出版社，2016.11
（中国农业标准经典收藏系列）
ISBN 978-7-109-22334-9

Ⅰ.①最… Ⅱ.①农… Ⅲ.①农业－行业标准－汇编
－中国②水产养殖－行业标准－汇编－中国 Ⅳ.
①S-65②S96-65

中国版本图书馆 CIP 数据核字（2016）第 271430 号

中国农业出版社出版
（北京市朝阳区麦子店街 18 号楼）
（邮政编码 100125）
责任编辑 刘 伟 杨晓改

北京中科印刷有限公司印刷 新华书店北京发行所发行
2017 年 1 月第 1 版 2017 年 1 月北京第 1 次印刷

开本：880mm×1230mm 1/16 印张：24.25
字数：600 千字
定价：220.00 元
（凡本版图书出现印刷、装订错误，请向出版社发行部调换）